JN329484

複素関数入門 原書第4版 新装版

R.V.チャーチル／J.W.ブラウン 著　中野 實 訳

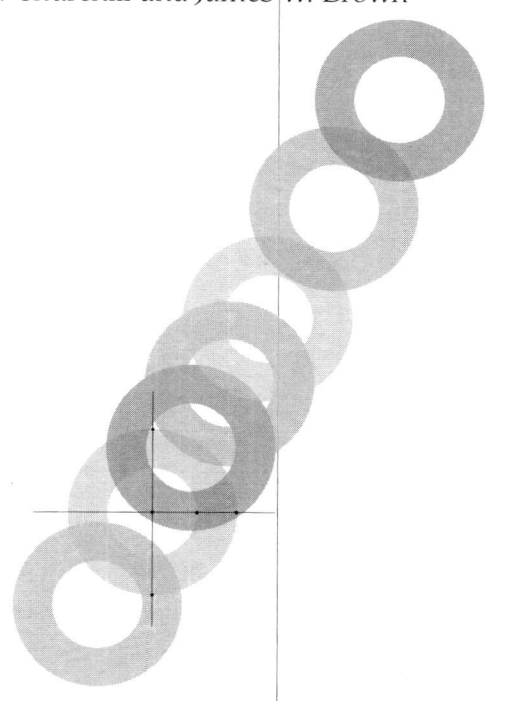

Complex Variables and Applications
Ruel V. Churchill and James W. Brown

数学書房

**COMPLEX VARIABLES
AND APPLICATIONS, Fourth Edition**
by
Ruel V. Churchill and James W. Brown

Copyright © 1984 by McGraw-Hill, Inc.

Japanese translation rights arranged with
McGraw-Hill, Inc. through Japan UNI Agency, Inc.

訳者より読者へ

　本書は R.V.Churchill/J.W.Brown 著 Complex Variables and Applications (4th edition) McGraw-Hill の邦訳である．

　原書は，世界的に評価が定着している教科書であり，その第 3 版の邦訳が前『複素関数入門』であり，本書は第 4 版の日本語訳である．

　複素数については高等学校で学ぶが，"関数"に関しては実数についてのみである．

　複素変数関数は実変数関数とまったくかけはなれているのであろうか．実際両者には，まったく異なるところもあり，よく似たところもある．

- $\sqrt{5}, 5^5$ と同じように，$\sqrt{i}$ や i^i が計算できてもいいのではないか．
- $\sin x = 10$ は解をもたないのか？
- $\log(-5)$ の値は存在しないのか？
- $(x^{3/2})' = \frac{3}{2}x^{1/2}$ であるが，$(x^i)' = ix^{i-1}$ は成り立たないのか？
- $\int_a^b f(x)dx$ の積分 $[a, b]$ の代りに，曲線にしたらどうなるのか？

このような疑問に答えるためには，実数の範囲を超えて，複素数で考えればすべて解決がつくのである．

　本書は，高校で学ぶ数学の知識だけでは理解できない部分が少しあるが，大学初級で学ぶ実変数に関する微分積分学をひと通り終えた人には容易に理解できるよう工夫されている．しかも数学的厳密さはいささかも失っていない．

　理工系・教育系の大学生にとって，また高等専門学校においても良き教科書，演習書または参考書となるであろう．数学科の学生にとっては気軽に読める参考書である．高校生でも，前もって偏導関数について学べば，すぐ本書にとりかかることができる．

図を多く使い，易しい例を数多くあげて定理を解説してある．練習問題は500題以上ある．これらを解くことにより，一層理解を深めることができるであろう．

　前版翻訳書と同様，原著をすべて翻訳することはせず，一部を割愛した．さらに，本書においては，次の点に工夫を加えた．

(1) 直訳でなく，こなれた分かりやすい翻訳に留意した．

(2) 「定理」,「例」を見やすくした．

(3) 式の変形過程が分かりやすいように，∴ や ⇒ を用いた．

(4) 練習問題を章末に，その解答をすべて巻末にまとめた (原著では，一部の練習問題にのみ解答が付されている)．

(5) 例や練習問題の解答が理解しやすいように，新たに図を付け加えた．

　(2) については，原著の練習問題の一部を本文の例として引用し解説した．(3) については，特に式の変形の方法や変数変換などを．式の後ろに ( ) で示した．(4) については，特に線積分，留数，実積分の計算を詳しく書いた．

　この他，原著では参考文献としてのみ引用してある，コーシー・グルサの積分定理を応用した代数学の基本定理の証明は，その文献を翻訳して本文中に示した．また，人名には生年と没年を，専門用語にはできるだけ読み方を付けた．

　本書の出版準備に際して，慶應義塾や廣済堂の施設を利用させていただいたり，多くの人の協力を得た．特にマグロウヒルの梶川寧と杉谷繁両氏には大変お世話になった．また，本書のもとである前版 (原著第3版) の出版を勧めてくださった慶應義塾大学名誉教授の故田島一郎先生，電気通信大学名誉教授の高野一夫先生，慶應義塾大学の宮崎浩先生に，合わせて感謝の意を表したい．

　1989年3月

訳者しるす

まえがき

　本書は，1974 年に出版された第 3 版の改訂版である．第 3 版は，Ruel V. Churchill 1 人で著した第 1, 2 版と同様に，複素変数関数の理論と応用に関する 1 学期間用のテキストであった．本書 (第 4 版) も，基本的には，前版と同じ内容と形式をもっている．

　この第 4 版では，例を目立つようにしたり，図を描きかえたり付け加えたりしてある．積分に関することと留数およびその応用を前の方に移し，また，初等関数による写像についての章を後に移し，等角写像とその応用についての章に直接続くようにした．複素数のべき根の計算と留数の計算に関しては，公式に頼る方法よりもむしろ理論的に概念を理解する方向に書きかえた．

　前の版の場合もそうであったが，この版の第 1 の目的は，実用面に応用しようとする理論を厳密に，しかも self-contained の方法で，すなわち，他書を参考にしないで本書だけで理解できるよう解説することである．第 2 の目的は，留数と等角写像の応用の導入である．特に強調したのは，等角写像の理論を用いて，熱伝導，電気，流体力学に現われる偏微分方程式の境界値問題を解く方法についてのことである．したがって，本書は，いろいろなタイプの境界値問題の古典的な解法について解説した "*Fourier Series and Boundary Value Problems*" と "*Operational Mathematics*" と叢書をなすものと考えてよい．後者は，ラプラス変換と関連した留数の応用も含んでいる．

　本書のはじめの 9 つの章は，残りの他の章と若干入れかえることがあったが，長年にわたり，University of Michigan において，1 学期間の 3 時間過程の内容の中心であった．学生は主に，数学，工学，物理科学等を専攻する上級生であり，通常は，微分積分学を先に学んでいる．本書の内容全部は講義しきれないので，一部は学生自身の自習に委ねられる．初等関数による写像についてと等角写像の応用について早めに学びたい場合には，初等関数に

関する第3章から続いてすぐに第7, 8, 9章に入ってよい．

　基本的に重要なことがらは定理としてあげてある．定理を理解するために，定理の前後に例をあげてあり，また練習問題も用意してある．巻末の付録1に参考文献を，また付録2には応用上役立つ等角写像による図をのせてある．

　この第4版を出版するに際して，多くの人びとの協力があった．特に，Douglas G. Dickson 氏から，原始関数の取り扱いに関する貴重な意見をいただいた．また，編集部の John J. Corrigan 氏と Peter R. Devine 氏は，原稿の段階で，その内容の改善や整理に協力をおしまずにしてくれた．

Ruel V. Churchill
Jamaes Ward Brown

　[追記]　この『複素関数入門』は旧版から引き続いて，マグロウヒル出版株式会社の日本支社より出版されていて，多くの読者に愛されてきた．マグロウヒル出版が日本語の本の出版を取りやめたことにより，95年1月より，株式会社サイエンティスト社が継続出版をしてくれていた．不幸にもサイエンティスト社がこのたび会社を清算することになったが，数学書房が継続して出版をしてくれることになった．このような出版の仕方は変則的なことであるが，世界的名著といわれているチャーチルさんの日本語版が引き続き出版できるのは嬉しいことである．2度目の出版社の変更であるが，この名著がこれを機にますます広く読者に愛される機会が増えることを願っている．

2007年3月　中野　實

目　次

訳者より読者へ …………………………………………………………… iii
まえがき …………………………………………………………………… v
記号表 ……………………………………………………………………… x

第1章　複素数
1-1　複素数 ……………………………………………………………… 1
1-2　複素数の絶対値 …………………………………………………… 4
1-3　極形式 ……………………………………………………………… 8
1-4　べき乗とべき根 …………………………………………………… 12
1-5　複素平面上のトポロジー ………………………………………… 14
　　　練習問題 ………………………………………………………… 17

第2章　正則関数
2-1　複素変数の関数 …………………………………………………… 22
2-2　極限 ………………………………………………………………… 25
2-3　連続関数 …………………………………………………………… 30
2-4　導関数と微分公式 ………………………………………………… 32
2-5　コーシー・リーマンの方程式 …………………………………… 34
2-6　正則関数 …………………………………………………………… 39
　　　練習問題 ………………………………………………………… 42

第3章　初等関数
3-1　指数関数 e^z ……………………………………………………… 47
3-2　三角関数，双曲線関数 …………………………………………… 50
3-3　対数関数 …………………………………………………………… 54

- 3-4 複素数のべき ……………………………………… 62
- 3-5 三角関数・双曲線関数の逆関数 ……………………… 64
- 練習問題 …………………………………………… 65

第4章 積分
- 4-1 実変数複素数値関数の定積分 ……………………… 70
- 4-2 複素平面上の曲線 ………………………………… 72
- 4-3 線積分 ……………………………………………… 74
- 4-4 コーシー・グルサの定理 ………………………… 82
- 4-5 コーシー・グルサの定理の証明 ……………………… 88
- 4-6 原始関数と線積分 ………………………………… 93
- 4-7 コーシーの積分公式 ………………………………100
- 練習問題 ……………………………………………107

第5章 級数
- 5-1 数列・級数 …………………………………………116
- 5-2 テーラー級数 ………………………………………120
- 5-3 ローラン級数 ………………………………………127
- 5-4 べき級数の性質 ……………………………………131
- 練習問題 ……………………………………………142

第6章 留数と極
- 6-1 留数 ………………………………………………147
- 6-2 留数の求め方 ………………………………………154
- 6-3 実関数の定積分 ……………………………………158
- 練習問題 ……………………………………………173

第7章 初等関数による写像
- 7-1 1次分数変換 ………………………………………178
- 7-2 べき関数 ……………………………………………184
- 7-3 その他の初等関数 …………………………………187

　　　　練習問題 ………………………………………………………………193

第8章　等角写像とその応用
　8-1　等角写像 ……………………………………………………………196
　8-2　調和関数 ……………………………………………………………199
　8-3　境界値問題 …………………………………………………………205
　　　　練習問題 ………………………………………………………………213

第9章　解析接続とリーマン面
　9-1　解析接続 ……………………………………………………………217
　9-2　最大値の原理・リュウビルの定理 ………………………………225
　9-3　偏角の原理 …………………………………………………………229
　9-4　リーマン面 …………………………………………………………235
　　　　練習問題 ………………………………………………………………242

練習問題の解答 …………………………………………………………247

　付録1　参考文献 …………………………………………………………288
　付録2　集合の変換の表 …………………………………………………291
　索　引 ………………………………………………………………………297

記　号　表

arg	偏角
Arg	偏角の主値
$\exp f(z)$	$= e^{f(z)}$
$f^{(n)}(z)$	$= \dfrac{d^n}{dz^n} f(z)$　　$(n = 0, 1, 2, \cdots)$
$f^{(0)}(z)$	$= f(z)$
max	最大値（maximum）
min	最小値（minimum）
$\log z$	z の（複素）対数
$\mathrm{Log}\, z$	z の（複素）対数の主値
$\ln x\,(x>0)$	x の自然対数（$\log_e x$ のこと）
$R(z_0)$	z_0 における留数（R = Residue）
Re z, Im z	z の実部，虚部
	（Re=real part, Im=imaginary part）
$\lvert z \rvert$	z の絶対値
$\bar{z}$	z の共役複素数
$z^{1/n}$	z の n 乗根全体，または，任意の 1 つ
$\sqrt[n]{z}\,(z>0)$	z の正の n 乗根
$A \subset B,\ B \supset A$	A は B の部分集合
$A \subsetneqq B,\ B \supsetneqq A$	A は B の真部分集合
$z \in D,\ D \ni z$	z は集合 D の元（点，要素）
$z \to z_0$	z が z_0 に限りなく近づく
$A \Rightarrow B$	A が成り立つならば B が成り立つ
$A \Leftrightarrow B$	A と B は同値（$A \Rightarrow B$ かつ $B \Rightarrow A$）
$A := B$	A は B で定義される。A は B を表す。
$A =: B$	B は A で定義される。A を B とおく。
$\therefore$	したがって，ゆえに，よって
$\because$	証明，なぜならば，その理由は
■	例，定理の解説や証明の終り

第1章

複　素　数

　この章では，実数の性質については既知として，複素数についてその代数的性質と図形的な意味について考えてみる．

§1-1　複　素　数

　2乗すると -1 になる数を i で表す．すなわち，

(1) 　　　$i^2 := -1$.

この i を**虚数単位**という．

　2つの実数 x, y とこの虚数単位を用いてつくられた

$$z = x + iy \; (= x + yi)$$

を**複素数**という．x を z の**実数部分**または簡単に**実部**といい，$\operatorname{Re} z = x$ と書く．また，y を z の**虚数部分**または簡単に**虚部**といい，$\operatorname{Im} z = y$ と書く．$\operatorname{Im} z = 0$ なる z は実数である．$z = iy \; (y \neq 0)$ を**純虚数**という．

　2つの複素数 $z_1 = x_1 + iy_1$, $z_2 = x_2 + iy_2$ の**相等** $z_1 = z_2$, **和** $z_1 + z_2$, **積** $z_1 z_2$ を次のように定める：

(2) 　　　$x_1 + iy_1 = x_2 + iy_2 \iff x_1 = x_2, \; y_1 = y_2,$

(3) 　　　$(x_1 + iy_1) + (x_2 + iy_2) := (x_1 + x_2) + i(y_1 + y_2),$

(4) 　　　$(x_1 + iy_1) \cdot (x_2 + iy_2) := (x_1 x_2 - y_1 y_2) + i(y_1 x_2 + x_1 y_2).$

積(4)においては，まず文字式の計算と同じように計算をして，i^2 が現れたらそれを -1 で置き換えればよい．

　$1i, -1i$ はそれぞれ単に $i, -i$ と書く．また，$0i$ は 0 である．

―― 例 1 ――

[a]　　$(\sqrt{2}-i)+i(1-\sqrt{2}\,i)=(\sqrt{2}-i)+i-\sqrt{2}\,i^2=\sqrt{2}-i+i+\sqrt{2}$
$\qquad\qquad\qquad =2\sqrt{2}.$

[b]　　$(2-3i)(-2+i)=2(-2)+2i-3i(-2)-3i\cdot i=-4+2i+6i-3i^2$
$\qquad\qquad\qquad =-4+8i+3=-1+8i.$ ∎

―― 例 2 ――

複素数の和と積について，実数とまったく同じような代数的性質が成り立つ：

(5)　　　$z_1+z_2=z_2+z_1,\qquad z_1z_2=z_2z_1$　（交換法則），

(6)　　　$(z_1+z_2)+z_3=z_1+(z_2+z_3),\qquad (z_1z_2)z_3=z_1(z_2z_3)$　（結合法則），

(7)　　　$z_1(z_2+z_3)=z_1z_2+z_1z_3$　（分配法則）．

たとえば，
$$z_1+z_2=(x_1+iy_1)+(x_2+iy_2)=(x_1+x_2)+i(y_1+y_2)$$
$$=(x_2+x_1)+i(y_2+y_1)=(x_2+iy_2)+(x_1+iy_1)=z_2+z_1.$$

他のものについても，辺々別々に計算すれば確かめられる．∎

実数の**零元** 0 と**単位元** 1 は，複素数全体においてもそれぞれ零元，単位元である：

(8)　　　$z+0=z,\quad z\cdot 1=z$　（z は任意の複素数）．

―― 例 3 ――

『零元，単位元はそれぞれただ 1 つ，すなわち，0 と 1 だけである』

零元の一意性（ただ 1 つしかないこと）については，次のようにすればわかる．$u+iv$ がもう 1 つの零元であると仮定すると，任意の複素数 $x+iy$ に対して

$$(x+iy)+(u+iv)=x+iy.$$
$$\therefore\quad (x+u)+i(y+v)=x+iy.$$
$$\therefore\quad x+u=x,\quad y+v=y.\quad \therefore\quad u=0,\ v=0.$$

すなわち零元は $0+i0=0$ だけである．

同様の方法で単位元の一意性を示すことができる．∎

$z = x + iy$ に対して，$z + (-z) = 0$ となる複素数

(9) $\qquad -z = -x - iy$

を和についての**逆元**という．

これを用いて，2つの複素数 z_1 と z_2 の**差** $z_1 - z_2$ を次のように定める：

(10) $\qquad z_1 - z_2 = z_1 + (-z_2)$．

したがって，$z_1 = x_1 + iy_1$，$z_2 = x_2 + iy_2$ のとき

(10′) $\qquad z_1 - z_2 = (x_1 - x_2) + i(y_1 - y_2)$

である．

—— **例 4** ——

複素数 $z\,(\neq 0)$ に対して，$z \cdot z^{-1} = 1$ となる複素数 z^{-1} が存在する．積についての**逆元**，すなわち，z の**逆数** z^{-1} を求めるには次のようにすればよい．$z = x + iy$，$z^{-1} = u + iv$ とおくと，

$$(x + iy)(u + iv) = 1 + 0i. \quad \therefore\ xu - yv = 1,\ xv + yu = 0.$$

$$\therefore\quad u = \frac{x}{x^2 + y^2},\quad v = \frac{-y}{x^2 + y^2}.$$

(11) $\qquad z = x + iy \Longrightarrow z^{-1} = \dfrac{x}{x^2 + y^2} + i\dfrac{-y}{x^2 + y^2}$． ∎

—— **例 5** ——

『$z_1 z_2 = 0 \Longrightarrow z_1, z_2$ のうち少なくとも1つは 0』が成り立つことを示そう．もし $z_1 z_2 = 0$，$z_1 \neq 0$ であると仮定すると，例4から z_1^{-1} が存在し

$$z_1 z_1^{-1} = 1.$$

$$\therefore\ z_2 = 1 \cdot z_2 = (z_1^{-1} z_1) \cdot z_2 = z_1^{-1} \cdot (z_1 z_2) = z_1^{-1} \cdot 0 = 0.\quad ∎$$

例5は『$z_1 \neq 0,\ z_2 \neq 0 \Longrightarrow z_1 z_2 \neq 0$』と同値である．

z_1 と z_2 の**商**は

(12) $\qquad \dfrac{z_1}{z_2} = z_1 \cdot z_2^{-1} \quad (z_2 \neq 0)$

で定める．したがって，とくに $z_1 = 1$ のときは

(13) $\qquad \dfrac{1}{z_2} = z_2^{-1}$．

(11), (12) より

(14) $\quad \dfrac{z_1}{z_2} = \dfrac{x_1 x_2 + y_1 y_2}{x_2^2 + y_2^2} + i \dfrac{y_1 x_2 - x_1 y_2}{x_2^2 + y_2^2} \quad (z_2 \neq 0).$

―― 例 6 ――
$$\dfrac{1}{2-3i} \cdot \dfrac{1}{1+i} = \dfrac{1}{5-i} = \dfrac{1}{5-i} \cdot \dfrac{5+i}{5+i} = \dfrac{5+i}{26} = \dfrac{5}{26} + \dfrac{1}{26}i. \quad \blacksquare$$

以上のことから，複素数の四則演算は実数の四則演算とまったく同様にしてよいことがわかる．

§1-2 複素数の絶対値

複素数 $z = x + iy$ と xy 平面上の点 (x, y) を同一視すると便利なことがある．この場合，xy 平面を**複素平面**または**ガウス平面**とよび，x 軸を**実軸**，y 軸を**虚軸**という．

$z_1 = x_1 + iy_1$ と $z_2 = x_2 + iy_2$ の和 $z_1 + z_2$ は点 $(x_1 + x_2, y_1 + y_2)$ に対応する．これは z_1, z_2 をベクトルと見なした場合のベクトル和 $z_1 + z_2$ と同じである．差 $z_1 - z_2 = z_1 + (-z_2)$ は 2 つのベクトル z_1 と $-z_2$ の和と見なせる．

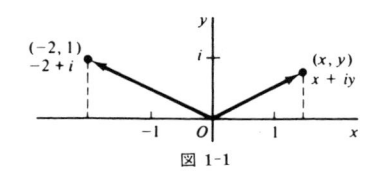

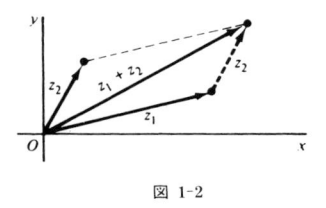

図 1-1

図 1-2

積 $z_1 z_2$ についてはベクトルの積（内積，外積）と見なすことができない．これについては次節で扱うことにする．

$z = x + iy$ に対して，$\sqrt{x^2 + y^2}$ を z の**絶対値**といい，$|z|$ で表す：

(1) $\quad |z| := \sqrt{x^2 + y^2}.$

図形的には，$|z|$ は原点と点 (x, y) との距離である．また，ベクトル z の長さ（絶対値）と見なすこともできる．$y = 0$ の場合は，普通の実数の絶対値と一致する．

不等式 $|z_1|<|z_2|$ は実数の大小で，z_1 のほうが z_2 よりも原点に近い位置にあることだから意味があるが，不等式 $z_1<z_2$ は無意味である．

―― 例 1 ――
[a] $|-3+2i|=\sqrt{13}$, $|1+4i|=\sqrt{17}$ だから，点 $-3+2i$ は $1+4i$ より原点に近い位置にある．

[b] $|z|=0$ ならば(1)から，$x=y=0$ だから，$z=0$ である． ∎

2点 $z_1=x_1+iy_1$, $z_2=x_2+iy_2$ の距離は，図1-3からも明らかなように，$|z_1-z_2|$ である：

(2) $\qquad |z_1-z_2|=\sqrt{(x_1-x_2)^2+(y_1-y_2)^2}$.

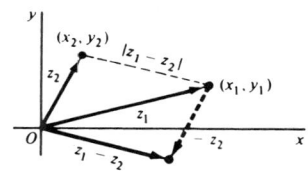

図 1-3

中心が z_0，半径 R の円上の点 z は方程式 $|z-z_0|=R$ を満たす．また，逆に，この方程式を満たす点 z は中心が z_0，半径 R の円上にある．

―― 例 2 ――
方程式 $|z-1+3i|=2$ は中心が $(1,-3)$，半径 $R=2$ の円を表す． ∎

絶対値の定義(1)は

(3) $\qquad |z|^2=(\mathrm{Re}\,z)^2+(\mathrm{Im}\,z)^2$

とも表される．これより，不等式

(4) $\qquad |z|\geqq |\mathrm{Re}\,z|\geqq \mathrm{Re}\,z, \quad |z|\geqq |\mathrm{Im}\,z|\geqq \mathrm{Im}\,z$

が成り立つことがわかる．

複素数 $z=x+iy$ に対して，複素数 $x-iy$ を $\bar{z}$ で表し，これを z の**共役複素数**とよぶ：

(5) $\qquad \bar{z}:=x-iy \quad (z=x+iy)$.

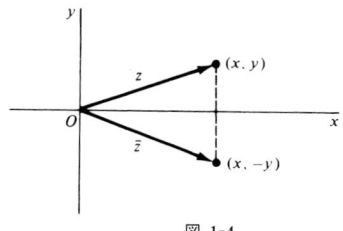

図 1-4

図形的には，x 軸に関して対称な位置にある点 $(x, -y)$ を表す．

任意の複素数 z に対して，

(6) $\quad \bar{\bar{z}} = z, \quad |\bar{z}| = |z|$

が成り立つ．

―― 例 3 ――

共役複素数について，次の等式が成り立つ：

(7) $\quad \overline{z_1 + z_2} = \bar{z}_1 + \bar{z}_2$,

(8) $\quad \overline{z_1 - z_2} = \bar{z}_1 - \bar{z}_2$,

(9) $\quad \overline{z_1 z_2} = \bar{z}_1 \bar{z}_2$,

(10) $\quad \overline{\left(\dfrac{z_1}{z_2}\right)} = \dfrac{\bar{z}_1}{\bar{z}_2} \quad (z_2 \neq 0)$,

(11) $\quad \operatorname{Re} z = \dfrac{z + \bar{z}}{2}$,

(12) $\quad \operatorname{Im} z = \dfrac{z - \bar{z}}{2i}$,

(13) $\quad z\bar{z} = |z|^2$.

たとえば，(7) については，
$$\overline{z_1 + z_2} = (x_1 + x_2) - i(y_1 + y_2) = (x_1 - iy_1) + (x_2 - iy_2) = \bar{z}_1 + \bar{z}_2.$$
他のものも定義式 (5) を用いて導くことができる．∎

絶対値について，次の等式が成り立つことがわかる：

(14) $\quad |z_1 z_2| = |z_1||z_2|$,

(15) $\quad \left|\dfrac{z_1}{z_2}\right| = \dfrac{|z_1|}{|z_2|} \quad (z_2 \neq 0)$.

例 4

不等式

(16) $\quad |z_1 + z_2| \leqq |z_1| + |z_2|$

が成り立つ．これは**三角不等式**とよばれる．三角形の辺の長さの関係を表すからである．

図形的には図 1-2 より明らかであるが，これを計算で導くことにしよう．

$$\begin{aligned}
|z_1+z_2|^2 &= (z_1+z_2)\overline{(z_1+z_2)} = (z_1+z_2)(\overline{z_1}+\overline{z_2}) \quad ((13),(7)\text{から}) \\
&= z_1\bar{z}_1 + (z_1\bar{z}_2 + \overline{z_1\bar{z}_2}) + z_2\bar{z}_2 \quad ((6)\text{から}) \\
&= |z_1|^2 + 2\mathrm{Re}(z_1\bar{z}_2) + |z_2|^2 \quad ((11),(13)\text{から}) \\
&\leqq |z_1|^2 + 2|z_1\bar{z}_2| + |z_2|^2 \quad ((4)\text{から}) \\
&= |z_1|^2 + 2|z_1||z_2| + |z_2|^2 \quad ((14),(6)\text{から}) \\
&= (|z_1|+|z_2|)^2.
\end{aligned}$$

∴ $\quad |z_1+z_2| \leqq |z_1| + |z_2|$. ∎

三角不等式 (16) から，不等式

$$|z_1+z_2+z_3| \leqq |z_1+z_2| + |z_3| \leqq |z_1| + |z_2| + |z_3|$$

が得られる．さらに一般化して，

(17) $\quad |z_1+z_2+\cdots+z_n| \leqq |z_1|+|z_2|+\cdots+|z_n| \quad (n=2,3,\cdots)$．

また，

$$|z_1| = |(z_1+z_2)+(-z_2)| \leqq |z_1+z_2| + |-z_2|$$

より

(18) $\quad |z_1| - |z_2| \leqq |z_1+z_2|$,

ここで，z_1 と z_2 を入れかえれば

$$-(|z_1|-|z_2|) \leqq |z_1+z_2|$$

が成り立つことになるから，結局

(19) $\quad ||z_1|-|z_2|| \leqq |z_1+z_2|$

が成り立つ．(16) と (19) を 1 つの式で表せば

(20) $\quad ||z_1|-|z_2|| \leqq |z_1+z_2| \leqq |z_1|+|z_2|$.

z_2 の代わりに $-z_2$ とおけば

(21) $\quad ||z_1|-|z_2|| \leqq |z_1-z_2| \leqq |z_1|+|z_2|$.

―― **例 5** ――

点 z が単位円 $|z|=1$ 上にあるとき，
$$|z^2-z+1| \leq |z|^2+|z|+1 = 3 \quad ((17)\text{から}),$$
$$|z^3-2| \geq ||z|^3-2| = 1 \quad ((21)\text{から})$$
が成り立つ. ∎

§1-3 極 形 式

複素数 $z=x+iy \neq 0$ に対応する点 (x,y) の極座標を (r, θ) とすると，
(1) $\quad x = r\cos\theta, \quad y = r\sin\theta$
だから，z は**極形式**で
(2) $\quad z = r(\cos\theta + i\sin\theta) \quad (= re^{i\theta})$
と表される.

―― **例 1** ――

第 4 象限にある複素数 $1-i$ は，極形式で，
(3) $\quad 1-i = \sqrt{2}\left\{\cos\left(-\dfrac{\pi}{4}\right) + i\sin\left(-\dfrac{\pi}{4}\right)\right\}$
である. θ としては
$$\theta = -\dfrac{\pi}{4} + 2n\pi \quad (n=0, \pm 1, \pm 2, \cdots)$$
のどれでもよいから
(3′) $\quad 1-i = \sqrt{2}\left(\cos\dfrac{7\pi}{4} + i\sin\dfrac{7\pi}{4}\right)$
とも表される. ∎

正数 r は z を表すベクトルの長さ，すなわち，$r=|z|$ である．θ は z の**偏角**とよばれ，$\theta = \arg z$ と表す．図形的には，原点と z を結ぶ線分が x 軸の正方向となす角をラジアンで測ったものが偏角である（図 1-5）:
(4) $\quad \tan\theta = \dfrac{y}{x}.$
したがって，一般的には，r を z の絶対値，θ を $\arg z$ の任意の 1 つの値とし

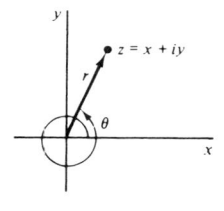

図 1-5

て，$z(\neq 0)$ は
(5) $\qquad z = r\{\cos(\theta + 2n\pi) + i\sin(\theta + 2n\pi)\} \quad (n = 0, \pm 1, \pm 2, \cdots)$
と表される．

$z = 0$ に対しては偏角は定義されない．したがって，極形式で表された複素数は，とくに何も条件をつけなくても，0 でないとするのが普通である．

$\arg z$ の**主値**を $\operatorname{Arg} z$ で表す*：
(6) $\qquad -\pi < \operatorname{Arg} z \leqq \pi$.
他の値，たとえば，$0 \leqq \operatorname{Arg} z < 2\pi$ のように定めてもかまわない．

—— 例 2 ——

[a] 偏角の主値を (6) のように定める場合，(3) における $-\dfrac{\pi}{4}$ は $1 - i$ の偏角の主値である．(3′) の場合の $\dfrac{7\pi}{4}$ は主値ではない．

[b] $\arg z = \operatorname{Arg} z + 2n\pi \quad (n = 0, \pm 1, \pm 2, \cdots)$ である．

[c] $z < 0$ ならば $\operatorname{Arg} z = \pi$ である． ∎

偏角について，等式
(7) $\qquad \arg(z_1 z_2) = \arg z_1 + \arg z_2$
が成り立つ．なぜならば，
$$z_1 = r_1(\cos\theta_1 + i\sin\theta_1), \quad z_2 = r_2(\cos\theta_2 + i\sin\theta_2)$$
とおいて，三角関数の加法定理を用いると，
$$z_1 z_2 = r_1 r_2\{(\cos\theta_1 \cos\theta_2 - \sin\theta_1 \sin\theta_2)$$
$$+ i(\sin\theta_1 \cos\theta_2 + \cos\theta_1 \sin\theta_2)\}$$

---
*大文字と小文字を使い分けていることに注意せよ．

図 1-6

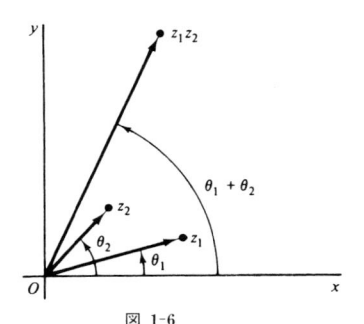

$$= r_1 r_2 \{\cos(\theta_1 + \theta_2) + i \sin(\theta_1 + \theta_2)\}.$$

∴ $\arg(z_1 z_2) = \theta_1 + \theta_2 = \arg z_1 + \arg z_2$.

―― 例 3 ――

arg を Arg に置き換えると，(7)は必ずしも成り立たない．

たとえば，主値を(6)のように定めると，$z_1 = -1$, $z_2 = i$ のとき $z_1 z_2 = -i$ だから，$\mathrm{Arg}(z_1 z_2) = \mathrm{Arg}(-i) = -\pi/2$. いっぽう，$\mathrm{Arg}\, z_1 + \mathrm{Arg}\, z_2 = \pi + \pi/2 = 3\pi/2$ である．

ところで，$\arg z_1 = \pi$, $\arg z_2 = \pi/2$ のとき，$\arg(z_1 z_2) = 3\pi/2$ と $z_1 z_2$ に対して主値でない偏角を選べば(7)が成り立つ． ∎

―― 例 4 ――

点 iz は，原点のまわりに点 z を正方向に $\pi/2$ 回転したものである．なぜならば，$i = \cos(\pi/2) + i\sin(\pi/2)$, $z = r(\cos\theta + i\sin\theta)$ より

$$iz = r\left\{\cos\left(\theta + \frac{\pi}{2}\right) + i\sin\left(\theta + \frac{\pi}{2}\right)\right\}$$

となるからである． ∎

等式(7)から，$z = r(\cos\theta + i\sin\theta)$ の逆元 z^{-1} は

(8) $z^{-1} = \dfrac{1}{r}\{\cos(-\theta) + i\sin(-\theta)\}$

であることがわかる．

(2つの積は $zz^{-1} = r \cdot r^{-1}[\{\cos(\theta + (-\theta))\} + i\sin\{\theta + (-\theta)\}] = 1$ だから)．

$z_1/z_2 = z_1 \cdot z_2^{-1}$ であるから，(7)によって，

(9) $\quad \dfrac{z_1}{z_2} = \dfrac{r_1}{r_2}\{\cos(\theta_1-\theta_2)+i\sin(\theta_1-\theta_2)\}$

であり，この式から

(10) $\quad \arg \dfrac{z_1}{z_2} = \arg z_1 - \arg z_2$

が成り立つこともわかる．

オイラーの公式

(11)* $\quad e^{i\theta} = \cos\theta + i\sin\theta$

を用いると，z の極形式表示(2)は簡単に，指数の形で

(12) $\quad z = re^{i\theta}$

と表される**．$e^{i\theta}$ の記号を用いる理由は§3-1 で詳しく学ぶ．

この指数形を用いると，$z = re^{i\theta}$ はもっと一般に

(13) $\quad z = re^{i(\theta+2n\pi)} \quad (n=0, \pm 1, \pm 2, \cdots),$

(14) $\quad z = re^{i\theta} \Longrightarrow z^{-1} = \dfrac{1}{r}e^{-i\theta},$

(15) $\quad z_1 = r_1 e^{i\theta_1},\ z_2 = r_2 e^{i\theta_2} \Longrightarrow z_1 z_2 = r_1 r_2 e^{i(\theta_1+\theta_2)},\ \dfrac{z_1}{z_2} = \dfrac{r_1}{r_2}e^{i(\theta_1-\theta_2)}$

である．

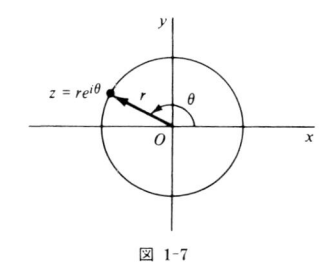

図 1-7

───── 例 5 ─────

[a] (13)から，

$r_1 e^{i\theta_1} = r_2 e^{i\theta_2} \Longleftrightarrow r_1 = r_2,\ \theta_1 = \theta_2 + 2n\pi \quad (n=0, \pm 1, \pm 2, \cdots).$

---

* p.124 例 4 で，この公式が導かれる．
** $e^{i\theta}$ を $\exp(i\theta)$ と書くことがある．

図 1-8

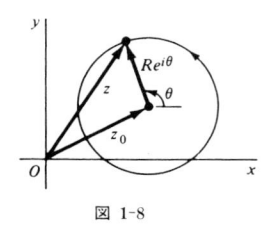

[b] 円 $|z-z_0|=R$ はオイラーの公式を用いて $z=z_0+Re^{i\theta}$ ($0\leq\theta<2\pi$) と表される． ∎

§1-4 べき乗とべき根

前節の(14)，(15)から，0でない複素数 $z=re^{i\theta}$ に対して
(1) $\qquad z^n=r^n e^{in\theta}$ ($n=0,\pm1,\pm2,\cdots$)
が成り立つ．ここでとくに $r=1$ の場合には
(2) $\qquad (e^{i\theta})^n=e^{in\theta}$ ($n=0,\pm1,\pm2,\cdots$)
となるが，これをオイラーの公式で表現した式
(3) $\qquad (\cos\theta+i\sin\theta)^n=\cos n\theta+i\sin n\theta$ ($n=0,\pm1,\pm2,\cdots$)
を**ド・モアブルの公式**という．

式(1)を用いると，べき根を計算することができる．

―― 例 1 ――――――――――――――――――――
[a] 1の n 乗根，すなわち，方程式
(4) $\qquad z^n=1$ ($n=2,3,\cdots$)
を満足する $z=1^{1/n}$ を求めてみよう．
明らかに $z\neq 0$ であるから，$z=re^{i\theta}$ とおくと，
$\qquad (re^{i\theta})^n=1.\quad \therefore\quad r^n e^{in\theta}=1e^{i0}.$
$\therefore\quad r^n=1,\quad n\theta=0+2k\pi$ ($k=0,\pm1,\pm2,\cdots$)． (§1-3の例5 [a])
$\therefore\quad r=1,\quad \theta=\dfrac{2k\pi}{n}.$
$\therefore\quad z=\exp\left(i\dfrac{2k\pi}{n}\right)$ ($k=0,\pm1,\pm2,\cdots$)．

図 1-9　　　　　　　　図 1-10

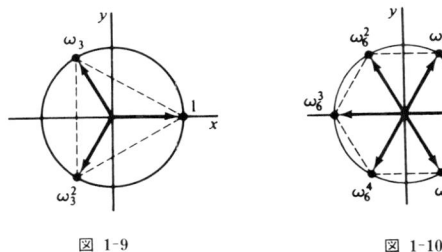

ところで，これらの点は原点を中心とする単位円上に $2\pi/n$ ごとに並んでいるから，異なる n 個の根は全部で

(5) $\quad 1^{1/n} = \exp\left(i\dfrac{2k\pi}{n}\right) = \cos\dfrac{2k\pi}{n} + i\sin\dfrac{2k\pi}{n}$ 　$(k=0, 1, 2, \cdots, n-1)$

である（三角関数の周期性から，他の k の値を指定しても新しい値はない）．

[b] 1の n 乗根を順に

$$1, \exp\left(i\dfrac{2}{n}\pi\right), \exp\left(i\dfrac{4}{n}\pi\right), \exp\left(i\dfrac{6}{n}\pi\right), \exp\left(i\dfrac{8}{n}\pi\right), \cdots, \exp\left(i\dfrac{2n-2}{n}\pi\right)$$

と並べてみると，3番目，4番目，5番目，$\cdots$，n 番目はそれぞれ2番目である $\exp\left(i\dfrac{2}{n}\pi\right)$ の2乗, 3乗, 4乗, $\cdots$, $(n-1)$ 乗であることがわかる．

そこで，$\exp\left(i\dfrac{2}{n}\pi\right) =: \omega_n$ とおくと，1の n 乗根は

$$1, \ \omega_n, \ \omega_n{}^2, \ \omega_n{}^3, \ \omega_n{}^4, \ \cdots, \ \omega_n{}^{n-1}$$

と表される．すなわち，偏角が $2\pi/n$ ずつ順に大きくなっているのである．したがって，$z=1$ を頂点とする正 n 角形の頂点が n 乗根を表す点になる．$n=3$ の場合が図1-9に，$n=6$ の場合が図1-10に示されている． ∎

複素数 $z_0 (= r_0 e^{i\theta_0} \neq 0)$ の n 乗根を求める簡単な方法は，まず

(6) $\quad z_0 = r_0 \exp\{i(\theta_0 + 2k\pi)\}$ 　$(k=0, \pm 1, \pm 2, \cdots)$

と指数の一般形で表す．次に，(6)の n 乗根を形式的につくると

(7) $\quad z_0{}^{1/n} = \sqrt[n]{r_0} \exp\dfrac{i(\theta_0 + 2k\pi)}{n}$ 　$(k=0, 1, 2, \cdots, n-1)$

が得られる．$\sqrt[n]{r_0}$ は正数 $r_0=|z|$ の正の n 乗根である*．

(7)の右辺 $= \sqrt[n]{r_0} \exp\left(i\dfrac{\theta_0}{n}\right) \cdot \exp\left(i\dfrac{2k\pi}{n}\right) = \sqrt[n]{r_0} \exp\left(i\dfrac{\theta_0}{n}\right) \cdot \omega_n{}^k$

だから，$z_0{}^{1/n}$ は，z_0 の1つの n 乗根 $\sqrt[n]{r_0} \exp\left(i\dfrac{\theta_0}{n}\right)$ と1の n 乗根 $\omega_n{}^k$ の積である．半径 $\sqrt[n]{r_0}$ の円に接し，$\sqrt[n]{r_0} \exp\left(i\dfrac{\theta_0}{n}\right)$ を頂点とする正 n 角形の各頂点が n 乗根を表す．$z_0=1$ の場合は $r_0=1$, $\theta_0=0$ であるから (7) は (5) に一致する．

──── 例 2 ────

公式(7)を使って $(-8i)^{1/3}$, すなわち，$-8i$ の3つの3乗根を求めてみよう．

$\mathrm{Arg}(-8i) = -\pi/2$ だから $\theta_0 = -\pi/2$, $r_0 = |-8i| = 8$ とおくと，(6)は

$$-8i = 8\exp\left\{i\left(-\dfrac{\pi}{2}+2k\pi\right)\right\} \quad (k=0, \pm 1, \pm 2, \cdots).$$

$\therefore \quad (-8i)^{1/3} = 2\exp\left\{i\left(-\dfrac{\pi}{6}+\dfrac{2}{3}k\pi\right)\right\}$

$\qquad\qquad\quad = 2\exp\left(-i\dfrac{\pi}{6}\right) \cdot \exp\left(i\dfrac{2k}{3}\pi\right) \quad (k=0, 1, 2).$

$\therefore \quad (-8i)^{1/3} = \sqrt{3}-i,\ 2i,\ -\sqrt{3}-i.$ ∎

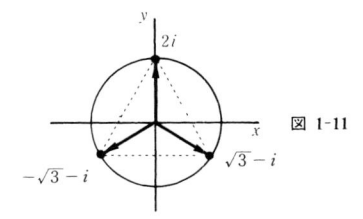

図 1-11

§1-5 複素平面上のトポロジー

点 z_0 を中心として半径 ε の円の内部の点全体

(1) $\qquad |z-z_0| < \varepsilon$

を z_0 の **ε 近傍** という（図 1-12）．

---

*記号 $z_0{}^{1/n}$ は n 個ある z_0 の n 乗根の全体を表し，$z_0>0$ の場合，$\sqrt[n]{z_0}$ はただ1つある正の n 乗根を表すことにする．したがって，たとえば，$16^{1/4}$ は $\pm 2, \pm 2i$ の4つを，$\sqrt[4]{16}$ は 2 を表す．

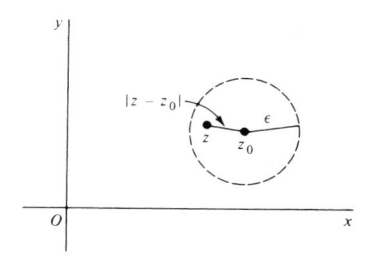

図 1-12

　点 z_0 のある近傍が集合 S の点のみを含むとき，z_0 は S の**内点**といい，z_0 の近傍で S の点を含まないものがある場合，z_0 を S の**外点**という．
　z_0 が S の内点でも外点でもない場合，z_0 は S の**境界点**という．すなわち，境界点とは，そのどんな近傍も S の点と S に属さない点を含むような点である．S の境界点全体を S の**境界**という．

―― 例 1 ――――――――――――――――――――――――

円 $S_0 : |z|=1$ は 2 つの集合
　(2)　　　$S_1 : |z|<1$,　　$S_2 : |z| \leqq 1$
の境界である．S_1 の任意の点は S_1, S_2 の内点であり，$|z|>1$ なる点 z は S_1, S_2 の外点である．S_0 の点は S_2 の点であるが，S_1 の点ではない．■

　境界点を含まない集合を**開集合**という．
　『集合 S が開集合である $\iff$ S の各点が S の内点である』である．
　境界点をすべて含む集合を**閉集合**という．S のすべての点と S の境界からなる集合を S の**閉包**といい，$\overline{S}$ で表す．『$\overline{S}=S \iff S$ は閉集合』である．
　例 1 の S_1 は開集合，S_2 は閉集合である．また，S_2 は S_1 と S_2 の閉包である．

―― 例 2 ――――――――――――――――――――――――

開集合でも閉集合でもない集合もある．
　　　　$S_3 : 0<|z| \leqq 1$,　　$S_4 : 1<|z| \leqq 2$
はともにその例である．

S_3 は境界点 0 を含まないから閉集合ではなく，境界点 $|z|=1$ を含むから開集合でもない．

複素平面全体は，境界点をもたないから，開集合でもあり閉集合でもあるとみなす． ∎

S の任意の 2 点 z_1, z_2 を，S に属する点のみからなる有限個の線分の折れ線で結ぶことができる場合，S を**連結した集合**という．

例1の開集合 S_1 は連結集合である．円環 $1<|z|<2$ も連結集合である（図1-13）．連結した開集合を**領域**という．近傍は領域である．

集合 S の各点が，ある円 $|z|=R$ の内部に含まれる場合，S は**有界**であるといい，そうでない集合を**有界でない**という．S_1〜S_4 はいずれも有界な集合である．

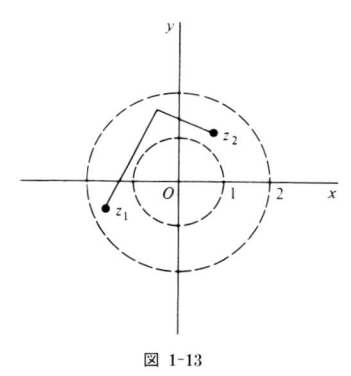

図 1-13

点 z_0 の任意の近傍が z_0 と異なる S の点を少なくとも 1 つ含む場合，z_0 を S の**集積点**という．S の境界点は S の集積点である．

『S が閉集合である $\iff$ S が S の集積点をすべて含む』である．

—— 例 3 ——

[a] $\left\{\dfrac{i}{n} : n \text{ は自然数}\right\}$ の集積点は 0 のみである．

[b] $\{(-1)^n(1+i)(n-1)/n : n=1, 2, \cdots\}$ の集積点は $1+i$，$-1-i$ の 2 つである． ∎

第1章 複 素 数   17

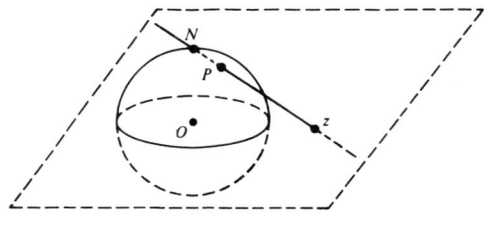

図 1-14

　複素平面に ∞ で表される**無限遠点**を付け加えると便利なことがある．この無限遠点を付け加えた複素平面を**拡張された複素平面**という．

　無限遠点を具体化するには，図 1-14 のように，複素平面と単位球を考える．球の中心は原点で，平面は球の赤道を通っている．球の北極 N を通る直線を用いて球面上の点 P と平面上の点 z を対応させると，N 以外の球面上の点と平面上の点は 1 対 1 に対応する．そこで，N と ∞ を対応させると，球と拡張された複素平面とが 1 対 1 に対応することになる．

　このように対応させたとき，この球を**リーマン球面**とよび，対応を**立体射影**という．

　複素平面の原点を中心とする単位円の外部と円周が，点 N を取り除いた上半球面と赤道に対応する．

　また，ε が十分小さな正数であるとき，複素平面上の円 $|z|=1/\varepsilon$ の外部はリーマン球面の N に近い点に対応する．そこで，$|z|>1/\varepsilon$ なる集合を ∞ の ε 近傍，または単に ∞ の近傍とよぶことにする．

　今後，ただ単に点 z というときは，この点 z は"有限"複素平面上の点であることにする．もし，その点が ∞ であるかもしれない場合は，そのことをそのつどはっきり述べることにする．

練 習 問 題

§1-1 複 素 数

1-1 次の等式を証明せよ．

(a) $(\sqrt{2}-i)-i(1-\sqrt{2}i)=-2i$

(b) $\dfrac{1+2i}{3-4i}+\dfrac{2-i}{5i}=-\dfrac{2}{5}$

(c) $\dfrac{5}{(1-i)(2-i)(3-i)}=\dfrac{1}{2}i$ (d) $(1-i)^4=-4$

1-2 $z=1\pm i$ は 2 次方程式 $z^2-2z+2=0$ を満たすことを示せ (練習問題 1-35 を参照せよ).

1-3 $1=1+0i$ はただ 1 つの乗法に関する単位元であることを示せ.

1-4 複素数 $z=x+iy$ の加法に関する逆元はただ 1 つ $-z=-x-iy$ であることを示せ.

1-5 次の等式を証明せよ.
(a) $\mathrm{Im}(iz)=\mathrm{Re}\,z$ (b) $\mathrm{Re}(iz)=-\mathrm{Im}\,z$
(c) $1/(1/z)=z$ $(z\neq 0)$ (d) $(-1)z=-z$

1-6 $z_1z_2z_3=0$ ならば 3 数のうち少なくとも 1 つは 0 であることを示せ.

1-7 $(1+z)^2=1+2z+z^2$ であることを示せ.

1-8 数学的帰納法を用いて, 次の **2 項定理** が成り立つことを示せ.
$$(z_1+z_2)^n=z_1^n+\dfrac{n}{1!}z_1^{n-1}z_2+\dfrac{n(n-1)}{2!}z_1^{n-2}z_2^2+\cdots$$
$$+\dfrac{n(n-1)(n-2)\cdots(n-k+1)}{k!}z_1^{n-k}z_2^k+\cdots+z_2^n$$
$$(n=1,2,\cdots)$$

§1-2 複素数の絶対値

1-9 複素数をベクトルと見なして z_1+z_2, z_1-z_2 を図示せよ.
(a) $z_1=2i$, $z_2=\dfrac{2}{3}-i$ (b) $z_1=-\sqrt{3}+i$, $z_2=\sqrt{3}$
(c) $z_1=-3+i$, $z_2=1+4i$ (d) $z_1=x_1+iy_1$, $z_2=x_1-iy_1$

1-10 次の等式を証明せよ.
(a) $\overline{\bar{z}+3i}=z-3i$ (b) $\overline{iz}=-i\bar{z}$
(c) $\overline{(2+i)^2}=3-4i$ (d) $|(2\bar{z}+5)(\sqrt{2}-i)|=\sqrt{3}\,|2z+5|$

1-11 次の命題を証明せよ.
(a) z は実数 $\iff \bar{z}=z$
(b) z は純虚数 $\iff \bar{z}=-z$

1-12 図示せよ.
(a) $|z-1+i|=1$ (b) $|z+i|\leq 3$ (c) $\mathrm{Re}(\bar{z}-i)=2$
(d) $|2z-i|=4$ (e) $|z-1|\geq 2$ (f) $|\mathrm{Re}\,z|\leq 1$

1-13 $|z|<1$ ならば $|\mathrm{Im}(1-\bar{z}+z^2)|<3$ が成り立つことを示せ.

1-14 z^4-4z^2+3 を 2 次式の積の形にせよ. 次に, $|z|=2$ ならば

$$\left|\frac{1}{z^4-4z^2+3}\right|\leq\frac{1}{3}$$
が成り立つことを示せ．

1-15 『$z_1z_2=0$ ならば z_1 と z_2 の少なくとも1つは0である』ことを(14)を用いて示せ．

1-16 数学的帰納法を用いて証明せよ．
 (a) $\overline{z_1+z_2+\cdots+z_n}=\bar{z}_1+\bar{z}_2+\cdots+\bar{z}_n$
 (b) $\overline{z_1z_2\cdots\cdots z_n}=\bar{z}_1\bar{z}_2\cdots\cdots\bar{z}_n$

1-17 $a_0, a_1, a_2, \cdots, a_n$ を実数，z を複素数とするとき，次の等式が成り立つことを示せ．
$$\overline{a_0+a_1z+a_2z^2+\cdots+a_nz^n}=a_0+a_1\bar{z}+a_2\bar{z}^2+\cdots+a_n\bar{z}^n$$

1-18 $|z-z_0|=R$ は次のように書けることを示せ．
$$|z|^2-2\,\mathrm{Re}(z\bar{z}_0)+|z_0|^2=R^2$$

1-19 (11), (12)を用いて，双曲線 $x^2-y^2=1$ は次のように書けることを示せ．
$$z^2+\bar{z}^2=2$$

1-20 次のことを示せ．
 (a) $|z-4i|+|z+4i|=10$ は焦点が $(0, \pm 4)$ の楕円を表す．
 (b) $|z-1|=|z+i|$ は原点を通り傾きが -1 の直線である．

§1-3 極形式，§1-4 べき乗とべき根

1-21 偏角を求めよ．
 (a) $z=\dfrac{-2}{1+\sqrt{3}i}$ (b) $z=\dfrac{i}{-2-2i}$ (c) $z=(\sqrt{3}-i)^6$

1-22 左辺に極形式を用いて，右辺を導け．
 (a) $i(1-\sqrt{3}i)(\sqrt{3}+i)=2(1+\sqrt{3}i)$ (b) $5i/(2+i)=1+2i$
 (c) $(1+\sqrt{3}i)^{-10}=2^{-11}(-1+\sqrt{3}i)$ (d) $(-1+i)^7=-8(1+i)$

1-23 次のべき根を求め，図示せよ．
 (a) $(2i)^{1/2}$ (b) $(1-\sqrt{3}i)^{1/2}$ (c) $(-1)^{1/3}$ (d) $(-16)^{1/4}$
 (e) $8^{1/6}$ (f) $(-4\sqrt{2}+4\sqrt{2}i)^{1/3}$

1-24 次の等式を証明せよ．
 (a) $|e^{i\theta}|=1$ (b) $\overline{e^{i\theta}}=e^{-i\theta}$ (c) $(e^{i\theta})^2=e^{i2\theta}$
 (d) $e^{i\theta_1}\cdot e^{i\theta_2}\cdots\cdots e^{i\theta_n}=e^{i(\theta_1+\theta_2+\cdots+\theta_n)}$ $(n=2,3,\cdots)$

1-25 $\arg z$ を求めよ．
 (a) $z=z_1{}^n$ $(n=1,2,\cdots)$ (b) $z=z_1{}^{-1}$

1-26 $\operatorname{Re} z_1 > 0$, $\operatorname{Re} z_2 > 0 \implies \operatorname{Arg}(z_1 z_2) = \operatorname{Arg} z_1 + \operatorname{Arg} z_2$
であることを示せ.

1-27 (a) a を実数とするとき, $a+i$ の平方根は $\pm\sqrt{A}\,e^{i\alpha/2}$ ($A=\sqrt{a^2+1}$, $\alpha=\operatorname{Arg}(a+i)$) であることを示せ.

(b) 公式 $\cos^2\dfrac{\alpha}{2}=\dfrac{1+\cos\alpha}{2}$, $\sin^2\dfrac{\alpha}{2}=\dfrac{1-\cos\alpha}{2}$ を用いて, (a)の平方根が
$$\pm\frac{1}{\sqrt{2}}(\sqrt{A+a}+i\sqrt{A-a})$$
と表されることを示せ.

1-28 $z^4+4=(z^2+2z+2)(z^2-2z+2)$ が成り立つことを示せ.

1-29 ド・モアブルの公式を用いて, 次の等式を導け.
(a) $\cos 3\theta = \cos^3\theta - 3\cos\theta\sin^2\theta$ (b) $\sin 3\theta = 3\cos^2\theta\sin\theta - \sin^3\theta$

1-30 $z_1 z_2 \neq 0$ のとき次のことを証明せよ.
$$\operatorname{Re}(z_1\bar{z}_2) = |z_1||z_2| \iff \arg z_1 - \arg z_2 = 2n\pi \;(n=0,\pm 1,\pm 2,\cdots)$$

1-31 $z_1 z_2 \neq 0$ のとき, 次を証明せよ.
(a) $|z_1+z_2| = |z_1|+|z_2| \iff \arg z_1 - \arg z_2 = 2n\pi \;(n=0,\pm 1,\pm 2,\cdots)$
(b) $|z_1-z_2| = ||z_1|-|z_2|| \iff \arg z_1 - \arg z_2 = 2n\pi \;(n=0,\pm 1,\pm 2,\cdots)$

1-32 $|e^{i\theta}-1|=2$ を満足する θ $(0 \le \theta < 2\pi)$ を求めよ.

1-33 等式
$$1+z+z^2+\cdots+z^n = \frac{1-z^{n+1}}{1-z} \quad (z\neq 1)$$
が成り立つことを示せ. 次に, これに $z=e^{i\theta}$ を代入して, **ラグランジュの三角恒等式**
$$1+\cos\theta+\cos 2\theta+\cdots+\cos n\theta = \frac{1}{2}+\frac{\sin\{(n+1/2)\theta\}}{2\sin(\theta/2)} \quad (0<\theta<2\pi)$$
を導け.

1-34 c を 1 以外の任意の 1 の n 乗根とするとき, $1+c+c^2+\cdots+c^{n-1}=0$ が成り立つことを示せ.

1-35 (a) a,b,c を複素数とする 2 次方程式 $az^2+bz+c=0$ の解は
$$z = \frac{-b\pm\sqrt{b^2-4ac}}{2a}$$
で与えられることを示せ.

(b) (a)の結果を用いて, 次の 2 次方程式の解を求めよ.
$$z^2+2z+(1-i)=0$$

§1-5 複素平面上のトポロジー

1-36 次の集合を図示せよ．また，領域であるものはどれか．
  (a) $|z-2+i|\leq 1$ (b) $|2z+3|>4$ (c) $\text{Im } z>1$
  (d) $\text{Im } z=1$ (e) $0\leq \arg z \leq \pi/4$ (f) $|z-4|\geq |z|$
  (g) $0<|z-z_0|<\delta$ (z_0 は定数，δ は正定数)

1-37 問題 1-36 で，開集合でも閉集合でもないものはどれか．

1-38 問題 1-36 で，有界な集合はどれか．

1-39 次の集合の閉包を求めそれを図示せよ．
  (a) $-\pi<\arg z<\pi$ ($z\neq 0$) (b) $|\text{Re } z|<|z|$ (c) $\text{Re}\left(\dfrac{1}{z}\right)\leq \dfrac{1}{2}$
  (d) $\text{Re}(z^2)>0$

1-40 $|z|<1$ または $|z-2|<1$ を満たす点 z の集合を S とする．S は連結集合でないことを示せ．

1-41 次の集合の集積点を求めよ．
  (a) $z_n = i^n$ ($n=1,2,\cdots$) (b) $z_n = i^n/n$ ($n=1,2,\cdots$)
  (c) $0\leq \arg z < \pi/2$ ($z\neq 0$)

1-42 『有限個の点からなる集合 S は集積点をもたない』ことを示せ．

第2章

正 則 関 数

複素変数の関数とその導関数について考察する．この章のおもな目的は，正則関数（せいそくかんすう）の概念を導入することである．正則関数は，複素解析において中心的な役割を演ずる重要な関数である．

§2-1 複素変数の関数

複素数の集合 D の点 z に，複素数の集合 S の点 w を対応させる関数
$$w := f(z)$$
について考よう．D は f の**定義域**，w は z における f の**値**，S を f の**値域**という．

関数の形が与えられているが，その定義域について何もコメントがない場合は，考えられる最大の集合をその定義域と見なすのが普通である．

$f(z) = z^{1/2}$ のように，1つの z に対して2つまたは2つ以上の値を対応させる関数がある（これは**多価関数**とよばれる）．この場合は，多くの値の中のただ1つを選び，これを z における f の値と定める（$f(z) = \sqrt{z}$, $f(z) = -\sqrt{z}$ のように）ことによって，$f(z)$ は **1価関数**，すなわち，ただ1つの値をとる関数，にすることができる（§3-3の定理2の次を参照）．今後，とくに注意しない場合は，関数といえば1価関数を表すものとする．

$z = x + iy$ における f の値を $w = u + iv$，すなわち，
$$u + iv := f(x + iy)$$
とおくと，u と v はそれぞれ実数 x と y によって定まる．

―― **例 1** ――

$f(z):=z^2$ の場合，
$$f(z)=(x+iy)^2=x^2-y^2+i2xy.$$
∴ $u=x^2-y^2,\ v=2xy.$
定義域は複素平面全体である．■

この例からもわかるように，複素変数 $z=x+iy$ の関数は
(1) $f(z)=u(x,y)+iv(x,y)$
と表される．

―― **例 2** ――

[**a**] $u(x,y):=y\int_0^\infty e^{-xt}dt,\quad v(x,y):=\sum_{n=0}^\infty y^n$

から 1 つの関数

(2) $f(z)=y\int_0^\infty e^{-xt}dt+i\sum_{n=0}^\infty y^n$

が定められる．$f(z)$ の定義域は，$u(x,y)$, $v(x,y)$ が意味があるような x と y の範囲でなければならないことから，帯状領域 $x>0,\ -1<y<1$ である．

[**b**]   全平面で定義される関数
$$f(z):=|z|^2$$
は，つねに $v(x,y)=0$ であるから，複素変数の実数値関数である．

[**c**] n 次の**多項式**
$$P(z):=a_0+a_1z+a_2z^2+\cdots+a_nz^n$$
   　　　($a_0,a_1,\cdots,a_n$ は複素定数；$a_n\ne 0$)

の定義域は複素平面全体．多項式の比 $P(z)/Q(z)$ は**有理関数**とよばれるが，この定義域は $Q(z)=0$ となる z，すなわち，$Q(z)$ の**零点**を除いた複素平面である．■

　実数変数の実数値関数はグラフで表すことができるが，複素変数の複素数値関数をグラフに表すことはできない．定義域と値域で 4 次元だからである．ところが，z 平面上の特定な図形や集合が，w 平面上でどんな図形になるかを考えることにより，少しでも関数について知ることができる．

関数 $w=f(z)$ を z 平面から w 平面への図形の対応と見たとき，これを**写像**または**変換**という．

---- 例 3 ----

[a]　$w=f(z):=z+1=(x+1)+iy$ は点 (x,y) に対して点 $(x+1, y)$ を対応させる関数，すなわち，x 軸方向の**平行移動**を表す写像である．

[b]　$w:=iz$ は点 z を原点のまわりに 90° **回転移動**させる写像である（§1-3 の例 4）．

[c]　$w:=\bar{z}$ は実軸に関して対称な位置に移動する（すなわち，**鏡像**を表す）変換である（§1-2 の (5)）．■

---- 例 4 ----

変換
$$w:=z+\frac{1}{z}$$
によって，円 $|z|=1$ の外部の上半平面 $y>0$ が，w 平面の上半平面全体 $v>0$ にうつり，図 2-1 の曲線 $EDCBA$ が u 軸全体 $E'D'C'B'A'$ にうつることを段階に分けて示そう．

[a]　点 $z=1$（点 B）は $w=1+1/1=2$（点 B'）にうつる．

x 軸上の点 $z=x(>1)$ は u 軸上の点 $w=x+1/x(>2)$ にうつる．

$dw/dx=1-1/x^2>0$ だから，x が増加すれば w も増加する．すなわち，x 軸上を B から右に移動していくと，その像も B' から右に移動していく．よって，BA は $B'A'$ にうつる．同様に，x 軸上の点 $z=x(\leq -1)$ は u 軸上の $u\leq -2$ の部分にうつる．よって，ED は $E'D'$ にうつる．

[b]　次に，上半円 $|z|=1$（DCB）が線分 $-2\leq u\leq 2$（$D'C'B'$）にうつることを示そう．

DCB 上の点は $z=e^{i\theta}$（$0\leq \theta\leq \pi$）と表されるから，
$$w=e^{i\theta}+e^{-i\theta}=2\cos\theta$$
は実数である．$\theta=0$ から $\theta=\pi$ まで θ が増加するとき，w は 2 から減少して -2 に変わる．よって，像は線分 $D'C'B'$ である．

[c]　上半円 $S_1: |z|=r_1$（>1）は楕円 S_1' にうつることを示そう．

図 2-1　$w = z + \dfrac{1}{z}$

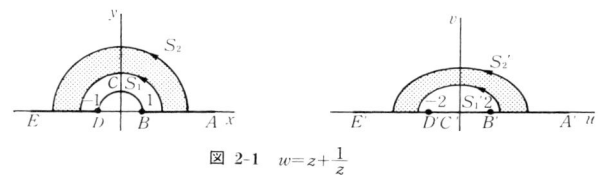

S_1 上の点は $z = r_1 e^{i\theta}$ $(0 \leq \theta \leq \pi)$ と表される．この点の像は
$$w = r_1 e^{i\theta} + \frac{1}{r_1 e^{i\theta}} = a\cos\theta + ib\sin\theta \quad \left(a = r_1 + \frac{1}{r_1},\ b = r_1 - \frac{1}{r_1}\right).$$
∴　$u = a\cos\theta,\quad v = b\sin\theta.$

∴　$\dfrac{u^2}{a^2} + \dfrac{v^2}{b^2} = 1.$

これは焦点が $w = \pm\sqrt{a^2 - b^2} = \pm 2$ の楕円である．θ が 0 から π に増加するとき，$\cos\theta$ は 1 から -1 に単調に減少し，$\sin\theta$ は 0 から 1 に増加し次いで 0 に減少する．よって，S_1 上を→の方向に z が動くとき，その像は楕円 S_1' 上を→の方向に動く．

　[d]　S_1 より大きい円 S_2 の像はやはり楕円で，長径と短径は r_1 に対する長径 a，短径 b よりも大きいから S_1' より大きな楕円 S_2' である．焦点は S_1' と同じ点 $w = \pm 2$ である．

　[e]　小さな円から次第に大きな円に変えていくと，$|z| < 1$ を除いた z 平面の上半分全体になり，したがって，この像は w 平面の上半分全体である．■

§2-2　極　　　　　限

　$z \to z_0$ のとき $f(z) \to w_0$ であることを

　(1)　　　　$\displaystyle\lim_{z \to z_0} f(z) = w_0$

と書き w_0 を**極限**または**極限値**とよぶ．

　これを正確に述べるには，いわゆる **ε-δ 論法** が必要である：

　　任意の正数 ε に対して，適当な正数 δ が存在して

　(2)　　　　$0 < |z - z_0| < \delta \Longrightarrow |f(z) - w_0| < k\varepsilon$　　$(k = 定数)$

が成り立つ．

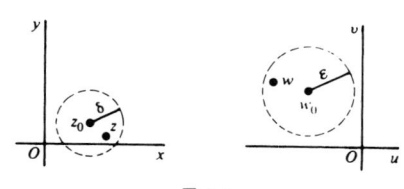

図 2-2

　これを簡単に(1)のように書くのである．(1)の "$z \to z_0$" は (2) の前半であるが，z が z_0 に近づく方法に何の制限もつけていないことに注意したい．すなわち，特定な方向から考えた極限ではなく，どんな近づき方をしても1つの値が定まる場合に，極限が存在するというのである．また，"$z \to z_0$" は $z = z_0$ における値を考えないことにも注意したい．

　なお，(2)において，$k=1$ とする場合が多いが，(2)のほうが応用上使いやすい．

―― 例 1 ――

$f(z) := iz/2$ に対して

$$\lim_{z \to 1} f(z) = \frac{i}{2}$$

が成り立つことを示そう．

$$\left| f(z) - \frac{i}{2} \right| = \left| \frac{iz}{2} - \frac{i}{2} \right| = \frac{|z-1|}{2}$$

だから，任意の正数 ε に対して

$$0 < |z-1| < 2\varepsilon \implies \left| f(z) - \frac{i}{2} \right| < \varepsilon$$

となるから，(2)の δ としては $\delta = 2\varepsilon$ (または，$0 < \delta \leq 2\varepsilon$ なる任意の値)と選べばよい．∎

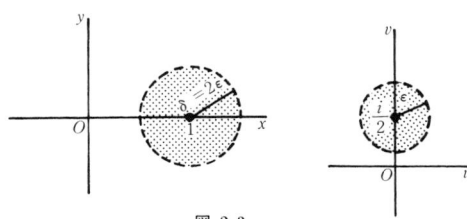

図 2-3

今まで，極限はただ1つであるかのごとく論じてきたが，これは事実である．ここでそれを証明しよう．

定理 1（極限の一意性）

極限はただ1つしか存在しない．

証明 2つの極限
$$\lim_{z \to z_0} f(z) =: w_0, \quad \lim_{z \to z_0} f(z) =: w_1$$
が存在すると仮定して，$w_0 = w_1$ であることを示そう．

任意の正数 ε に対して適当な正数 δ_0, δ_1 が存在して
$$0 < |z - z_0| < \delta_0 \Longrightarrow |f(z) - w_0| < k_0 \varepsilon,$$
$$0 < |z - z_0| < \delta_1 \Longrightarrow |f(z) - w_1| < k_1 \varepsilon.$$
$\delta = \min(\delta_0, \delta_1)$（$\delta_0$ と δ_1 の大きくないほう）とおくと，
$$0 < |z - z_0| < \delta \Longrightarrow |w_1 - w_0| = |\{f(z) - w_0\} - \{f(z) - w_1\}|$$
$$\leq |f(z) - w_0| + |f(z) - w_1| < (k_0 + k_1)\varepsilon.$$
$\therefore \ |w_1 - w_0| < k\varepsilon \quad (k = k_0 + k_1). \quad \therefore \ w_1 = w_0.$

（w_0 と w_1 は極限だから定数である．定数 $|w_1 - w_0|$（≥ 0）が任意の実数 $k\varepsilon$ よりも小となるのは $|w_1 - w_0| = 0$ の場合である．よって，$w_1 = w_0$ である．）■

$z_0 = \infty$ の場合には(1)は
$$(1') \quad \lim_{z \to \infty} f(z) = w_0$$
であるが，これに対応する(2)は次のようになる：

"任意の正数 ε に対して，適当な正数 δ が存在して
$$(2') \quad |z| > \frac{1}{\delta} \Longrightarrow |f(z) - w_0| < k\varepsilon \quad (k \text{ は定数})$$
が成り立つ".

例 2

$\lim_{z \to \infty} \dfrac{1}{z^2} = 0$ が成り立つことは，$\delta = \sqrt{\varepsilon}$ ととれば
$$|z| > \frac{1}{\sqrt{\varepsilon}} \Longrightarrow \left|\frac{1}{z^2} - 0\right| < \varepsilon$$

であることからわかる．■

$w_0 = \infty$ の場合は (1) は
(1″)　　$\lim_{z \to z_0} f(z) = \infty$

であるが，これに対応する (2) は次のようになる：
　"任意の正数 ε に対して，適当な正数 δ が存在して
(2″)　　$0 < |z - z_0| < \delta \Longrightarrow |f(z)| > \dfrac{k}{\varepsilon}$　（$k =$ 定数）
が成り立つ"．

―― 例 3 ――

$\lim_{z \to 0} \dfrac{1}{z^2} = \infty$ であることは，$\delta = \sqrt{\varepsilon}$ ととれば
$$0 < |z - 0| < \sqrt{\varepsilon} \Longrightarrow \left|\dfrac{1}{z^2}\right| > \dfrac{1}{\varepsilon}$$
が成り立つことからわかる．■

$z_0 = \infty$，$w_0 = \infty$ の場合も同様に考えればよい．
　極限の定義 (2) は，微分積分学における極限の定義と形式的にはまったく同じものであるから，同じ形の公式が同じ方法で得られることになる．

―― 定理 2（極限公式）――

$$\lim_{z \to z_0} f(z) =: w_0, \quad \lim_{z \to z_0} g(z) =: w_1$$

$$\Longrightarrow \begin{cases} \lim_{z \to z_0}\{f(z) + g(z)\} = w_0 + w_1, \\ \lim_{z \to z_0}\{f(z) g(z)\} = w_0 w_1, \\ \lim_{z \to z_0}\dfrac{f(z)}{g(z)} = \dfrac{w_0}{w_1} \quad (w_1 \neq 0). \end{cases}$$

―― 例 4 ――

[a]　　$f(z) = z$ のとき，$\delta = \varepsilon$ ととれば

$$\lim_{z \to z_0} z = z_0$$

が成り立つことがわかるから，定理2を用いると，多項式

$$P(z) = a_0 + a_1 z + a_2 z^2 + \cdots + a_n z^n$$

に対して

$$\lim_{z \to z_0} P(z) = \lim_{z \to z_0} a_0 + a_1 \lim_{z \to z_0} z + a_2 \lim_{z \to z_0} z^2 + \cdots + a_n \lim_{z \to z_0} z^n$$
$$= a_0 + a_1 z_0 + a_2 z_0^2 + \cdots + a_n z_0^n = P(z_0)$$

が成り立つことになる．

[b] §1-2 の不等式 (21)

$$0 \leq ||f(z)| - |w_0|| \leq |f(z) - w_0|$$

から

$$\lim_{z \to z_0} f(z) = w_0 \implies \lim_{z \to z_0} |f(z)| = |w_0|$$

が成り立つことが導かれる．■

次に，実部，虚部の極限との関係を調べよう．

定理3

(3) $\quad \lim\limits_{z \to z_0} f(z) = w_0 \iff$

(4) $\quad\quad \begin{cases} \lim\limits_{z \to z_0} \operatorname{Re} f(z) = \operatorname{Re} w_0, \\ \lim\limits_{z \to z_0} \operatorname{Im} f(z) = \operatorname{Im} w_0. \end{cases}$

証明 §1-2 の (3) より

$$|f(z) - w_0|^2 = \{\operatorname{Re} f(z) - \operatorname{Re} w_0\}^2 + \{\operatorname{Im} f(z) - \operatorname{Im} w_0\}^2.$$

$$\therefore \quad f(z) \to w_0 \iff \begin{cases} \operatorname{Re} f(z) \to \operatorname{Re} w_0, \\ \operatorname{Im} f(z) \to \operatorname{Im} w_0. \end{cases}$$

例 5

[a] $f(z) := z^2$ ($z := x + iy$) について，$\operatorname{Re} f(z) = x^2 - y^2$, $\operatorname{Im} f(z) = 2xy$.
$\lim\limits_{z \to 1+2i} z^2 = (1+2i)^2 = -3 + 4i$.

一方，$z \to 1 + 2i$ のとき $x \to 1$, $y \to 2$ であるから，

$$\lim_{z \to 1+2i} \operatorname{Re} f(z) = \lim_{x \to 1, y \to 2} (x^2 - y^2) = 1 - 4 = -3,$$

$$\lim_{z \to 1+2i} \mathrm{Im}\, f(z) = \lim_{x \to 1, y \to 2} 2xy = 2 \cdot 1 \cdot 2 = 4.$$
$$\therefore \lim_{z \to 1+2i} z^2 = -3 + 4i.$$

[b]　$f(z) := |z|^2$ について，$\mathrm{Re}\, f(z) = x^2 + y^2$, $\mathrm{Im}\, f(z) = 0$.

$$\lim_{z \to 1+2i} |z|^2 = |1+2i|^2 = 1^2 + 2^2 = 5.$$
$$\lim_{z \to 1+2i} \mathrm{Re}\, f(z) = \lim_{x \to 1, y \to 2} (x^2 + y^2) = 5,$$
$$\lim_{z \to 1+2i} \mathrm{Im}\, f(z) = \lim_{x \to 1, y \to 2} 0 = 0.$$
$$\therefore \lim_{z \to 1+2i} |z|^2 = 5 + 0i = 5. \blacksquare$$

§2-3　連 続 関 数

関数 $f(z)$ が条件

(1)　　　$\lim_{z \to z_0} f(z) = f(z_0)$

を満たすとき，点 z_0 で**連続**であるという．集合 R の各点で連続であるとき，$f(z)$ は R で連続であるという．(1) は

"任意の正数 ε に対して，適当な正数 δ が存在して

(2)　　　$|z - z_0| < \delta \Longrightarrow |f(z) - f(z_0)| < k\varepsilon$ （$k = $ 定数）

が成り立つ"

ことを意味する．

極限の場合とちがって，$z = z_0$ における値を問題にしていることに注意したい．

連続関数の定義(1)は，微分積分学における定義とまったく同じであるから，同じ公式を同じ方法で導くことができることになる．

定理 1

$f(z), g(z)$ が z_0 で連続

　　　$\Longrightarrow$　$f(z) + g(z)$, $f(z)g(z)$, $\dfrac{f(z)}{g(z)}$ （$g(z_0) \neq 0$) は z_0 で連続

2つの連続関数 $f(z)$ と $g(z)$ の合成関数 $f(g(z))$, $g(f(z))$ がつくれる場合,これらも連続関数である.

§2-2 の定理 3 を用いることにより,次の定理が成り立つ.

定理 2

$f(z)$ が z_0 で連続 $\iff$ Re $f(z)$, Im $f(z)$ が z_0 で連続

例 1

関数
$$f(z) := xy^2 + i(2x - y)$$
の実部,虚部はともに x と y の多項式であるから,任意の (x, y) において連続である.したがって,$f(z)$ は複素平面全体で連続である. ∎

例 2

関数
$$f(z) := e^{xy} + i\sin(x^2 - 2xy^3)$$
は,x と y の多項式関数と e^x, $\sin x$ との合成関数であるから,複素平面全体で連続な関数である. ∎

2 実変数関数の実数値関数の性質と定理 2 を用いることによって,複素変数関数の連続性について,いろいろな性質を導くことができる.

例 3

[a] 『複素平面上の有界な閉集合 R で連続な関数
$$f(z) := u(x, y) + iv(x, y)$$
は有界であり,$|f(z)|$ は R で最大値と最小値をとる.』

なぜならば,$f(z)$ が連続であることは実部 $u(x, y)$,虚部 $v(x, y)$ が連続であることと同値である(定理 2)から,$\sqrt{\{u(x, y)\}^2 + \{v(x, y)\}^2} = |f(z)|$ も R で連続である.よって,$|f(z)|$ は R で有界かつ最大値,最小値をとる.

[b] 上と同様に考えて,

『有界な閉集合 R で連続な関数 $f(z)$ は，R で一様連続である．』
こともわかる．■

§2-4　導関数と微分公式

関数 $f(z)$ の定義域は，点 z_0 の近傍を含んでいるとする．点 z_0 における $f(z)$ の**導関数** $f'(z_0)$ を

(1) $\qquad f'(z_0) := \lim_{z \to z_0} \dfrac{f(z) - f(z_0)}{z - z_0}$

で定義する．z_0 における導関数が存在するとき，$f(z)$ は z_0 で**微分可能**であるという．

$z - z_0 = \Delta z$ とおいて (1) を書き直すと

(2) $\qquad f'(z_0) = \lim_{\Delta z \to 0} \dfrac{f(z_0 + \Delta z) - f(z_0)}{\Delta z}$

となる．z_0 の 0 をとって，$f(z + \Delta z) - f(z) = \Delta w$ とおくと

$$f'(z) = \lim_{\Delta z \to 0} \dfrac{\Delta w}{\Delta z}$$

とも表される．Δw は z が Δz だけ変化したときの $f(z)$ の変化量である．

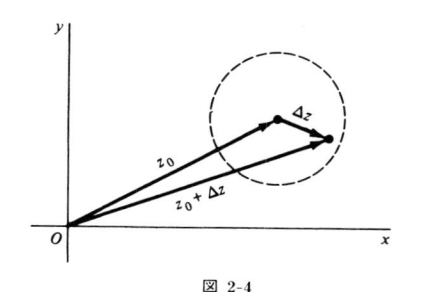

図 2-4

$f'(z)$ を $\dfrac{df(z)}{dz}$, $\dfrac{dw}{dz}$ とも書き表す．導関数の定義の仕方や書き表し方は，実数の微分積分学と同じである．

―― 例 1 ――――――――――――――――――――

$f(z) := z^2$ について，任意の z において

$$\lim_{\Delta z \to 0}\frac{\Delta w}{\Delta z}=\lim_{\Delta z \to 0}\frac{(z+\Delta z)^2-z^2}{\Delta z}$$
$$=\lim_{\Delta z \to 0}(2z+\Delta z)=2z. \quad \therefore \quad f'(z)=2z. \quad \blacksquare$$

―― 例 2 ――

$f(z):=|z|^2$ について考えよう．
$$\frac{\Delta w}{\Delta z}=\frac{|z+\Delta z|^2-|z|^2}{\Delta z}=\frac{(z+\Delta z)(\bar{z}+\overline{\Delta z})-z\bar{z}}{\Delta z}=\bar{z}+\overline{\Delta z}+z\frac{\overline{\Delta z}}{\Delta z}$$
であるから，$z=0$ において $\Delta w/\Delta z=\overline{\Delta z}$．
$$\therefore \quad f'(0)=\lim_{\Delta z \to 0}\overline{\Delta z}=0.$$
$z\ne 0$ において，$f'(z)$ が存在するかどうか考えてみよう．

変化量 Δz が $\Delta z=\overline{\Delta z}$ の場合，すなわち，Δz が実数の場合，
$$\Delta z \to 0 \Longrightarrow \Delta w/\Delta z \to \bar{z}+z$$
である．いっぽう，$\Delta z=-\overline{\Delta z}$ の場合，すなわち，Δz が純虚数の場合，
$$\Delta z \to 0 \Longrightarrow \Delta w/\Delta z \to \bar{z}-z$$
である．ということは，$\Delta z \to 0$ にいく方向で極限が異なるということだから，結局 $\Delta z \to 0$ のときの極限は存在しないことになる (§2-2)．したがって，$f(z)=|z|^2$ は $z=0$ においてのみ微分可能な関数である． $\blacksquare$

この関数は $f(z)=|z|^2=x^2+y^2+i0$ だから，実部も虚部もともに任意の (x,y) において x と y について（偏）微分可能である．しかし，z については微分可能でない関数の例である．

また，$f(z)$ の実部と虚部がともに任意の点で連続だから，$f(z)$ も連続である (§2-3 の定理 2) が，$f(z)$ は微分可能でない例にもなっている．すなわち，一般には，『連続性 $\not\Longrightarrow$ 微分可能性』である．しかし，

『関数 $f(z)$ は点 z_0 で微分可能 $\Longrightarrow f(z)$ は z_0 において連続』

は成り立つ．その理由は，
$$\lim_{z \to z_0}\{f(z)-f(z_0)\}=\lim_{z \to z_0}\frac{f(z)-f(z_0)}{z-z_0}\cdot\lim_{z \to z_0}(z-z_0)=f'(z_0)\cdot 0=0.$$
$$\therefore \quad \lim_{z \to z_0}f(z)=f(z_0).$$
が導けるからである．

導関数の定義(1)は,実数変数の微分積分学におけるものと形式的にまったく同じであり,また,極限についての諸公式(§2-2の定理2)もまったく同じ形で成り立つことから,実数変数に対する微分公式はすべて複素変数関数の微分公式としても通用することになる.

定理 1（微分公式 1）

$f(z)$ は微分可能,$c:=$複素定数
$\implies (c)'=0,\ \{cf(z)\}'=cf'(z),\ (z^n)'=nz^{n-1}\ (n=0,\pm 1,\pm 2,\cdots)$.

定理 2（微分公式 2）

$f(z),g(z)$ が微分可能
$$\implies \begin{cases} \{f(z)+g(z)\}'=f'(z)+g'(z), \\ \{f(z)g(z)\}'=f'(z)g(z)+f(z)g'(z), \\ \left\{\dfrac{f(z)}{g(z)}\right\}'=\dfrac{f'(z)g(z)-f(z)g'(z)}{\{g(z)\}^2}\quad (g(z)\neq 0). \end{cases}$$

定理 3（合成関数の微分公式）

$f(z)$ と $g(z)$ の合成関数 $f(g(z))$ がつくれて,すべてが微分可能ならば
$$\frac{d}{dz}f(g(z))=\frac{df}{dg}\frac{dg}{dz}.$$

例 3

$(iz^2+3)^5$ を微分するには,$g(z):=iz^2+3$ とおいて
$$\frac{d}{dz}(iz^2+3)^5=\frac{d}{dg}g^5\cdot\frac{d}{dz}(iz^2+3)=5g^4\cdot 2iz=10iz(iz^2+3)^4.\ \blacksquare$$

§2-5　コーシー・リーマンの方程式

関数

(1)　　　$f(z):=u(x,y)+iv(x,y)$

が $z_0=x_0+iy_0$ で微分可能,すなわち,極限

$$(2) \qquad f'(z_0) := \lim_{\Delta z \to 0} \frac{f(z_0 + \Delta z) - f(z_0)}{\Delta z}$$

が存在すると仮定するとき，$f'(z_0)$ が u と v の偏導関数で

$$(3) \qquad f'(z_0) = u_x(x_0, y_0) + iv_x(x_0, y_0),$$

$$(4) \qquad f'(z_0) = v_y(x_0, y_0) - iu_y(x_0, y_0)$$

と表される．したがって，(3) と (4) の実部どうし，虚部どうしを＝とおけば，$u(x, y)$ と $v(x, y)$ は**コーシー・リーマンの方程式**とよばれる偏微分方程式

$$(5) \qquad u_x(x_0, y_0) = v_y(x_0, y_0), \qquad u_y(x_0, y_0) = -v_x(x_0, y_0)$$

を満足する．

これを示すために，まず，(2) を仮定して，(3) が成り立つことを示そう．$\Delta z = \Delta x + i\Delta y$ とおく．

極限の式 (2) が成り立つとき，§2-2 の定理 3 から，(2) の両辺の実部，虚部について

$$(6) \qquad \operatorname{Re} f'(z_0) = \lim_{(\Delta x, \Delta y) \to (0,0)} \operatorname{Re} \frac{f(z_0 + \Delta z) - f(z_0)}{\Delta z},$$

$$(7) \qquad \operatorname{Im} f'(z_0) = \lim_{(\Delta x, \Delta y) \to (0,0)} \operatorname{Im} \frac{f(z_0 + \Delta z) - f(z_0)}{\Delta z},$$

$$(8) \qquad \frac{f(z_0 + \Delta z) - f(z_0)}{\Delta z}$$
$$= \frac{\{u(x_0 + \Delta x, y_0 + \Delta y) - u(x_0, y_0)\} + i\{v(x_0 + \Delta x, y_0 + \Delta y) - v(x_0, y_0)\}}{\Delta x + i\Delta y}.$$

(2) は，右辺において $\Delta z \to 0$，すなわち，いかなる向きから 0 に近づけてもつねに 1 つの値が定まり，それが左辺の $f'(z_0)$ であるということだから，(6), (7) についても，いかなる向きから $(\Delta x, \Delta y) \to (0, 0)$ としてもつねに 1 つの値がそれぞれ定まり，それが $\operatorname{Re} f'(z_0)$, $\operatorname{Im} f'(z_0)$ である，ということである．

そこで，とくに $\Delta y = 0$ として $\Delta x \to 0$ としても (6), (7) の右辺の極限はそれぞれ左辺の値であるから，(8) で $\Delta y = 0$ とおいたものを (6), (7) の右辺に代入すれば

$$\operatorname{Re} f'(z_0) = \lim_{\Delta x \to 0} \frac{u(x_0 + \Delta x, y_0) - u(x_0, y_0)}{\Delta x} = u_x(x_0, y_0),$$

$$\operatorname{Im} f'(z_0) = \lim_{\Delta x \to 0} \frac{v(x_0 + \Delta x, y_0) - v(x_0, y_0)}{\Delta x} = v_x(x_0, y_0)$$

となる．したがって，(3) が成り立つ．

図 2-5

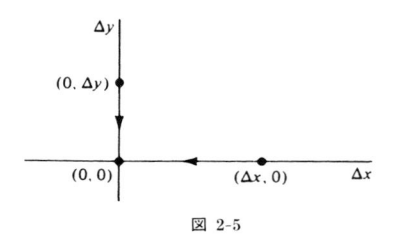

次に，$\Delta x=0$ とおいて $\Delta y\to 0$ としてみる．(8)で $\Delta x=0$ とおいたものを (6)，(7)の右辺に代入して，上と同様に考えることにより，

$$\mathrm{Re}\, f'(z_0)=\lim_{\Delta y\to 0}\frac{i\{v(x_0,\, y_0+\Delta y)-v(x_0,\, y_0)\}}{i\Delta y}=v_y(x_0,\, y_0),$$

$$\mathrm{Im}\, f'(z_0)=\lim_{\Delta y\to 0}\frac{u(x_0,\, y_0+\Delta y)-u(x_0,\, y_0)}{-\Delta y}=-u_y(x_0,\, y_0)$$

を得る．これから(4)が得られる．

以上をまとめて次の定理を得る．

定理 1（コーシー・リーマンの方程式と微分可能性 1）

$f(z)$ が $z_0=x_0+iy_0$ で微分可能ならば，$f'(z_0)$ は(3)または(4)で与えられ，コーシー・リーマンの方程式(5)が成り立つ．

すなわち，コーシー・リーマンの方程式が成り立つことは，微分可能であるための必要条件である．

複素変数関数論の発展に寄与した2人の数学者コーシー（A.L.Cauchy, 1789~1857，フランス）とリーマン（G.F.B.Riemann, 1826~1866，ドイツ）の業績をたたえてコーシー・リーマンの方程式と名づけられたのである．

例 1

$f(z):=z^2=x^2-y^2+i2xy$ は任意の点で微分可能である（§2-4の例1）．

$\quad u(x,y)=x^2-y^2, \quad v(x,y)=2xy.$

$\therefore\ u_x=2x=v_y,\ u_y=-2y=-v_x.$

$\therefore\ f'(z)=2x+i2y\quad ((3)または(4))$

$\qquad\quad =2(x+iy)=2z.\ \blacksquare$

例 2

$f(z):=|z|^2=x^2+y^2$ に対して,
$$u(x,y)=x^2+y^2, \quad v(x,y)=0.$$
$$\therefore \quad u_x(x,y)=2x, \quad u_y=2y, \quad v_x=0, \quad v_y(x,y)=0.$$

$x=y=0$ でないときコーシー・リーマンの方程式が成り立たないから, $z \neq 0$ のとき $f'(z)$ は存在しない ($\S 2\text{-}4$ の例 2 を参照).

かといって, 上の定理は $f'(0)$ の存在を保証しているわけではない (必要条件であるから). ∎

コーシー・リーマンの方程式は微分可能性の必要条件であるが, ある条件を付け加えると, 十分条件になる (練習問題 2-26 を参照).

定理 2 (コーシー・リーマンの方程式と微分可能性 2)

$z_0 = x_0 + iy_0$ のある近傍で関数
$$f(z):=u(x,y)+iv(x,y)$$
が定義されていて, その近傍で u_x, u_y, v_x, v_y が存在し (x_0, y_0) で連続であるとする. このとき, コーシー・リーマンの方程式が (x_0, y_0) で成り立てば, $f(z)$ は z_0 で微分可能である.

証明 $\Delta z = \Delta x + i\Delta y$, $\Delta w = f(z_0 + \Delta z) - f(z_0) = \Delta u + i\Delta v$ とおくと,
$$\Delta u = u(x_0 + \Delta x, y_0 + \Delta y) - u(x_0, y_0),$$
$$\Delta v = v(x_0 + \Delta x, y_0 + \Delta y) - v(x_0, y_0).$$

u_x, u_y は (x_0, y_0) で連続であるから, 微分積分学の全微分に関する定理より

$$\Delta u = u_x(x_0, y_0)\Delta x + u_y(x_0, y_0)\Delta y + \varepsilon_1 \sqrt{(\Delta x)^2 + (\Delta y)^2},$$
$$\lim_{(\Delta x, \Delta y) \to (0,0)} \varepsilon_1 = 0$$

が成り立つ. 同様にして, v_x, v_y が (x_0, y_0) で連続であるから,

$$\Delta v = v_x(x_0, y_0)\Delta x + v_y(x_0, y_0)\Delta y + \varepsilon_2 \sqrt{(\Delta x)^2 + (\Delta y)^2},$$
$$\lim_{(\Delta x, \Delta y) \to (0,0)} \varepsilon_2 = 0.$$

$$\therefore \quad \Delta w = u_x(x_0, y_0)\Delta x + u_y(x_0, y_0)\Delta y + \varepsilon_1 \sqrt{(\Delta x)^2 + (\Delta y)^2}$$

$$+i\{v_x(x_0, y_0)\Delta x + v_y(x_0, y_0)\Delta y + \varepsilon_2\sqrt{(\Delta x)^2+(\Delta y)^2}\}$$
$$= u_x(x_0, y_0)\Delta x - v_x(x_0, y_0)\Delta y + \varepsilon_1\sqrt{(\Delta x)^2+(\Delta y)^2}$$
$$+i\{v_x(x_0, y_0)\Delta x + u_x(x_0, y_0)\Delta y + \varepsilon_2\sqrt{(\Delta x)^2+(\Delta y)^2}\}$$
$$(u_y = -v_x,\ v_y = u_x\ \text{だから})$$
$$= u_x(x_0, y_0)(\Delta x + i\Delta y) + iv_x(x_0, y_0)(\Delta x + i\Delta y)$$
$$+ (\varepsilon_1 + i\varepsilon_2)\sqrt{(\Delta x)^2+(\Delta y)^2}$$
$$= u_x(x_0, y_0)\Delta z + iv_x(x_0, y_0)\Delta z + (\varepsilon_1 + i\varepsilon_2)|\Delta z|.$$
$$\therefore\ \frac{\Delta w}{\Delta z} = u_x(x_0, y_0) + iv_x(x_0, y_0) + (\varepsilon_1 + i\varepsilon_2)\frac{|\Delta z|}{\Delta z}.$$
$$\therefore\ f'(z_0) = \lim_{\Delta z \to 0}\frac{\Delta w}{\Delta z} = u_x(x_0, y_0) + iv_x(x_0, y_0).\ \blacksquare$$

―― 例 3 ――

$f(z) := e^x(\cos y + i \sin y)$ に対して,
$$u(x, y) = e^x \cos y, \qquad v(x, y) = e^x \sin y.$$
$$\therefore\ u_x = v_y = e^x \cos y, \qquad u_y = -v_x = -e^x \sin y.$$
これらは任意の点 (x, y) で連続であるから, 定理2の条件を満たす. したがって, $f(z)$ は任意の点 z で微分可能で
$$f'(z) = u_x(x, y) + iv_x(x, y) = e^x(\cos y + i \sin y)$$
である. $f'(z) = f(z)$ であることに注意せよ(§3-1を参照). $\blacksquare$

―― 例 4 ――

$f(z) := |z|^2 = x^2 + y^2$ に対して,
$$u(x, y) = x^2 + y^2, \qquad v(x, y) = 0.$$
$$\therefore\ u_x = 2x, \qquad u_y = 2y, \qquad v_x = v_y = 0.$$
これらは連続関数であり, $x = y = 0$ のときコーシー・リーマンの方程式が成り立つ. したがって, $f(z)$ は $z = 0$ で微分可能で, $f'(0)$ は
$$f'(0) = u_x(0, 0) + iv_x(0, 0) = 0 + i0 = 0$$
である. $\blacksquare$

例2, 4を合わせて, $f(z) = |z|^2$ はただ1点 $z = 0$ のみで微分可能な関数で

ある（§2-4の例2）．
$$x = r\cos\theta, \quad y = r\sin\theta$$
とおくと，$f(z)=u(x,y)+iv(x,y)$ の実部 u，虚部 v はともに r,θ の関数である．微分積分学における偏微分法の連鎖公式（練習問題 2-27 の解答）を用いて**コーシー・リーマンの方程式**を r と θ で表すと，

(9) $\quad u_r = \dfrac{1}{r}v_\theta, \quad \dfrac{1}{r}u_\theta = -v_r$

となる．また，$z_0 = r_0 e^{i\theta_0}$ における導関数は

(10) $\quad f'(r_0 e^{i\theta_0}) = e^{-i\theta_0}\{u_r(r_0,\theta_0) + iv_r(r_0,\theta_0)\}$

である（練習問題 2-28 を参照）．

―― 例 5 ――

$f(z) := \dfrac{1}{z} = \dfrac{1}{r}e^{-i\theta}$ に対して，
$$u(r,\theta) = \frac{\cos\theta}{r}, \quad v(r,\theta) = -\frac{\sin\theta}{r}.$$
$$\therefore \quad u_r = -\frac{\cos\theta}{r^2} = \frac{1}{r}v_\theta, \quad v_r = \frac{\sin\theta}{r^2} = -\frac{1}{r}u_\theta.$$

これらの偏導関数は 0 でない任意の点で連続であるから，$f'(z)$ $(z \neq 0)$ が存在し，(10) から

$$f'(z) = e^{-i\theta}\left(-\frac{\cos\theta}{r^2} + i\frac{\sin\theta}{r^2}\right) = -\frac{1}{(re^{i\theta})^2} = -\frac{1}{z^2}. \quad\blacksquare$$

§2-6 正則関数

点 z_0 のみならず z_0 のある近傍の各点において $f(z)$ が微分可能であるとき，$f(z)$ は z_0 で**正則**（せいそく）であるという．集合 R の各点で $f(z)$ が正則であるとき，$f(z)$ は R で正則であるという．

連続性やコーシー・リーマンの方程式は正則であるための必要条件であるが十分条件ではない．正則であるための十分条件は §2-5 の定理 2 に与えられている．

―― 例 1 ――

[a]　$f(z):=z^2$ は任意の点で正則である．

なぜならば，任意の点の任意の近傍の各点で z^2 は微分可能であるから．

[b]　$f(z):=|z|^2$ はどんな点においても正則でない．

なぜならば，$|z|^2$ が微分できるのは $z=0$ においてのみであり（§2-4 の例 2），$z=0$ のどんな近傍に含まれる点 $z(\neq 0)$ においても微分可能でないからである．∎

正則な関数の定義域は普通は領域（連結した開集合）であるが，たとえば，"$f(z)$ は閉集合 $|z|\leq 1$ で正則な関数" ということがある．このような場合は，"$|z|\leq 1$ を含む適当な領域" で $f(z)$ は正則であることを意味する．

複素平面上の任意の点で正則な関数を**整関数**という．また，$f(z)$ が z_0 では正則でないが，z_0 のどんな近傍をとってもその中の少なくとも 1 点では正則であるとき，z_0 は $f(z)$ の**特異点**という．

―― 例 2 ――

[a]　多項式は任意の点で微分可能だから整関数である．

[b]　$f(z):=e^x(\cos y + i \sin y)$ は整関数である（§2-5 の例 3）．

[c]　$f(z):=1/z$ は $z=0$ で微分できないが，$z\neq 0$ ならば任意の点で微分できて $f'(z)=-1/z^2$ であるから，$z=0$ は $f(z)$ の特異点である．$z=\pm 1$ は $g(z)=1/(z^2-1)$ の特異点である．

[d]　$f(z):=|z|^2$ は特異点をもたない．なぜならば，すべての点で正則でないからである（例 1 [b]）．∎

§2-4 の定理 2, 3 から次の定理を得る．

―― 定理 1 ――

$f(z), g(z)$ が D で正則
$$\implies f(z)+g(z),\ f(z)g(z),\ \frac{f(z)}{g(z)}\ (g(z)\neq 0)\ は\ D\ で正則．$$

正則関数の合成関数は正則である．

微分積分学で知られたものと同じ次の結果が複素関数についても成り立つ.

定理 2

領域 D で $f'(z)=0 \implies D$ で $f(z)=$ 定数

証明 $f(z)=u(x,y)+iv(x,y)$ とおく. D の各点で $f'(z)=0$ だから
$$f'(z)=u_x+iv_x=v_y-iu_y=0.$$
∴ $u_x=u_y=v_x=v_y=0$. ∴ $u=$ 定数, $v=$ 定数.
∴ $f(z)=$ 定数. ∎

2実数変数 x,y の関数 $h(x,y)$ の
(1°) 1, 2階偏導関数が領域 D で連続で,しかも
(2°) **ラプラスの方程式**
$$h_{xx}(x,y)+h_{yy}(x,y)=0$$
を満足するとき, $h(x,y)$ は D で**調和関数**であるという.

定理 3

領域 D で関数 $f(z):=u(x,y)+iv(x,y)$ が正則
$\implies u(x,y), v(x,y)$ は D で調和関数

証明 $f(z)$ は D で正則であるから,コーシー・リーマンの方程式
$$u_x=v_y, \quad u_y=-v_x$$
が成り立つ. これらを x で偏微分すると,
(1) $\quad u_{xx}=v_{yx}, \quad u_{yx}=-v_{xx},$
y で偏微分すると,
(2) $\quad u_{xy}=v_{yy}, \quad u_{yy}=-v_{xy}.$
微分積分学で知られているように,偏導関数が連続であるとき,微分の順に関係なく $u_{xy}=u_{yx}, v_{xy}=v_{yx}$ であるから,(1), (2) より
$$u_{xx}+u_{yy}=v_{yx}-v_{xy}=0, \quad v_{xx}+v_{yy}=-u_{yx}+u_{xy}=0. \blacksquare$$

（注） $f(z)=u+iv$ が正則であるとき, u と v が連続な偏導関数をもつことは, §4-7 の定理 3 で示される.

D において2つの調和関数 $u(x,y)$, $v(x,y)$ がコーシー・リーマンの方程式を満たすとき，v は u の**調和共役**である，または，v は u の**共役調和関数**であるという．

定理 4

$f(z):=u(x,y)+iv(x,y)$ は領域 D で正則
$\iff$ $v(x,y)$ は D において $u(x,y)$ の共役調和関数

証明 [$\Longrightarrow$] $f(z)=u+iv$ が D で正則ならば，u と v はコーシー・リーマンの方程式を満足する．また，定理3から u, v は調和関数である．よって，v は u の調和共役である．

[$\Longleftarrow$] v が D で u の共役調和関数であるとき，その定義から，u と v の 1, 2 階偏導関数は D の各点で連続 (p.41(1°)) であり，コーシー・リーマンの方程式を満たす．よって，§2-5の定理2から，$f(z)$ は D で正則である．■

調和関数については，§8-2 でも詳しく扱う．

練 習 問 題

§2-1 複素変数の関数

2-1 次の各関数の定義域として，考えられる最大のものを求めよ．

(a) $f(z)=\dfrac{1}{z^2+1}$ (b) $f(z)=\mathrm{Arg}\,\dfrac{1}{z}$

(c) $f(z)=\dfrac{z}{z+\bar{z}}$ (d) $f(z)=\dfrac{1}{1-|z|^2}$

2-2 (a) 次の関数の定義域として，考えられる最大のものを求めよ．

$$g(z)=\dfrac{y}{x}+\dfrac{i}{1-y} \quad (z=x+iy)$$

(b) §2-1の例2の関数

$$f(z)=y\int_0^\infty e^{-xt}dt+i\sum_{n=0}^\infty y^n$$

は，$x>0$, $-1<y<1$ において，$f(z)=g(z)$ であることを示せ．

2-3 $f(z)=z^3+z+1$ を $f(z)=u(x,y)+iv(x,y)$ の形に表せ．

2-4 $f(z)=x^2-y^2-2y+i(2x-2xy)$ を z を用いて表せ．

第 2 章 正則関数　43

2-5 変換 $w=z+1/z$ が図 2-1 の斜線部分を対応させることを示せ.

§2-2 極　　限

2-6 a, b, c を定数として，§2-2 の定義(2)を用いて，次の等式を導け.

(a) $\lim_{z \to z_0} c = c$ 　　(b) $\lim_{z \to z_0} (az+b) = az_0+b$ 　$(a \neq 0)$

(c) $\lim_{z \to z_0} (z^2+c) = z_0^2+c$ 　　(d) $\lim_{z \to z_0} \mathrm{Re}\, z = \mathrm{Re}\, z_0$ 　　(e) $\lim_{z \to z_0} \bar{z} = \bar{z}_0$

(f) $\lim_{z \to 1-i} \{x+i(2x+y)\} = 1+i$ 　$(z=x+iy)$ 　　(g) $\lim_{z \to 0} \dfrac{\bar{z}^2}{z} = 0$

2-7 §2-2 の定理 2 を次の方法で証明せよ.

(a) 定理 3 を用いて，

(b) 極限の定義（§2-2 の(2)）を用いて.

2-8 次の極限を求めよ．$P(z), Q(z)$ は多項式で $Q(z_0) \neq 0$ とする.

(a) $\lim_{z \to z_0} \dfrac{1}{z^n}$ 　$(z_0 \neq 0)$ 　　(b) $\lim_{z \to i} \dfrac{iz^3-1}{z+i}$ 　　(c) $\lim_{z \to z_0} \dfrac{P(z)}{Q(z)}$

2-9 次の命題が成り立つことを示せ．ただし，$\Delta z = z - z_0$ である.

$$\lim_{z \to z_0} f(z) = w_0 \iff \lim_{\Delta z \to 0} f(z_0+\Delta z) = w_0$$

2-10 z_0 の近傍で $g(z)$ が有界，かつ $\lim_{z \to z_0} f(z) = 0$ ならば $\lim_{z \to z_0} f(z)g(z) = 0$ であることを示せ.

2-11 z_0, w_0 は ∞ でない定数とする．§2-2 の極限の定義によって，次を示せ.

(a) $\lim_{z \to \infty} f(z) = w_0 \iff \lim_{z \to 0} f\left(\dfrac{1}{z}\right) = w_0$

(b) $\lim_{z \to z_0} f(z) = \infty \iff \lim_{z \to z_0} \dfrac{1}{f(z)} = 0$

2-12 §2-2 の(2)は，$z_0 = w_0 = \infty$ の場合，どう表したらよいか．また，次が成り立つことを示せ.

$$\lim_{z \to \infty} f(z) = \infty \iff \lim_{z \to 0} \dfrac{1}{f(1/z)} = 0$$

2-13 次を示せ.

(a) $\lim_{z \to \infty} \dfrac{4z^2}{(z-1)^2} = 4$ 　　(b) $\lim_{z \to 1} \dfrac{1}{(z-1)^3} = \infty$ 　　(c) $\lim_{z \to \infty} \dfrac{z^2+1}{z-1} = \infty$

§2-3　連続関数，§2-4　導関数と微分公式

2-14 n 次の多項式

$$P(z) = a_0 + a_1 z + a_2 z^2 + \cdots + a_n z^n \quad (a_n \neq 0)$$

の導関数を求めよ．

2-15 $f'(z)$ を求めよ．

 (a) $f(z)=3z^2-2z+4$ (b) $f(z)=(1-4z^2)^3$ (c) $f(z)=\dfrac{z-1}{2z+1}$

 (d) $f(z)=\dfrac{(1+z^2)^4}{z^2}$ (e) $f(z)=2iz^3+(3i-1)z$

 (f) $f(z)=\dfrac{(2+iz^3)^4}{z}$

2-16 導関数の定義を用いて，$f(z)=1/z$ の導関数が $f'(z)=-1/z^2$ であることを導け．

2-17 $f(z)=\operatorname{Re} z$ に導関数の定義を適用して，$f'(z)$ が存在しないことを導け．

2-18 $f(z)=\bar{z}$ はいかなる点においても微分可能でないことを示せ．

2-19 $f(z)=i\operatorname{Im} z$ が導関数をもつ点を求めよ．

2-20 $f(z)$ は z_0 の近傍で連続であるとする．もし $f(z_0)\neq 0$ ならば，z_0 の適当な近傍で $f(z)\neq 0$ であることを示せ．

§2-5 コーシー・リーマンの方程式

2-21 次の関数はいずれも，いかなる点においても微分可能でないことを示せ．
 (a) $\bar{z}$ (b) $z-\bar{z}$ (c) $2x+ixy^2$ (d) $e^x e^{-iy}$

2-22 f',f'' を求めよ．
 (a) $f(z)=iz+2$ (b) $f(z)=e^{-x}e^{-iy}$ (c) $f(z)=z^3$
 (d) $f(z)=\cos x \cosh y - i\sin x \sinh y$

2-23 微分可能な点を求め，そこにおける導関数の値を求めよ．
 (a) $f(z)=1/z$ (b) $f(z)=x^2+iy^2$ (c) $f(z)=z\operatorname{Im} z$

2-24 関数
$$g(z)=\sqrt{r}\,e^{i\theta/2}\quad (r>0,\ -\pi<\theta<\pi)$$
は微分可能であることを示し，次に $g'(z)=1/2g(z)$ であることを示せ．（$g(z)$ の値は，2つある $z^{1/2}$ のうちの1つであることに注意．）

2-25 $f(z)=x^3+i(1-y)^3$ に対して，$z=i$ においてのみ，
$$f'(z)=u_x(x,y)+iv_x(x,y)=3x^2$$
としてよい．この理由を述べよ．

2-26 $z=0$ において，関数
$$f(z)=\begin{cases} 0 & (z=0) \\ \dfrac{(\bar{z})^2}{z} & (z\neq 0) \end{cases}$$

はコーシー・リーマンの方程式を満たすが，微分可能でないことを示せ．

2-27 実数値関数 $u(x,y)$, $v(x,y)$ は 0 でない点 P の近傍で連続な 1 階偏導関数をもつとする．

(a) $x=r\cos\theta$, $y=r\sin\theta$ のとき，点 P において，次の関係式が成り立つことを示せ：
$$u_r = u_x\cos\theta + u_y\sin\theta, \quad u_\theta = -u_x r\sin\theta + u_y r\cos\theta.$$
また，v_r と v_θ を求めよ．

(b) 点 P において $u_x = v_y$, $u_y = -v_x$ が成り立つならば，点 P において (9) が成り立つことを示せ．

(c) (a)から
$$u_x = u_r\cos\theta - u_\theta\frac{\sin\theta}{r}, \quad u_y = u_r\sin\theta + u_\theta\frac{\cos\theta}{r}$$
を導け．v_x, v_y についてもこれと同様な式を導き，(9) が成り立つとき $u_x = v_y$, $u_y = -v_x$ であることを示せ．

(すなわち，(9) は**極形式のコーシー・リーマンの方程式**である．)

2-28 $z_0 = r_0 e^{i\theta_0} \neq 0$ における $f'(z_0)$ が極形式で
$$f'(z_0) = (\cos\theta_0 - i\sin\theta_0)\{u_r(r_0,\theta_0) + iv_r(r_0,\theta_0)\}$$
で与えられることを示せ．

2-29 (a) $f'(z_0) = -\dfrac{i}{z_0}\{u_\theta(r_0,\theta_0) + iv_\theta(r_0,\theta_0)\}$ ($z_0 = r_0 e^{i\theta_0}$)

であることを示せ．

(b) (a)を用いて，$f(z) = 1/z$ に対して $f'(z) = -1/z^2$ であることを示せ．

§2-6 正 則 関 数

2-30 次の各関数が整関数であることを示せ．

(a) $f(z) = 3x + y + i(3y - x)$

(b) $f(z) = \sin x\cosh y + i\cos x\sinh y$

(c) $f(z) = e^{-y}e^{ix}$ (d) $f(z) = (z^2-2)e^{-x}e^{-iy}$

2-31 次の各関数はどの点においても正則でないことを示せ．

(a) $f(z) = xy + iy$ (b) $f(z) = e^y e^{ix}$

2-32 特異点を求めよ．

(a) $\dfrac{2z+1}{z(z^2+1)}$ (b) $\dfrac{z^3+i}{z^2-3z+2}$ (c) $\dfrac{z^2+1}{(z+2)(z^2+2z+2)}$

2-33 $f(z)$ が領域 D で正則であるとき次を示せ．

(a) $\overline{f(z)}$ が D で正則 $\Longrightarrow f(z) =$ 定数

(b) $f(z)$ は D で実数値のみをとる $\Longrightarrow f(z)=$ 定数

2-34 $f(z)$ が領域 D で正則であるとき，次を示せ．
$|f(z)|=$ 定数 $\Longrightarrow f(z)=$ 定数

2-35 原点を含まない領域 D で関数 $f(z)=u(r,\theta)+iv(r,\theta)$ が正則であるとき，極形式のコーシー・リーマンの方程式を用いて
$$r^2 u_{rr}(r,\theta)+r u_r(r,\theta)+u_{\theta\theta}(r,\theta)=0$$
が成り立つことを示せ．これは**ラプラスの方程式の極形式**である．
また，$v(r,\theta)$ に対しても同様な式が成り立つことを示せ．

第3章

初 等 関 数

　微分積分学で学んだ e^x, $\sin x$, $\cos x$, $\log x$ などいろいろな初等関数について，これらに対応する複素変数の関数を考えよう．とくに $z=x+i0 (=実数)$ の場合には，微分積分学におけるものと一致するように複素変数 z の正則関数を定義したい．まずはじめに，複素変数の指数関数 e^z とは何かを考え，次にそれを用いて他の初等関数を定義することにする*．

§3-1 指数関数 e^z

　複素変数 $z=x+iy$ の関数 $f(z)$ が，$z=$実数$(=x+i0)$ の場合に微分積分学でよく知られている指数関数 e^x と一致するためには，

　(1)　　　$f(x+i0)=e^x$　　($x=$実数)

でなければならない．

　任意の実数 x に対して e^x は微分できて，$(e^x)'=e^x$ であるから，複素変数の場合にも

　(2)　　　$f(z)$ は整関数，　$f'(z)=f(z)$　　($z=$複素数)

が成り立つものとすることは自然であろう．

　§2-5 の例3に現れた関数

　(3)　　　$f(z)=e^x(\cos y+i\sin y)$

は，$y=0$ の場合に $f(z)=e^x$ であり，すべての点 $z=x+iy$ で微分可能で，

---

*初等関数の導入，定義の仕方にはいろいろあり，たとえば，べき級数で定義する方法がある．このテキストでは，理論的にやや複雑なべき級数は後にまわして，微分積分学でよく知られている e^x から導入していく．

しかも $f'(z)=f(z)$ である．したがって，条件 (1), (2) を満たしている．これはまた，条件 (1), (2) を満たすただ 1 つの関数であることがわかる（練習問題 3-14）．そこで，この関数 (3) を $f(z)=e^z$ と書き，複素変数の**指数関数**とよぶことにしよう*：

(4) $\quad e^z := e^x(\cos y + i \sin y),$

(5) $\quad (e^z)' = e^z.$

$z=i\theta$（純虚数）の場合 (4) は
$$e^{i\theta} = \cos\theta + i\sin\theta$$
となる．これはオイラーの公式である（§1-3 の (11)）．したがって，(4) は

(6) $\quad e^z = e^x e^{iy} \quad (z=x+iy)$

と書ける．

―― 例 1 ――

[a] $\quad e^{2+i\pi} = e^2 e^{i\pi} = -e^2,$

[b] $\quad e^{\sqrt{2}+i} = e^{\sqrt{2}} e^i = e^{\sqrt{2}}(\cos 1 + i \sin 1),$

[c] $\quad e^{-3+i\pi/2} = e^{-3} e^{i\pi/2} = ie^{-3}.$ ∎

指数関数 e^z に対して，**指数法則**

(7) $\quad e^{z_1} e^{z_2} = e^{z_1+z_2},$

(8) $\quad \dfrac{e^{z_1}}{e^{z_2}} = e^{z_1-z_2},$

(9) $\quad e^0 = 1,$

(10) $\quad (e^z)^n = e^{nz} \quad (n=1, 2, \cdots)$

が成り立つことを示そう．

$z_1 = x_1 + iy_1,\ z_2 = x_2 + iy_2$ とおくと，(6) から
$$e^{z_1} e^{z_2} = (e^{x_1} e^{iy_1})(e^{x_2} e^{iy_2}) = e^{x_1} e^{x_2} \cdot e^{iy_1} e^{iy_2}.$$

x_1, x_2 は実数だから，微分積分学の e^x の性質から $e^{x_1} e^{x_2} = e^{x_1+x_2}$，また，§1-3 の (15) から $e^{iy_1} e^{iy_2} = e^{i(y_1+y_2)}$．

$$\therefore\quad e^{z_1} e^{z_2} = e^{(x_1+x_2)+i(y_1+y_2)} = e^{(x_1+iy_1)+(x_2+iy_2)} = e^{z_1+z_2}.$$

(8) も §1-3 の (15) から導かれる．

---

*e^z の代わりに $\exp z$ とも書く．

(9) は，(8) で $z_1=z_2$ とおけばよい．

(10) は，(7) でまず $z_1=z_2$ とおき，$(e^z)^2=e^{2z}$, $(e^z)^3=(e^z)^2\cdot e^z=e^{2z}e^z=e^{3z},\cdots$. 一般に，数学的帰納法を用いる．

── 例 2 ──

指数関数 e^z は周期 $2\pi i$ の**周期関数**である：

(11) $\quad e^{z+2\pi i}=e^z$.

その理由は，指数法則 (7) より，$e^{z+2\pi i}=e^z e^{2\pi i}$ であり，$e^{2\pi i}=\cos 2\pi + i\sin 2\pi = 1$ であるからである．■

$|e^{iy}|=|\cos y+i\sin y|=\sqrt{\cos^2 y+\sin^2 y}=1$ であるから，(6) より

(12) $\quad |e^z|=e^x, \quad \arg e^z=y+2n\pi \quad (n=0,\pm 1,\pm 2,\cdots)$

である．これから $x=\ln|e^z|$, $y=\mathrm{Arg}\, e^z+2n\pi\ (n=0,\pm 1,\pm 2\cdots)$ と表されるから，e^z の $z(=x+iy)$ は

(13) $\quad z=\ln|e^z|+i(\mathrm{Arg}\, e^z+2n\pi) \quad (n=0,\pm 1,\pm 2,\cdots)$

と表される（ln は自然対数を表す．Arg は偏角の主値である（§1-3））．

$e^x \neq 0$ であるから，(12) より

(14) $\quad e^z \neq 0$

である．$w=e^z$ を写像または変換とみると，(13) により z の偏角が $2n\pi$ ($n=0,\pm 1,\pm 2,\cdots$) だけ異なる点の像 w はすべて同じであるから点 w の逆像 z は無数にある（図 3-1）．したがって，$w=e^z$ の逆関数をつくれない（対数関数は別な方法でつくらなければならない）．

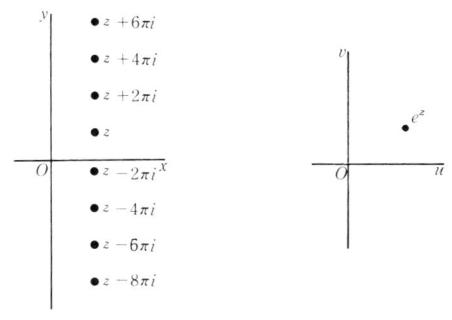

図 3-1 $\quad w=e^z$

―― 例 3 ――

方程式
$$e^z = -1$$
を満たす z を求めよう.

これを満たす z はもちろん実数ではない. $e^z = e^x e^{iy}$, $-1 = 1 \cdot e^{i\pi}$ と書けるから

$$e^x e^{iy} = 1 e^{i\pi}.$$

∴ $e^x = 1$, $y = \pi + 2n\pi$ $(n = 0, \pm 1, \pm 2, \cdots)$. (§1-3 の例5 [a])

∴ $z = (2n+1)\pi i$ $(n = 0, \pm 1, \pm 2, \cdots)$.

$w = e^z$ を写像と見たとき, 無数の点 $z = (2n+1)\pi i$ $(n = 0, \pm 1, \pm 2, \cdots)$ がすべて1つの点 $w = -1$ にうつることを意味する. ∎

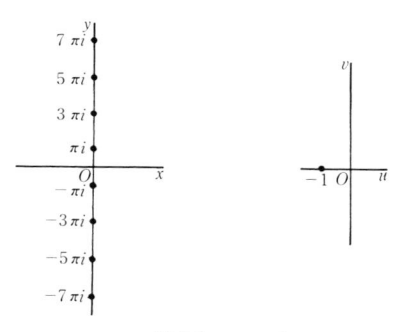

図 3-2 $e^z = -1$

§3-2 三角関数, 双曲線関数

1° 三角関数

$x =$ 実数 の場合, オイラーの公式を用いると, $\sin x$, $\cos x$ は指数関数によって,

$$\sin x = \frac{e^{ix} - e^{-ix}}{2i}, \quad \cos x = \frac{e^{ix} + e^{-ix}}{2}$$

と表される. そこで, $z = x + iy$ の場合にも, これと同じ形で

(1) $$\sin z := \frac{e^{iz} - e^{-iz}}{2i}, \quad \cos z := \frac{e^{iz} + e^{-iz}}{2}$$

と定義するのは自然であろう.

合成関数の微分公式により, $(e^{iz})' = ie^{iz}$, $(e^{-iz})' = -ie^{-iz}$ であるから,

(2) $(\sin z)' = \cos z$, $(\cos z)' = -\sin z$.

e^{iz}, e^{-iz} は整関数であるから, $\sin z$ も $\cos z$ も整関数である.

—— 例 1 ——

次の等式が成り立つ.

(3) $\sin(-z) = -\sin z$, $\cos(-z) = \cos z$,

(4) $\sin^2 z + \cos^2 z = 1$,

(5) $\sin(z_1 + z_2) = \sin z_1 \cos z_2 + \cos z_1 \sin z_2$,

(6) $\cos(z_1 + z_2) = \cos z_1 \cos z_2 - \sin z_1 \sin z_2$,

(7) $\sin 2z = 2 \sin z \cos z$, $\cos 2z = \cos^2 z - \sin^2 z$,

(8) $\sin\left(z + \dfrac{\pi}{2}\right) = \cos z$.

これらはすべて, 指数関数の性質から導かれる. たとえば, (3) については,

$$\sin(-z) = \frac{e^{i(-z)} - e^{-i(-z)}}{2i} = \frac{e^{-iz} - e^{iz}}{2i} = -\sin z.$$

等式 (5), (6) は実数の場合の加法定理に, (7) は 2 倍角の公式にあたるものであるが, それぞれ右辺に (1) を適用して整理すれば左辺が得られる. ∎

$\sin z$ を実部, 虚部に分けるためには, 定義 (1) とオイラーの公式から,

$$\begin{aligned}\sin z &= \frac{e^{i(x+iy)} - e^{-i(x+iy)}}{2i} \\ &= (\cos x + i \sin x)\frac{e^{-y}}{2i} - (\cos x - i \sin x)\frac{e^y}{2i} \\ &= \sin x \cdot \frac{e^y + e^{-y}}{2} + i \cos x \cdot \frac{e^y - e^{-y}}{2}\end{aligned}$$

より

(9) $\sin z = \sin x \cosh y + i \cos x \sinh y$.

同様にして,

(10) $\cos z = \cos x \cosh y - i \sin x \sinh y$.

したがって，絶対値については

(11) $\quad |\sin z|^2 = \sin^2 x + \sinh^2 y, \quad |\cos z|^2 = \cos^2 x + \sinh^2 y$

である．

$z=$ 実数 の場合は $|\sin z| \leqq 1$，$|\cos z| \leqq 1$ であるが，$z=$ 虚数 の場合には $|\sin z| > 1$ となることがあることに注意せよ．

等式(9), (10) において，$z = iy$ とおけば

(12) $\quad \sin(iy) = i \sinh y, \quad \cos(iy) = \cosh y$.

また，$\cosh y$ が偶関数，$\sinh y$ が奇関数であることから

(13) $\quad \sin \bar{z} = \overline{\sin z}, \quad \cos \bar{z} = \overline{\cos z}$

が成り立つ．

―― 例 2 ――

[a] $\sin \dfrac{\pi}{2} = \dfrac{e^{i\pi/2} - e^{-i\pi/2}}{2i} = \dfrac{i-(-i)}{2i} = 1$,

[b] $\sin\left(\dfrac{\pi}{2}i\right) = \dfrac{e^{\pi/2} - e^{-\pi/2}}{2} i = i \sinh \dfrac{\pi}{2}$,

[c] $\sin i = \dfrac{e - e^{-1}}{2} i = i \sinh 1$,

[d] $\cos 100 i = \dfrac{e^{100} + e^{-100}}{2} = \cosh 100 \quad (=$ 実数$)$,

[e] $\sin\left(\dfrac{\pi}{4} + i\right) = \sin \dfrac{\pi}{4} \cosh 1 + i \cos \dfrac{\pi}{4} \sinh 1 = \dfrac{1}{\sqrt{2}}(\cosh 1 + i \sinh 1)$.

$|\cos 100 i| > 1$ であることは明らかであろう $\Big($ ちなみに，$\Big|\sin \dfrac{\pi}{2} i\Big| = \Big|\sinh \dfrac{\pi}{2}\Big| \fallingdotseq 0.52$，$|\cos 100 i| = \cosh 100 \fallingdotseq 1.3 \times 10^{43}$ である$\Big)$. ∎

一般に，$f(z) = 0$ を満足する z を $f(z)$ の **零点** という．$\sin z$ と $\cos z$ の零点は，実数変数関数の場合と同じ実数のみである．

―― 例 3 ――

$\sin z$，$\cos z$ の零点について，

(14) $\quad \sin z = 0 \Longleftrightarrow z = n\pi \quad (n = 0, \pm 1, \pm 2, \cdots)$,

(15)　　　$\cos z = 0 \iff z = \left(n + \dfrac{1}{2}\right)\pi$ $(n = 0, \pm 1, \pm 2, \cdots)$

が成り立つ．

$z = n\pi$ は実数だから $\sin n\pi = 0$ は明らかである．逆に，$\sin z = 0$ のとき $|\sin z| = 0$ だから，(11) によって，

$$\sin^2 x + \sinh^2 y = 0.$$

∴ $\sin x = 0,$　　$\sinh y = 0.$

∴ $x = n\pi\ (n = 0, \pm 1, \pm 2, \cdots),\ y = 0.$

$\cos z$ についても同様に考えればよい．■

$\sin z,\ \cos z$ の定義 (1) と，$e^{iz},\ e^{-iz}$ が周期 2π をもつ（e^z の周期が $2\pi i$ であるから）ことから，三角関数の周期性
(16)　　　$\sin(z + 2\pi) = \sin z,\quad \sin(z + \pi) = -\sin z,$
(17)　　　$\cos(z + 2\pi) = \cos z,\quad \cos(z + \pi) = -\cos z$

が成り立つ．

このようにして，$\sin z$ と $\cos z$ について，絶対値を除けば，実数の場合とまったく同じ周期性，加法定理等の性質や，関係式が成り立つことがわかる．

──── 例 4 ────

方程式

$$\cos z = 100$$

の解を求めよう．もちろん，$z \neq$ 実数である．(10) から，

$$\cos x \cosh y = 100,\quad \sin x \sinh y = 0.$$

z は実数でないから $y \neq 0$ である．　∴ $\sinh y \neq 0.$

∴ $\sin x = 0.$　∴ $x = n\pi\ (n = 0, \pm 1, \pm 2, \cdots).$

$\cosh y > 0$ より $\cos x > 0$．∴ $x = 2m\pi\ (m = 0, \pm 1, \pm 2, \cdots)$

このとき，$\cos x = 1$ だから，$\cosh y = 100$．

∴ $\dfrac{e^y + e^{-y}}{2} = 100.$　∴ $e^{2y} - 200 e^y + 1 = 0$ （e^y の 2 次方程式）．

∴ $y = \ln(100 \pm \sqrt{9999}) = \pm \ln(100 + \sqrt{9999}).$

∴ $z = 2n\pi \pm i \ln(100 + \sqrt{9999})\ (n = 0, \pm 1, \pm 2, \cdots).$

($\ln a$ は自然対数 $(\log_e a)$ を表す.)

他の三角関数は,$\sin z$ と $\cos z$ を用いて,実数の場合と同様に次のように定義する：

(18) $\begin{cases} \tan z := \dfrac{\sin z}{\cos z}, \quad \cot z := \dfrac{\cos z}{\sin z}, \\ \sec z := \dfrac{1}{\cos z}, \quad \operatorname{cosec} z := \dfrac{1}{\sin z}. \end{cases}$

微分公式 (§2-4) を用いて,

(19) $\begin{cases} (\tan z)' = \sec^2 z, \quad (\cot z)' = -\operatorname{cosec}^2 z, \\ (\sec z)' = \sec z \tan z, \quad (\operatorname{cosec} z)' = -\operatorname{cosec} z \cot z. \end{cases}$

等式 (16), (17) を用いて $\tan z$ の周期性が成り立つ：

(20) $\quad \tan(z+\pi) = \tan z.$

2° 双曲線関数

実数の場合の定義式と同じ式で,複素数 z に対して

(21) $\quad \sinh z := \dfrac{e^z - e^{-z}}{2}, \quad \cosh z := \dfrac{e^z + e^{-z}}{2}, \quad \tanh z := \dfrac{\sinh z}{\cosh z}$

と定義する.

これらの逆数をそれぞれ $\operatorname{cosech} z$, $\operatorname{sech} z$, $\coth z$ で表す.

e^z, e^{-z} は整関数だから,$\sinh z$, $\cosh z$ は整関数である.微分公式により,

(22) $\quad (\sinh z)' = \cosh z, \quad (\cosh z)' = \sinh z, \quad (\tanh z)' = \operatorname{sech}^2 z.$

$\sin z$, $\cos z$ の定義 (1) と双曲線関数の定義 (21) とを比較して

(23) $\begin{cases} \sinh(iz) = i \sin z, \quad \sin(iz) = i \sinh z, \\ \cosh(iz) = \cos z, \quad \cos(iz) = \cosh z \end{cases}$

が成り立つことがわかる.

§3-3 対 数 関 数

1° 対数関数の定義

$w = e^z$ の逆関数は関数でないからこれから対数関数を定義できない.そこで,正数 r の自然対数を $\ln r \, (= \log_e r)$ で表すとき,複素変数

$z = re^{i\theta}(\neq 0)$ の対数関数を

(1) $\qquad \log z = \ln r + i\theta$

すなわち,

(2) $\qquad \log z := \ln |z| + i \arg z \quad (z \neq 0)$

と定義する．左辺で，底は何も書かない．右辺の $\ln |z|$ は $\log |z|$，または $\log_e |z|$ と書くこともある．*

これは，微分積分学における自然対数で，$\log(re^{i\theta})$ を形式的には $\log_e r + \log_e e^{i\theta} = \log_e r + i\theta$ と表せることによるものである．

$z = re^{i\theta}$ における θ の主値 $\text{Arg } z$ を Θ $(-\pi < \Theta \leq \pi)$ とおけば，(2) は

(3) $\qquad \log z = \ln |z| + i(\Theta + 2n\pi) \quad (n = 0, \pm 1, \pm 2, \cdots)$

となるから，$\log z$ は無限多価関数である．これらの値は，実部は同じで，虚部が 2π の整数倍だけ異なる．

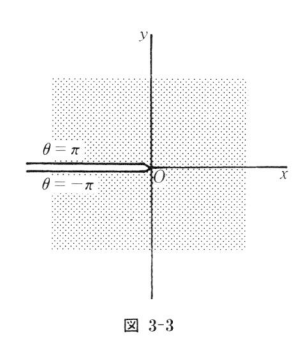

図 3-3

$n=0$ の場合の (3) の値を $\log z$ の**主値**といい $\text{Log } z$ で表す*．すなわち,

(4) $\qquad \text{Log } z := \ln |z| + i \text{Arg } z \quad (z \neq 0, \ -\pi < \text{Arg } z \leq \pi)$.

これは 1 価関数である．

—— 例 1 ——

[a] $\qquad \log 1 = 2n\pi i \quad (n=0, \pm 1, \pm 2, \cdots)$

であることを示そう．

$\qquad \log 1 = \ln 1 + i(\text{Arg } 1 + 2n\pi) = 0 + i(0 + 2n\pi) = 2n\pi i$.

1 を複素数とみなした場合には $\log 1$ の値は無限個あり，0 以外は虚数である．実数変数の対数関数の場合は，$\log 1 = 0$ であるが，これは $n=0$ の場合

---

* 旧版では自然対数を $\text{Log } |z|$ と書いたが，大文字，小文字の使い分けが対数の主値とまぎらわしいので，このようにした．

に相当する.

[b]　　$\log(-1) = (2n+1)\pi i$　　$(n=0, \pm 1, \pm 2, \cdots)$

であることを示そう.
$$\log(-1) := \ln|-1| + \{\mathrm{Arg}(-1) + 2n\pi\}i$$
$$= 0 + (\pi + 2n\pi)i = (2n+1)\pi i$$

(§3-1 の例 3 と比較せよ).

[c]　　$\log(1+i) = \ln|1+i| + i\{\mathrm{Arg}(1+i) + 2n\pi\}$
$$= \frac{1}{2}\ln 2 + i\left(\frac{1}{4} + 2n\right)\pi \quad (n=0, \pm 1, \pm 2, \cdots).\ \blacksquare$$

──── 例 2 ────

[a]　　$\mathrm{Log}(1+i) = \frac{1}{2}\ln 2 + i\frac{\pi}{4}$

[b]　対数の主値 $\mathrm{Log}\,z$ は "z＝正の実数" の場合，実数の場合の自然対数に一致する.

z が正の実数ならば $\mathrm{Arg}\,z = 0$ であるから, (4) は $\mathrm{Log}\,z = \ln r$ となるからである.　$\blacksquare$

1 価関数 $\mathrm{Log}\,z$ の実部，虚部はそれぞれ

(5)　　$u(r, \Theta) = \ln r,\quad v(r, \Theta) = \Theta$

である.

$\mathrm{Log}\,z$ は, $\mathrm{Log}\,z$ の定義域 $r>0,\ -\pi < \Theta \leqq \pi$ 全体において連続というわけではない. $v(r, \Theta)$ が負の実軸上で連続でないからである. 複素平面から負の実軸と原点を除いた集合 $r>0,\ -\pi < \Theta < \pi$ で考えれば, $\mathrm{Log}\,z$ は連続である. また,

$$u_r = \frac{1}{r},\quad u_\Theta = 0,\quad v_r = 0,\quad v_\Theta = 1$$

より, 極形式のコーシー・リーマンの方程式 (§2-5 の (9)) を満たすから $\mathrm{Log}\,z$ は $r>0,\ -\pi < \Theta < \pi$ で正則であり, §2-5 の (10) により導関数は

$$(\mathrm{Log}\,z)' = e^{-i\Theta}(u_r + iv_r) = e^{-i\Theta}\left(\frac{1}{r} + i0\right) = \frac{1}{re^{i\Theta}} = \frac{1}{z}$$

である.

以上をまとめると，

定理 1

対数関数の主値 $\mathrm{Log}\, z$ は領域
$$|z|>0, \quad -\pi<\mathrm{Arg}\, z<\pi$$
で1価，正則であり，その導関数は
$$(\mathrm{Log}\, z)'=\frac{1}{z}.$$

偏角の主値をとる代わりに，$\alpha<\theta<\alpha+2\pi$（$\alpha$＝定数）とした場合
(6) $\qquad \log z := \ln r + i\theta \quad (r>0,\ \alpha<\theta<\alpha+2\pi)$
も1価である．また，主値の場合と同様に極形式のコーシー・リーマンの方程式を満たすから，正則であり，$(\log z)'=1/z$ である．

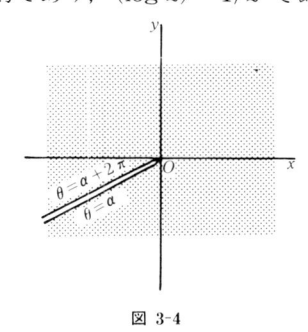

図 3-4

定理 2

対数関数 $\log z$ は領域
$$|z|>0, \quad \alpha<\arg z<\alpha+2\pi \quad (\alpha=\text{実定数})$$
で1価，正則であり，その導関数は
$$(\log z)'=\frac{1}{z}.$$

$\alpha=-\pi$ の場合が主値に対する定理1である．

多価関数 $f(z)$ について，各 z に対して，多数ある $f(z)$ の値を1つずつ選

びそれを $F(z)$ とするとき $F(z)$ は 1 価関数である．また，ある適当な領域で $F(z)$ が正則になる場合，$F(z)$ を多価関数 $f(z)$ の**分枝**という．

z に対する値 $F(z)$ は，でたらめに定めてはいけない．$F(z)$ がその領域で正則であるように定めなければ分枝ではない．たとえば，

$$z^{1/2} = \begin{cases} \sqrt{z} & (z = \text{正の有理数}) \\ -\sqrt{z} & (z = \text{正の無理数}) \end{cases}$$

のように $z^{1/2}$ の値を定めた関数は分枝ではない．

各 α について (6) によって定められる関数はそれぞれ $\log z$ の分枝である．領域 $r > 0, -\pi < \Theta < \pi$ に制限された関数 $\text{Log } z$ も $\log z$ の 1 つの分枝であるが，この分枝はとくに $\log z$ の**主枝**とよばれる．主値全体が主枝である．

負の実軸 $\theta = \pi$ 上の点と $z = 0$ は主枝 $\text{Log } z$ の特異点である．また，同様に，直線 $\theta = \alpha$ 上の点と $z = 0$ は分枝 (6) の特異点である．

このような特異点からなる直線（または曲線）を一般に**分枝截線**（ぶんしせっせん）という．すべての分枝截線に共通な特異点を**分岐点**（ぶんきてん）という．原点は対数関数の分岐点である．

2° 対数関数の性質

正の実数に対して成り立つ自然対数の性質と同様な性質が，複素変数の対数関数についても成り立つ．

例 3

任意の $z \; (\neq 0)$ に対し

(7) $\qquad e^{\log z} = z$

が成り立つことを示そう．

$z = re^{i\theta}$ とおくと，$\log z = \ln r + i\theta$ （θ は任意に選んでよい）から，
$$e^{\log z} = e^{\ln r + i\theta} = e^{\ln r} e^{i\theta} = re^{i\theta} = z. \quad \blacksquare$$

例 4

任意の z に対し，次の等式が成り立つ：

(8) $\qquad \log e^z = z + 2n\pi i \quad (n = 0, \pm 1, \pm 2, \cdots)$.

$e^z = e^x e^{iy}$ より $|e^z| = e^x$，$\arg e^z = \arg e^{iy} = y + 2n\pi$ だから，

$$\log e^z = \ln |e^z| + i \arg e^z = x + i(y + 2n\pi)$$
$$= (x + iy) + 2n\pi i = z + 2n\pi i$$

となるからである．∎

この例から

一般には $\quad \log e^z \neq z$

である．したがって，$\log z$ と e^z は，実数の場合と違って，互いに逆関数の関係でない．

$z = x + iy$ を帯状の集合 $-\pi < y \leq \pi$ に限ると，その z に対する対数 $\log z$ の値は主値 $\mathrm{Log}\, z$ であるから，(8) より

(9) $\quad \mathrm{Log}\, e^z = z \quad (-\pi < \mathrm{Im}\, z \leq \pi)$

が成り立つ．すなわち，(7), (9) から，

『z を $-\pi < \mathrm{Im}\, z \leq \pi$ に限ると，指数関数と対数関数は互いに逆関数』の関係になる．

z_1, z_2 を 0 でない複素数とするとき

(10) $\quad \log(z_1 z_2) = \log z_1 + \log z_2$

が成り立つ．

この等式は "$\log z_1$ の任意の値と $\log z_2$ の任意の値の和は（無数にある）$\log(z_1 z_2)$ の 1 つの値に等しく，また，$\log(z_1 z_2)$ の任意の値が，(無数にある) $\log z_1$ のある値と(無数にある) $\log z_2$ のある値との和で表される" ことを意味する．$\log$ を Log に置き換えると，一般には (10) は成り立たない．

―― 例 5 ――――――――――――――――――――――――――

$z_1 = z_2 = -1$ とすると，$z_1 z_2 = 1$ である．

$\log(z_1 z_2) = 0$, $\log z_1 = \pi i$, $\log z_2 = -\pi i$ と $\log$ の値を選べるから (10) が成り立つ．$(\log(-1) + \log(-1)$ を単純に $= 2\log(-1)$ としてはいけない．)

ところが，主値に限ると $-\pi < \mathrm{Arg}\, z \leq \pi$ である．よって，$\mathrm{Log}(z_1 z_2) = 0$, $\mathrm{Log}\, z_1 = \mathrm{Log}\, z_2 = \pi i$ だから $\mathrm{Log}\, z_1 + \mathrm{Log}\, z_2 = 2\pi i$ となり (10) は成り立たない．∎

等式 (10) が成り立つことを示そう．

$$\log(z_1 z_2) = \ln|z_1 z_2| + i\arg(z_1 z_2)$$
$$= \ln|z_1| + \ln|z_2| + i(\arg z_1 + \arg z_2)$$
(ここの $\ln$ は自然対数.$|z_1|$, $|z_2|$ は実数である)
$$= (\ln|z_1| + i\arg z_1) + (\ln|z_2| + i\arg z_2)$$
$$= \log z_1 + \log z_2.$$

これと同様にして,

(11) $\quad \log \dfrac{z_1}{z_2} = \log z_1 - \log z_2$

が成り立つこともわかる.

しかし,一般に

(12) $\quad \log z^n \neq n \log z \quad (n=1, 2, \cdots)$

であることに注意しよう(例6,練習問題3-33を参照せよ).

(7)で z の代わりに z^n ($\neq 0$) とおくと,
$$z^n = \exp(\log z^n) = \exp(\ln r^n + in\theta)$$
$$= \exp\{n(\ln r + i\theta)\}$$
$$= \exp(n\log z)$$

であるから,

(13) $\quad z^n = \exp(n \log z) \quad (z \neq 0 ; n=0, \pm 1, \pm 2, \cdots)$

が成り立つ.

また,べき根については

(14) $\quad z^{1/n} = \exp\left(\dfrac{1}{n}\log z\right) \quad (n=1, 2, \cdots)$

である.

等式(14)の右辺には n 個の異なる値があり,それらがそれぞれ z の n 乗根,すなわち,$z^{1/n}$ であることを示している.

等式(14)が成り立つことを証明しよう.$\mathrm{Arg}\, z = \Theta$ とすると,(3)より
$$\exp\left(\dfrac{1}{n}\log z\right) = \exp\left\{\dfrac{1}{n}\ln r + \dfrac{i(\Theta + 2k\pi)}{n}\right\}$$
$$(k=0, \pm 1, \pm 2, \cdots).$$

この右辺は
$$\sqrt[n]{r}\exp\left\{i\left(\dfrac{\Theta}{n} + \dfrac{2k\pi}{n}\right)\right\} \quad (k=0, \pm 1, \pm 2, \cdots)$$

と表されるが，$\exp\{i(2k\pi/n)\}$ の異なる値は n 個で，それらは $k=0,1,2,\cdots,n-1$ に対応し，$\sqrt[n]{r}\exp\{i(\Theta+2k\pi)/n\}$ $(k=0,1,2,\cdots,n-1)$ は z の n 乗根 $z^{1/n}$ である．よって，(14) が得られる（§1-4 を参照せよ）．

―― 例 6 ――――――――――――――――

複素数の集合の意味の等式

[a] $\{\log(i^{1/2})\}=\left\{\dfrac{1}{2}\log i\right\}$

が成り立つ．しかし，

[b] $\{\log(i^2)\}\neq\{2\log i\}$

である．

[a] について，次のように証明できる．

$$i=e^{i(1/2+2k)\pi} \quad (k=0,\pm1,\pm2,\cdots).$$

∴ $i^{1/2}=(e^{i(1/2+2k)\pi})^{1/2}=e^{i(1/4+k)\pi} \quad (k=0,\pm1,\pm2,\cdots).$

∴ $\log(i^{1/2})=\left(\dfrac{1}{4}+k\right)\pi i+2n\pi i \quad (n,k=0,\pm1,\pm2,\cdots)$ ((8)から)

ここで，$k+2n=0,\pm1,\pm2,\cdots$ であるから，$k+2n$ を改めて n とおけば

$$\log(i^{1/2})=\left(\dfrac{1}{4}+n\right)\pi i \quad (n=0,\pm1,\pm2,\cdots)$$

と書ける．いっぽう，

$$\dfrac{1}{2}\log i=\dfrac{1}{2}\left\{\ln|i|+i\left(\dfrac{1}{2}+2n\right)\pi\right\}=\dfrac{1}{2}\left(\dfrac{1}{2}+2n\right)\pi i$$

$$=\left(\dfrac{1}{4}+n\right)\pi i \quad (n=0,\pm1,\pm2,\cdots).$$

∴ $\{\log(i^{1/2})\}=\left\{\dfrac{1}{2}\log i\right\}.$

[b] について．

$$\log(i^2)=\log(-1)$$
$$=(1+2n)\pi i \quad (n=0,\pm1,\pm2,\cdots) \quad (例1 [b]).$$

$$2\log i=2\log(e^{i\pi/2})=2\left(\dfrac{1}{2}+2n\right)\pi i$$
$$=(1+4n)\pi i \quad (n=0,\pm1,\pm2,\cdots).$$

∴ $\{\log(i^2)\}\supsetneq\{2\log i\}.$ ∎

§3-4 複素数のべき

1° $z \neq 0$ のとき，複素数 z と複素数 c のべき z^c を前節の (13), (14) と同じ形の式で定義する：

(1) $\qquad z^c := \exp(c \log z) \quad (z \neq 0).$

$\log z$ は多価関数であるから，z^c も多価である．

---- **例 1** ----

$$i^{-2i} = \exp(-2i \log i) = \exp\left\{-2i\left(\frac{1}{2}+2n\right)\pi i\right\} = e^{(1+4n)\pi}$$
$$(n=0, \pm 1, \pm 2, \cdots).$$

このように，複素数のべきについては一般に値が無数にある．

i^{-2i}＝実数 に注意せよ． ∎

$1/e^z = e^{-z}$ であるから

(2) $\qquad \dfrac{1}{z^c} = z^{-c} \quad (z \neq 0)$

である．

$z = re^{i\theta}$ とおき，α を任意の実数とすれば，関数
$$\log z := \ln r + i\theta \quad (r>0, \ \alpha < \theta < \alpha + 2\pi)$$
は1価で正則である．したがって，対数の分枝を1つ定めると z^c は z の関数として，同じ領域で1価である．

関数 z^c の導関数は合成関数の微分公式によって，
$$(z^c)' = (e^{c \log z})' = (c \log z)' e^{c \log z}$$
$$= \frac{c}{z} e^{c \log z} = c \frac{e^{c \log z}}{e^{\log z}} = c e^{(c-1)\log z} = c z^{c-1},$$

すなわち，任意の複素定数 c に対して，

(3) $\qquad (z^c)' = c z^{c-1} \quad (z \neq 0, \ \alpha < \arg z < \alpha + 2\pi \ (\alpha = \text{実定数})).$

実数の場合とまったく同じ形であることに注意する．

z^c の定義式(1)の $\log z$ を主値 $\text{Log } z$ で置き換えた場合の z^c の値を z^c の主値とよぶ．また，z^c を z の関数と見た場合，1価で正則な関数

(4) $\quad z^c = e^{c \operatorname{Log} z} \quad (|z|>0, \ -\pi < \operatorname{Arg} z < \pi)$

を関数 z^c の**主枝**という．(4) の1つ1つの値は**主値**という．

―― 例 2 ――

[a] $\quad (z^{\sqrt{2}+3i})' = (\sqrt{2}+3i)z^{\sqrt{2}-1+3i}$

[b] $\quad (-i)^i$ の主値は
$$e^{i \operatorname{Log}(-i)} = \exp\left\{i\left(-\frac{\pi}{2}i\right)\right\} = e^{\pi/2}$$
である．これも実数である(例1)． ∎

―― 例 3 ――

[a] 関数 $z^{2/3}$ の主枝は
$$\exp\left(\frac{2}{3}\operatorname{Log} z\right) = \exp\left(\frac{2}{3}\ln r + \frac{2}{3}i\Theta\right) = \sqrt[3]{r^2}\exp\left(i\frac{2\Theta}{3}\right)$$
である．これは領域 $r>0,\ -\pi < \Theta < \pi$ で1価，正則である．

[b] $z = 27e^{i\pi/4} = \dfrac{27}{\sqrt{2}}(1+i)$ に対して，$z^{2/3}$ の主値は
$$\sqrt[3]{27^2}\exp\left(i\frac{2}{3}\cdot\frac{\pi}{4}\right) = 9e^{i\pi/6} = \frac{9\sqrt{3}}{2} + \frac{9}{2}i. \quad \blacksquare$$

2° 定義(1)に従って，底 c の指数関数 c^z を

(5) $\quad c^z := \exp(z \log c) \quad (c$ は複素定数で $\neq 0)$

で定義する．

この定義によると，e^z は $c=e$ の場合であるから，一般には多価である．しかし，e^z という記号を用いる場合は特別に $\log z$ は主値をとることにして，$e^z = \exp(z \log e) = \exp(z \operatorname{Log} e)$，したがって，$e^z$ は1価であると定めることにする．

任意の z に対して
$$(c^z)' = (e^{z \log c})' = (z \log c)' e^{z \log c} = (\log c) e^{z \log c} = (\log c) c^z$$
であるから，指数関数 c^z は整関数であり，

(6) $\quad (c^z)' = (\log c)c^z \quad (c = $ 複素定数 $(\neq 0))$

である．

微分公式(6)は実数の場合とまったく同じ形である．

§3-5 三角関数・双曲線関数の逆関数

1° 三角関数の逆関数は対数関数で表される．

$w = \sin^{-1} z$ は $z = \sin w$ を w について解いたものである．そこで，§3-2 の(1)の $\sin z$ の定義式で z と w を入れ替えた式

$$z = \sin w = \frac{e^{iw} - e^{-iw}}{2i}$$

から，

$$(e^{iw})^2 - 2iz \cdot e^{iw} - 1 = 0$$

を e^{iw} の2次方程式(練習問題 1-35)と見て解くと

$$e^{iw} = iz + (1-z^2)^{1/2}.$$

両辺の対数をとって

(1) $\qquad w = \sin^{-1} z = -i \log\{iz + (1-z^2)^{1/2}\}.$

対数関数は無限多価であるから，$\sin^{-1} z$ も無限多価である．

---- 例 1 ----

$\sin^{-1}(-i)$ の値を求めよう．

$\{1-(-i)^2\}^{1/2} = \pm\sqrt{2}$ だから，(1)より，

$\qquad \sin^{-1}(-i) = -i \log(1 \pm \sqrt{2}).$

$\qquad \log(1+\sqrt{2}) = \ln(\sqrt{2}+1) + 2n\pi i \quad (n=0, \pm 1, \pm 2, \cdots),$

$\qquad \log(1-\sqrt{2}) = \ln(\sqrt{2}-1) + (2n+1)\pi i$

$\qquad\qquad\qquad (\sqrt{2}-1 = (\sqrt{2}-1)(\sqrt{2}+1)/\sqrt{2}+1) = 1/(\sqrt{2}+1)$ だから)

$\qquad\qquad\quad = -\ln(\sqrt{2}+1) + (2n+1)\pi i \quad (n=0, \pm 1, \pm 2, \cdots)$

であるから，2つをまとめると，

$\qquad \log(1 \pm \sqrt{2}) = (-1)^n \ln(\sqrt{2}+1) + n\pi i \quad (n=0, \pm 1, \pm 2, \cdots).$

$\therefore \quad \sin^{-1}(-i) = n\pi + i(-1)^{n+1} \ln(\sqrt{2}+1)$

$\qquad\qquad\qquad\qquad (n=0, \pm 1, \pm 2, \cdots). \blacksquare$

他の三角関数の逆関数も同様の方法で求められる：

(2) $\quad \cos^{-1} z = -i \log \{z + i(1-z^2)^{1/2}\}$,

(3) $\quad \tan^{-1} z = \dfrac{i}{2} \log \dfrac{i+z}{i-z}$.

これらはすべて無限多価であるが，適当に分枝を定めることにより1価でしかも正則な関数になる．正則性は，いずれの逆関数も正則関数の合成関数であることから導かれる．

$\cos^{-1} 100$ の値が，§3-2 の例4と同じになることも (2) から確かめられる（練・問 3-45 (b)）．

導関数は，合成関数の微分法によって得られる：

(4) $\quad (\sin^{-1} z)' = \dfrac{1}{(1-z^2)^{1/2}}, \quad (\cos^{-1} z)' = -\dfrac{1}{(1-z^2)^{1/2}}$,

$\quad (\tan^{-1} z)' = \dfrac{1}{1+z^2}$.

2° 双曲線関数の逆関数も，三角関数の逆関数が三角関数の定義式から得られたのと同様に，定義式（§3-2 の (21)）を用いて得られる：

(5) $\quad \begin{cases} \sinh^{-1} z = \log\{z + (z^2+1)^{1/2}\}, \quad \cosh^{-1} z = \log\{z + (z^2-1)^{1/2}\}, \\ \tanh^{-1} z = \dfrac{1}{2} \log \dfrac{1+z}{1-z}. \end{cases}$

練 習 問 題

§3-1 指数関数

3-1 次の等式が成り立つことを示せ．

(a) $e^{2 \pm 3\pi i} = -e^2$ (b) $e^{(2+\pi i)/4} = \sqrt{\dfrac{e}{2}}(1+i)$ (c) $e^{z+\pi i} = -e^z$

3-2 $2z^2 - 3 - ze^z + e^{-z}$ は整関数か？

3-3 次の方程式の解を求めよ．

(a) $e^z = -2$ (b) $e^z = 1 + \sqrt{3}\,i$ (c) $e^{2z-1} = 1$ (d) $e^z = 1$

3-4 (a) $|\exp(2z+i)|$, $|\exp(iz^2)|$ を x と y で表せ．

(b) $|\exp(2z+i) + \exp(iz^2)| \leq e^{2x} + e^{-2xy}$ が成り立つことを示せ．

3-5 $|\exp z^2| \leq \exp(|z|^2)$ が成り立つことを示せ．

3-6 "$|e^{-2z}| < 1 \iff \mathrm{Re}\, z > 0$" が成り立つことを示せ．

3-7 $z \neq 0$ とし，$z = re^{i\theta}$ とおくとき，

$\quad \exp(\ln r + i\theta) = z$

を示せ（ $\ln$ は自然対数を表す）．

3-8 次のことを示せ．

(a) 任意の z に対して $e^{\bar{z}} = \overline{e^z}$．

(b) $\exp(i\bar{z}) = \overline{\exp(iz)} \iff z = n\pi \ (n = 0, \pm 1, \pm 2, \cdots)$．

3-9 (a) "$e^z =$ 実数 $\iff \mathrm{Im}\, z = n\pi \ (n = 0, \pm 1, \pm 2, \cdots)$"

が成り立つことを示せ．

(b) $e^z =$ 純虚数 のときの z はいかなるものか．

3-10 次の極限を求めよ．

(a) $\displaystyle\lim_{x \to -\infty} \exp(x + iy)$

(b) $\displaystyle\lim_{y \to \infty} \exp(2 + iy)$

3-11 "$\exp \bar{z}$ はいかなる点 z においても正則でない" ことを示せ．

3-12 (a) $\exp(z^2)$ は整関数であるか？ もしそうであるとき，導関数を求めよ．

(b) $f(z)$ が整関数のとき
$$\{\exp f(z)\}' = f'(z) \exp f(z)$$
を示せ．

3-13 $\mathrm{Re}(e^{1/z})$ を x, y で表せ．これは調和関数か．

3-14 関数 $f(z) = u(x, y) + iv(x, y)$ は §3-1 の (1), (2) を満たすとするとき，$f(z) = e^x(\cos y + i \sin y)$ であることを，次の順に示せ．

(a) 方程式 $u_x = u,\ v_x = v$ を導け．

(b) (a) の解は，$u(x, y) = e^x \varphi(y),\ v(x, y) = e^x \psi(y)$（$\varphi, \psi$ は y の実数値関数）であることを示せ．

(c) u は調和関数（§2-6）であることから，$\varphi''(y) + \varphi(y) = 0$ が成り立つことを示せ．この解は，$\varphi(y) = A \cos y + B \sin y$（$A, B =$ 定数）である．

(d) $\psi(y) = A \sin y - B \cos y$ であることを示せ．

(e) $u(x, 0) + iv(x, 0) = e^x$ であることから，A と B の値を求め，$u(x, y) = e^x \cos y,\ v(x, y) = e^x \sin y$ であることを導け．

§3-2 三角関数，双曲線関数

3-15 $e^{iz} = \cos z + i \sin z$ が成り立つことを示せ．

3-16 (3)〜(8) を導け．

3-17 次の等式が成り立つことを示せ．

(a) $1 + \tan^2 z = \sec^2 z$ (b) $1 + \cot^2 z = \mathrm{cosec}^2 z$

3-18 $|\sin z| \geq |\sin x|,\quad |\cos z| \geq |\cos x|\quad (z = x + iy)$

であることを示せ．

3-19 (11)を用いて次を導け．
 (a) $|\sinh y| \leq |\sin z| \leq \cosh y$ (b) $|\sinh y| \leq |\cos z| \leq \cosh y$．

3-20 (15)を証明せよ．

3-21 次の等式が成り立つことを示せ．
 (a) $2\sin(z_1+z_2)\sin(z_1-z_2) = \cos 2z_2 - \cos 2z_1$．
 (b) $2\cos(z_1+z_2)\sin(z_1-z_2) = \sin 2z_1 - \sin 2z_2$．

3-22 "$\cos z_1 = \cos z_2 \Longleftrightarrow z_1+z_2$ または $z_1-z_2 = 2n\pi$ $(n=0, \pm 1, \pm 2, \cdots)$" が成り立つことを示せ．

3-23 次を示せ．
 (a) $\cos(i\bar{z}) = \overline{\cos(iz)}$，
 (b) $\sin(i\bar{z}) = \overline{\sin(iz)} \Longleftrightarrow z = n\pi i$ $(n=0, \pm 1, \pm 2, \cdots)$

3-24 次の方程式を解け．
 (a) $\sin z = \cosh 4$ (b) $\cos z = 2$

3-25 $f(z)$ が D で正則ならば，$\sin f(z)$，$\cos f(z)$ は D で正則であることと次の微分公式が成り立つことを示せ．
$$\{\sin f(z)\}' = f'(z)\cos f(z), \quad \{\cos f(z)\}' = -f'(z)\sin f(z)．$$

3-26 $\sin \bar{z}$ と $\cos \bar{z}$ はいかなる z においても正則でないことを示せ．

3-27 微分公式(22)を導け．

3-28 次の等式が成り立つことを示せ．
$$\sinh(z+\pi i) = -\sinh z, \quad \cosh(z+\pi i) = -\cosh z,$$
$$\tanh(z+\pi i) = \tanh z．$$

3-29 次の方程式を解け．
 (a) $\cosh z = \dfrac{1}{2}$ (b) $\sinh z = i$

§3-3 対 数 関 数

3-30 次の値を求めよ．
 (a) $\text{Log}(-ei)$ (b) $\text{Log}(1-i)$

3-31 次の値を求めよ．
 (a) $\log e$ (b) $\log i$ (c) $\log(-1+\sqrt{3}i)$

3-32 $\text{Log}\{(1+i)^2\} = 2\text{Log}(1+i)$ であるが，$\text{Log}\{(-1+i)^2\} \neq 2\text{Log}(-1+i)$ であることを示せ．

3-33 対数関数の分枝を指定すると，(12)についていろいろな場合が起こる．次を示せ．

図 3-5

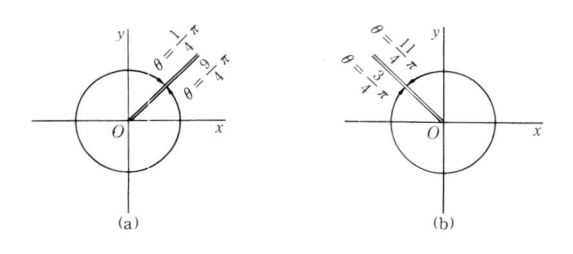

(a) $\log z = \ln r + i\theta$ $(r>0,\ \pi/4 < \theta < 9\pi/4) \Longrightarrow \log(i^2) = 2\log i$,
(b) $\log z = \ln r + i\theta$ $(r>0,\ 3\pi/4 < \theta < 11\pi/4) \Longrightarrow \log(i^2) \neq 2\log i$.

3-34 方程式
$$\log z = \frac{\pi}{2}i$$
の解を求めよ.

3-35 "$\operatorname{Re} z_1 > 0,\ \operatorname{Re} z_2 > 0 \Longrightarrow \operatorname{Log}(z_1 z_2) = \operatorname{Log} z_1 + \operatorname{Log} z_2$" を示せ.

3-36 次を示せ.
(a) 関数 $\operatorname{Log}(z-i)$ は半直線 $y=1\ (x\leq 0)$ を除いた複素平面で正則である.
(b) 関数 $\dfrac{\operatorname{Log}(z+4)}{z^2+i}$ は点 $\pm\dfrac{1-i}{\sqrt{2}}$ と実軸上の半直線 $x\leq -4$ を除いた複素平面で正則である.

§3-4 複素数のべき

3-37 次の値を求めよ.
    (a) $(1+i)^i$ (b) $(-1)^{1/\pi}$

3-38 次の主値を求めよ.
    (a) i^i (b) $\left\{\dfrac{e(-1-\sqrt{3}i)}{2}\right\}^{3\pi i}$ (c) $(1-i)^{4i}$ (d) $i^{1/i}$

3-39 (1) を用いて, $(-1+\sqrt{3}i)^{3/2} = \pm 2\sqrt{2}$ であることを導け.

3-40 練習問題 3-39 は次のようにしても求められることを示せ.
(a) $(-1+\sqrt{3}i)^{3/2} = \{(-1+\sqrt{3}i)^{1/2}\}^3$ と変形する. まず, $-1+\sqrt{3}i$ の平方根を求め, 次に 3 乗する.
(b) $(-1+\sqrt{3}i)^{3/2} = \{(-1+\sqrt{3}i)^3\}^{1/2}$ と変形する. まず, $-1+\sqrt{3}i$ を 3 乗し, 次に平方根を求める.

3-41 $z \neq 0$, $a=$実数 のとき, $|z^a| = \exp(a \ln|z|) = |z|^a$ であることを示せ.

3-42 c が 0 でない複素定数のとき, i^c は多価である. c がどういう複素数のときに $|i^c|$ の値がすべて一致するか.

3-43 z^i の主値の実部と虚部を求めよ.

3-44 $f'(z)$ の存在を仮定して, $\{c^{f(z)}\}'$ (c は複素定数 $\neq 0$) を求めよ.

§3-5 三角関数・双曲線関数の逆関数

3-45 次の値を求めよ.
 (a) $\tan^{-1} 2i$ (b) $\cos^{-1} 100$ (c) $\cosh^{-1}(-1)$ (d) $\tanh^{-1} 0$

3-46 方程式 $\sin z = 2$ を次の方法で解け.
 (a) $\sin z$ を実部と虚部に分けて, 実部=2 とおく.
 (b) (1)を用いて.

3-47 $\cos z = \sqrt{2}$ の解を求めよ.

第4章

積　　　　　分

積分は複素変数関数の研究においてきわめて重要な役割を演ずるが，この章で展開される積分の理論は，その数学的優美さからも注目される．定理は一般に簡潔であるがその力は強大である．しかし，その証明は割と簡単である．また，この理論は応用数学においても有用であるということから注目されている．

§4-1　実変数複素数値関数の定積分

複素変数の複素数値関数の積分が目的であるが，まずはじめにこの節では，より簡単な実数変数の複素数値関数の積分から始めよう．

実数変数 t の複素数値関数
$$w(t) := u(t) + iv(t) \quad (a \leq t \leq b)$$
の区間 $a \leq t \leq b$ における定積分を

(1) $$\int_a^b w(t)\,dt := \int_a^b u(t)\,dt + i\int_a^b v(t)\,dt$$

と定義する．右辺の各積分は微分積分学における（実数の）積分と同じものである．

―― 例 ――――――――――――――――――――――――

$w(t) := e^{i2t}$ を $0 \leq t \leq \pi/6$ で積分しよう．

$u(t) = \cos 2t$, $v(t) = \sin 2t$ である．(1)によれば，実部 $u(t)$，虚部 $v(t)$ を別々に計算すればよいのであるから，

$$\int_0^{\pi/6} w(t)\,dt = \int_0^{\pi/6} \cos 2t\,dt + i\int_0^{\pi/6} \sin 2t\,dt = \frac{\sqrt{3}}{4} + i\frac{1}{4}.\ \blacksquare$$

定義(1)から導かれるいくつかの性質がある．

定理

次の関係式が成り立つ．

(2) $\quad \operatorname{Re} \int_a^b w(t)\,dt = \int_a^b \operatorname{Re}\{w(t)\}\,dt,$

(3) $\quad \int_a^b z_0 w(t)\,dt = z_0 \int_a^b w(t)\,dt \quad (z_0 = \text{複素定数}),$

(4) $\quad \left| \int_a^b w(t)\,dt \right| \leq \int_a^b |w(t)|\,dt \quad (a < b).$

証明 (2)について．

$$\operatorname{Re} \int_a^b w(t)\,dt = \int_a^b u(t)\,dt \quad ((1)\text{から}),$$

$$\int_a^b \operatorname{Re}\{w(t)\}\,dt = \int_a^b \operatorname{Re}\{u(t) + iv(t)\}\,dt = \int_a^b u(t)\,dt.$$

$\therefore \quad \operatorname{Re} \int_a^b w(t)\,dt = \int_a^b \operatorname{Re}\{w(t)\}\,dt.$

(3)について．$z_0 = x_0 + iy_0$ とすると，

$$\int_a^b z_0 w(t)\,dt = \int_a^b (x_0 + iy_0)(u + iv)\,dt$$

$$= \int_a^b \{(x_0 u - y_0 v) + i(y_0 u + x_0 v)\}\,dt$$

$$= \int_a^b (x_0 u - y_0 v)\,dt + i \int_a^b (y_0 u + x_0 v)\,dt \quad ((1)\text{から})$$

$$= x_0 \int_a^b u\,dt - y_0 \int_a^b v\,dt + iy_0 \int_a^b u\,dt + ix_0 \int_a^b v\,dt$$

$$\text{(実数の微分積分学の性質から)}$$

$$= (x_0 + iy_0) \int_a^b u\,dt + i(x_0 + iy_0) \int_a^b v\,dt$$

$$= (x_0 + iy_0)\left(\int_a^b u\,dt + i \int_a^b v\,dt \right)$$

$$= z_0 \int_a^b w(t)\,dt \quad ((1)\text{から}).$$

(4)について．

$$\int_a^b w\,dt = \text{複素定数} = r_0 e^{i\theta_0}$$

とおくと，$|e^{i\theta_0}|=1$ だから，
$$\left|\int_a^b wdt\right|=r_0.$$
いっぽう，
$$\begin{aligned}
r_0 &= e^{-i\theta_0}\int_a^b wdt \\
&= \int_a^b e^{-i\theta_0}wdt \quad ((3)\text{から}) \\
&= \operatorname{Re}\int_a^b e^{-i\theta_0}wdt \quad \left(r_0=\text{実数であるから，}\int_a^b e^{-i\theta_0}wdt \text{ も実数}\right) \\
&= \int_a^b \operatorname{Re}(e^{-i\theta_0}w)\,dt \quad ((2)\text{から}) \\
&\leq \int_a^b |e^{-i\theta_0}w|\,dt \quad (\S 1\text{-}2 \text{ の}(4)\text{から，} a<b \text{ に注意}) \\
&= \int_a^b |w|\,dt \quad (|e^{-i\theta_0}|=1).
\end{aligned}$$
$$\therefore \quad \left|\int_a^b wdt\right| \leq \int_a^b |w|\,dt. \quad\blacksquare$$

無限積分 $\int_a^\infty w(t)\,dt,\ \int_a^\infty |w(t)|\,dt$ が存在する場合は，(4)と同様にして

(5) $\qquad \left|\int_a^\infty w(t)\,dt\right| \leq \int_a^\infty |w(t)|\,dt$

が成り立つ．

§4-2　複素平面上の曲線

複素変数の複素数値関数の積分は，前節のように実軸上ではなく，一般には複素平面における曲線上で定義されるものである．そこで，複素積分に使われる曲線はどういうものであるかについて考えよう．

$x(t), y(t)$ を実変数 $t\ (a\leq t\leq b)$ の連続な実数値関数とすると

(1) $\qquad z(t)=x(t)+iy(t) \quad (a\leq t\leq b)$

は複素平面上の曲線である．これを**弧**とよぶ．この弧は，t が a から b に増加するとき，点 $z(a)$ から点 $z(b)$ までの向きをもつ点の集合である．

弧 C は，異なる t の値に対して同じ点になること，すなわち，自分自身と

交わることがある．$t_1 \neq t_2$ のとき $z(t_1) \neq z(t_2)$ となる場合，すなわち，自分自身と交わらない場合，この C は**単純弧**または**ジョルダン弧**とよばれる．

C の端点 $z(a), z(b)$ が一致する以外，自分自身と交わらない場合，この C は**単一閉曲線**または**ジョルダン曲線**とよばれる．

―― 例 1 ――
折れ線
$$z := \begin{cases} t + it & (0 \leq t \leq 1) \\ t + i & (1 \leq t \leq 2) \end{cases}$$
は 0 と $1+i$ を結ぶ線分と，$1+i$ と $2+i$ を結ぶ線分からなる単純弧である．■

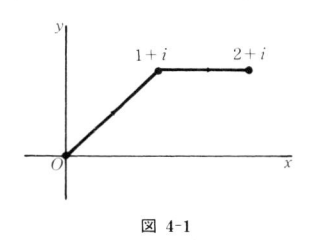

図 4-1

―― 例 2 ――
[a] 原点を中心とする単位円
$$z := e^{i\theta} \quad (0 \leq \theta \leq 2\pi)$$
は単一閉曲線である．これは**正の向き**（反時計方向の向きのこと）をもつ．

[b] 中心 z_0，半径 R の円
$$z := z_0 + Re^{i\theta} \quad (0 \leq \theta \leq 2\pi)$$
も単一閉曲線であり，正の向きをもつ．正の向きと反対の向きを**負の向き**（時計方向の向き）という．■

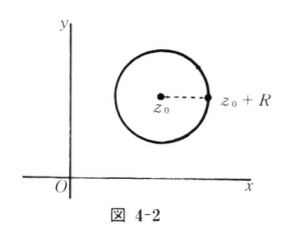

図 4-2

関数(1)の導関数 $z'(t)$ を

(2) $\qquad z'(t)=x'(t)+iy'(t)$

で定義する．$t=a$，$t=b$ においては，もちろん片側微分係数を考える．

$z(t)=z_0=$定数 ならば，$z'(t)=0$ である．

$x'(t), y'(t)$ が $a\leq t\leq b$ で連続関数であるとき，弧 $z(t)$ は**微分可能な弧**であるという．C が微分可能な弧であるとき，

$$\sqrt{\{x'(t)\}^2+\{y'(t)\}^2} \quad (=|z'(t)|)$$

は連続関数であり，したがって積分可能であるから，C の長さ L が積分で求められ $L=\int_a^b\sqrt{\{x'(t)\}^2+\{y'(t)\}^2}\,dt$ である．これは $z'(t)$ を用いると，

$$L=\int_a^b|z'(t)|\,dt$$

である．この右辺を $\int_C|dz|$ と書くことがある．よって，

(3) $\qquad C$ の長さ $=\int_C|dz|=\int_a^b|z'(t)|\,dt$.

$z=z(t)$ $(a\leq t\leq b)$ が微分可能な弧で $z'(t)\neq 0$ であるとき，この弧を**なめらかな弧**とよぶ．なめらかないくつかの弧をつなげてできる弧を，**区分的になめらかな弧**とよぶ．例1の折れ線は区分的になめらかな弧である．

§4-3 線　積　分

複素変数 z の複素数値関数 $f(z)$ の積分について考えよう．この積分は，始点 z_1 と終点 z_2 を結ぶ曲線 C に沿って $f(z)$ を積分するいわゆる線積分のことである．

したがって，積分の値は $f(z)$ のみならず，C にも関係する．記号では

$$\int_C f(z)\,dz, \quad \int_{z_1}^{z_2} f(z)\,dz$$

と表すが，後者の記号を使う場合は，z_1 と z_2 を結ぶ曲線に無関係に積分の値が定まる場合に用いる．

積分路を表す曲線 C を関数

(1) $\qquad C: z(t)=x(t)+iy(t) \quad (a\leq t\leq b)$

で定めよう．C の始点は $z_1=z(a)$，終点は $z_2=z(b)$ である．

関数 $f(z)=u(x,y)+iv(x,y)$ は C 上で**区分的に連続な関数**,すなわち,$f(z)$ を t の関数とみたとき,実部である $u(x(t),y(t))$ および虚部である $v(x(t),y(t))$ がともに実変数 t の実数値関数として区分的に連続(有限個の点を除いて連続関数になっていること)であるとする.

このとき,C に沿う $f(z)$ の線積分を

(2) $\quad\displaystyle\int_C f(z)\,dz = \int_a^b f(z(t))\,z'(t)\,dt$

で定義する.積分路 C は区分的になめらかな弧であるのが普通である.

$z'(t)$ が区分的に連続であるとすると,(2)の右辺の積分は,§4-1 の実変数 t の複素数値関数の積分として一定の値が存在する:

$$(2)\text{の右辺} = \int_a^b (u+iv)(x'+iy')\,dt \quad (x'=dx/dt,\ y'=dy/dt)$$
$$= \int_a^b (ux'-vy')\,dt + i\int_a^b (vx'+uy')\,dt$$
$$= \int_C u\,dx - v\,dy + i\int_C v\,dx + u\,dy$$

$$\left(x'dt = \frac{dx}{dt}dt = dx,\quad y'dt = \frac{dy}{dt}dt = dy \text{ より}\right)$$

とも表されるから,C 上の複素数値関数の積分(2)は

(3) $\quad\displaystyle\int_C f(z)\,dz = \int_C u\,dx - v\,dy + i\int_C v\,dx + u\,dy$

の形に書ける.これは(2)の左辺において,$f(z)=u+iv$, $dz=dx+idy$ とおき,形式的な計算をしたのと同じ形をしている.

(1)の曲線 C に対して,z_2 から z_1 を結ぶ曲線,すなわち,曲線の形そのものは C と同じであるが向きを逆と見たものを $-C$ で表す:

$$-C: z = z(-t) = x(-t) + iy(-t) \quad (-b \leq t \leq -a).$$

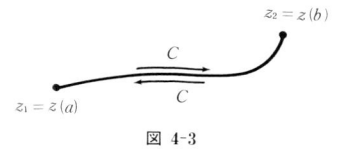

図 4-3

$-C$ に沿う $f(z)$ の積分は

(4) $\quad\displaystyle\int_{-C} f(z)\,dz = \int_{-b}^{-a} f(z(-t))(-z'(-t))\,dt$

$$\left(z'(-t) = \left[\frac{d}{d\tau}z(\tau)\right]_{\tau=-t}\right)$$

である.

定理（線積分の性質）

線積分に対して次の関係式が成り立つ.

(5) $\quad \int_{-C} f(z)\,dz = -\int_C f(z)\,dz,$

(6) $\quad \int_{C_1+C_2} f(z)\,dz = \int_{C_1} f(z)\,dz + \int_{C_2} f(z)\,dz$

$\quad\quad$ （C_1+C_2 は C_1 の終点と C_2 の始点をつなげた曲線），

(7) $\quad \int_C z_0 f(z)\,dz = z_0 \int_C f(z)\,dz \quad$ （$z_0 =$ 複素定数），

(8) $\quad \int_C \{f(z) + g(z)\}\,dz = \int_C f(z)\,dz + \int_C g(z)\,dz,$

(9) $\quad \left|\int_C f(z)\,dz\right| \leq \int_C |f(z)|\,|dz| \leq ML$

$\quad\quad\quad\quad\quad\quad\quad\quad$ （$|f(z)| \leq M$，（C の長さ）$= L$）.

---

(9)において，

(10) $\quad \int_C g(z)\,|dz| := \int_a^b g(z(t))\,|z'(t)|\,dt$

と定義する（§4-2の(3)は，これの特別な場合 $g(z)=1$ である）.

証明 (5)について．$-t = \tau$ とおくと，(4)より

$$\text{左辺} = \int_b^a f(z(\tau))z'(\tau)\,d\tau = -\int_a^b f(z(\tau))z'(\tau)\,d\tau$$

$$= -\int_C f(z)\,dz.$$

(6)について．$f(z) = u + iv$ とおくと，(3)から

$$\text{左辺} = \int_{C_1+C_2} u\,dx - v\,dy + i\int_{C_1+C_2} v\,dx + u\,dy$$

$$= \int_{C_1} u\,dx - v\,dy + \int_{C_2} u\,dx - v\,dy$$

$$+ i\int_{C_1} v\,dx + u\,dy + i\int_{C_2} v\,dx + u\,dy$$

$$= \int_{C_1} f(z)\,dz + \int_{C_2} f(z)\,dz.$$

(実数の積分については，$\int_a^b f(t)\,dt = \int_a^c f(t)\,dt + \int_c^b f(t)\,dt$ である．)

(7)について．定義(2)から

$$\int_C z_0 f(z)\,dz = \int_a^b z_0 f(z(t)) z'(t)\,dt$$

$$= z_0 \int_a^b f(z(t)) z'(t)\,dt \quad (\S\,4\text{-}1\,の(3))$$

$$= z_0 \int_C f(z)\,dz.$$

(8)について．$f = u + iv$, $g = \widetilde{u} + i\widetilde{v}$ とおくと定義(2)より，

$$\text{左辺} = \int_a^b \{f(z(t)) + g(z(t))\} z'(t)\,dt$$

$$= \int_a^b \{(u + \widetilde{u}) + i(v + \widetilde{v})\}(x' + iy')\,dt$$

$$= \int_a^b (ux' - vy')\,dt + i\int_a^b (vx' + uy')\,dt$$

$$\quad + \int_a^b (\widetilde{u}x' - \widetilde{v}y')\,dt + i\int_a^b (\widetilde{v}x' + \widetilde{u}y')\,dt$$

$$= \int_C f(z)\,dz + \int_C g(z)\,dz.$$

(9)について．

$$\left|\int_C f(z)\,dz\right| = \left|\int_a^b f(z(t)) z'(t)\,dt\right|$$

$$\leqq \int_a^b |f(z(t)) z'(t)|\,dt \quad (\S\,4\text{-}1\,の(4))$$

$$= \int_a^b |f(z(t))||z'(t)|\,dt = \int_C |f(z)||dz|$$

$$\quad\quad\quad\quad\quad\quad\quad ((10)\,から)$$

$$\leqq M\int_C |dz|$$

$$= ML \quad (\S\,4\text{-}2\,の(3)). \quad\blacksquare$$

このように，実数の積分に対応する性質がそのまま成り立っている．

微分積分学における定積分は，たとえば面積を表すというような具体的な意味をもつものとして解釈できるが，複素積分においては，幾何学的にも物理的にも何も具体的に表すと解釈できない．しかし，純粋数学においても応用数学においても注目すべき役割と効力をもつのである．

次に複素積分の具体例をいくつかあげよう．

―― 例 1 ――

C_1 が 2 点 $z=0$ と $z=2+i$ を結ぶ線分であるとき，積分
$$I_1 := \int_{C_1} z^2 dz$$
の値を求めよう．

C_1 は直線 $y=x/2$ 上にあるから（図 4-4），$y=t$ とおくと $x=2t$ だから，
$$C_1 : z = z(t) = 2t + it \quad (0 \leqq t \leqq 1).$$
$$\therefore \quad z'(t) = 2 + i.$$

C_1 上における z^2 の値は
$$z^2 = (x+iy)^2 = (2t+it)^2 = (2+i)^2 t^2 = (3+4i)t^2.$$
$$\therefore \quad I_1 = \int_0^1 (3+4i)t^2 (2+i) dt = (3+4i)(2+i) \int_0^1 t^2 dt$$
$$= \frac{2}{3} + \frac{11}{3}i. \quad \blacksquare$$

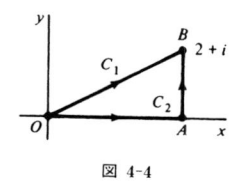

図 4-4

―― 例 2 ――

図 4-4 において，$C_2 = OA + AB$ として
$$I_2 := \int_{C_2} z^2 dz$$
の値を求めよう．
$$OA : z(t) = t + i0 \quad (0 \leqq t \leqq 2),$$

$$AB : z(t)=2+it \quad (0\leq t\leq 1)$$

であるから，

OA 上で $\quad z^2=t^2, \quad z'(t)=1,$
AB 上で $\quad z^2=(2+it)^2=4-t^2+4ti, \quad z'(t)=i.$

$$\therefore \quad I_2=\int_{OA}z^2dz+\int_{AB}z^2dz=\int_0^2 t^2\cdot 1\,dt+\int_0^1(4-t^2+4ti)\,idt$$
$$=\frac{2}{3}+\frac{11}{3}i. \quad \blacksquare$$

折れ線 OAB は1つのパラメータの連続関数として
$$z(t)=\begin{cases} t & (0\leq t\leq 2) \\ 2+i(t-2) & (2\leq t\leq 3) \end{cases}$$
と表せる．

$I_1=I_2$ であることに注意したい．この理由は，ジョルダン曲線 $OABO$ で囲まれた領域で，被積分関数 z^2 が正則であることによるのである (§4-4 の定理2を参照)．

―― 例 3 ――

C_3 を単位円 $|z|=1$ の上半分で向きは -1 から 1 に向かう方向 (負の向き) をもつとするとき，積分
$$I_3:=\int_{C_3}\bar{z}\,dz$$
の値を計算しよう (図 4-5)．

C_3 の向きは負であるから，$-C_3$ を考えると正の向きをもつ：
$$-C_3 : z(t)=e^{it} \quad (0\leq t\leq \pi).$$
$-C_3$ 上で $\bar{z}=e^{-it}, \quad z'(t)=ie^{it}$ だから，(5) より
$$I_3=-\int_{-C_3}\bar{z}\,dz=-\int_0^\pi e^{-it}ie^{it}dt=-\int_0^\pi i\,dt=-\pi i. \quad \blacksquare$$

―― 例 4 ――

C_4 は単位円 $|z|=1$ の下半分で正方向をもつとする (図 4-5)．積分
$$I_4:=\int_{C_4}\bar{z}\,dz$$

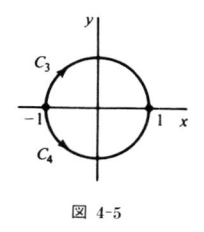

図 4-5

の値を求めよう.
$$C_4 : z(t) = e^{it} \quad (\pi \leq t \leq 2\pi)$$
の上で, $\bar{z} = e^{-it}$, $z' = ie^{it}$ であるから,
$$I_4 = \int_\pi^{2\pi} e^{-it} i e^{it} dt = \int_\pi^{2\pi} i\,dt = \pi i. \quad \blacksquare$$

例 3, 4 においては, 例 1, 2 と違って, 始点と終点が同じであっても積分の値が異なる. その理由は $\bar{z}$ が正則でないことによる (§4-4 を参照).

$C_0 = C_4 - C_3$ は原点のまわりの単位円で正方向をもつ. このとき,
$$I_0 = \int_{C_0} \bar{z}\,dz = \int_{C_4 - C_3} \bar{z}\,dz = \int_{C_4} \bar{z}\,dz - \int_{C_3} \bar{z}\,dz = I_4 - I_3 = 2\pi i.$$
円 $|z| = 1$ 上で, $z\bar{z} = 1$ だから,
$$\bar{z} = \frac{1}{z}$$
である. よって,
$$I_0 = \int_{C_0} \frac{1}{z} dz = 2\pi i$$
と書くこともできる.

―― 例 5 ――――――――――――――――――――
C が中心 O, 半径 3 の円の上半分で正方向をもつとする.
$$C : z(t) = 3e^{it} \quad (0 \leq t \leq \pi)$$
2 価関数 $z^{1/2}$ の 1 つの分枝
$$f(z) = \sqrt{r}\,e^{i\theta/2} \quad (r > 0,\ 0 < \theta < 2\pi)$$
は直線 $\theta = 0$ 上で定義されていないから, C の始点 $z = 3$ で定義されない. しかし, $f(z)$ が C 上で (区分的に) 連続であることから, 積分

図 4-6

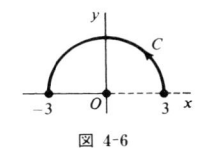

$$I := \int_C f(z)\,dz$$

が存在することが次のようにしてわかる.

まず, $z'(t) = 3ie^{it}$ である. C 上の $z \neq 3$ である点 $z = 3e^{it}$ における $f(z)$ の値は

$$f(z(t)) = \sqrt{3}\,e^{it/2}.$$

$z = 3$ における $f(z)$ の値は存在しないが,

$$\lim_{t \to 0} f(z(t)) = \lim_{t \to 0} \sqrt{3}\,e^{it/2} = \lim_{t \to 0}\left(\sqrt{3}\cos\frac{t}{2} + i\sqrt{3}\sin\frac{t}{2}\right) = \sqrt{3}$$

であるから, $f(z(0)) = \sqrt{3}$ とおけば $f(z(t))$ は閉区間 $0 \leq t \leq \pi$ で連続な関数になる (異常 (広義) 積分の考え方).

$$\therefore \quad I = \int_0^\pi \sqrt{3}\,e^{it/2}\,3ie^{it}\,dt = 3\sqrt{3}\,i \int_0^\pi e^{i3t/2}\,dt$$

$$= 3\sqrt{3}\,i \int_0^\pi \left(\cos\frac{3t}{2} + i\sin\frac{3t}{2}\right)dt$$

$$= -2\sqrt{3}\,(1+i). \quad \blacksquare$$

—— 例 6 ——

C と $z^{1/2}$ の分枝は例5と同じとする. 積分の値を実際に計算しないで

$$\left|\int_C \frac{z^{1/2}}{z^2+1}\,dz\right| \leq \frac{3\sqrt{3}\,\pi}{8}$$

であることを示そう.

C 上では $|z| = 3$ だから,

$$|z^{1/2}| = \sqrt{3}, \quad |z^2+1| \geq ||z|^2 - 1| = 8.$$

$$\therefore \quad \left|\frac{z^{1/2}}{z^2+1}\right| \leq \frac{\sqrt{3}}{8}. \quad C \text{ の長さ} = 3\pi.$$

したがって, (9) において, $M = \sqrt{3}/8$, $L = 3\pi$ とおけばよい. $\blacksquare$

§4-4　コーシー・グルサの定理

1° コーシーの積分定理

xy 平面の区分的になめらかなジョルダン曲線 C で囲まれた閉集合 R で,実数値関数 $P(x,y)$, $Q(x,y)$ は,その 1 階偏導関数とともに連続であるとする.また,曲線 C の向きは正方向であるとする.

このとき,微分積分学で学ぶ線積分に対する**グリーンの定理**

$$\int_C P dx + Q dy = \iint_R (Q_x - P_y)\, dxdy$$

が成り立つ.

さて,R 全体で正則な関数

$$f(z) = u(x,y) + iv(x,y)$$

に対する C に沿う線積分は,§4-3 の (3) から

(1)　　　$\displaystyle \int_C f(z)\, dz = \int_C u dx - v dy + i \int_C v dx + u dy$

である.

$f(z)$ が R で連続ならば,u と v も R で連続 (§2-3 の定理 2) であり,また,$f'(z)$ が R で連続ならば,u と v の 1 階偏導関数は連続である (§2-5 の (3), (4) と §2-3 の定理 2) から,グリーンの定理より (1) の右辺を書き直せば

(2)　　　$\displaystyle \int_C f(z)\, dz = \iint_R (-v_x - u_y)\, dxdy + i \iint_R (u_x - v_y)\, dxdy.$

ところで,$f(z)$ は正則だから,コーシー・リーマンの定理により,(2) の右辺は 0 である.

以上をまとめて,次の重要な定理を得る.

定理 1 (コーシーの積分定理)

区分的になめらかなジョルダン曲線 C の上と内部で
　$f(z)$ が正則,$f'(z)$ が連続
$$\implies \int_C f(z)\, dz = 0$$

$$\int_C f(z)\,dz = 0$$

であるとき，

$$\int_{-C} f(z)\,dz = -\int_C f(z) = 0$$

であるから，コーシーの積分定理における C の向きは本質的ではない．すなわち，正の向きでも負の向きでも無関係に積分の値は 0 である．

―― 例 1 ――

区分的になめらかな閉じた任意の曲線 C（向きは正でも負でもよい）に対して

$$\int_C dz = 0, \quad \int_C z\,dz = 0, \quad \int_C z^2\,dz = 0$$

である．なぜならば，関数 $1, z, z^2$ は整関数であり，導関数 $0, 1, 2z$ は連続であるからである．■

2° コーシー・グルサの定理

フランスの数学者グルサは，定理 1 における条件 "$f'(z)$ が連続" がなくても，コーシーの積分定理の結果が成り立つことを証明した（最初の人である）．

―― 定理 2（コーシー・グルサの定理）――

区分的になめらかなジョルダン曲線 C の上と内部で $f(z)$ が正則

$$\implies \int_C f(z)\,dz = 0$$

この定理も簡単に，"コーシーの積分定理" とよぶことがある．

$f'(z)$ の連続性を取り除くことができることには重要な意味がある．たとえば，『正則関数 $f(z)$ の導関数 $f'(z)$ はまた正則である』ことがわかる（§4-7 の定理 2）．

コーシー・グルサの定理の証明は長くなるので後まわしにする（§4-5 参照）．

---- **例 2** ----

区分的になめらかな閉じた任意の曲線 C に対して
$$\int_C dz = 0, \quad \int_C z\, dz = 0, \quad \int_C z^2\, dz = 0$$
である．なぜならば，関数 $1, z, z^2$ は整関数であるから． ∎

ジョルダン曲線，すなわち，単一閉曲線の内部の点すべてからなる集合を**単連結**であるという．これに対して，たとえば，円環 $1 < |z| < 2$ のように単連結でない集合を**多重連結**であるという．

コーシー・グルサの定理を次のように言い表すことができる．

---- **定理 3** ----

$f(z)$ は単連結な領域 D で正則であるとする．D 内の区分的になめらかな任意のジョルダン曲線 C に対して
$$\int_C f(z)\, dz = 0$$
である．

この定理 3 において，C をジョルダン曲線ではなく，自分自身と交わる任意の曲線に置き換えても，結果は正しい．

なぜならば，図 4-7 のような場合，交点と交点の間の部分は 1 つのジョルダン曲線であるからである．

また，交点の数が無限個の場合も，この定理 3 は成り立つことが知られて

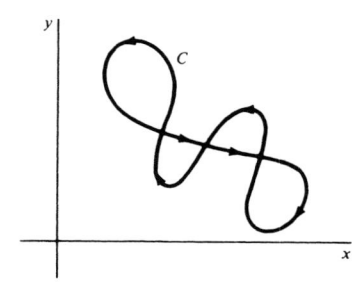

図 4-7

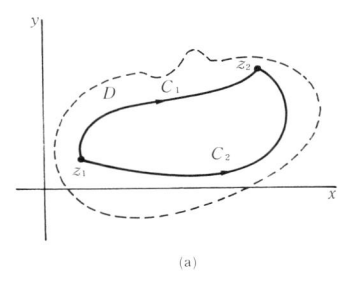

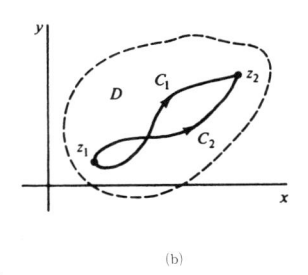

図 4-8

いる（たとえば，練習問題 4-25）．

図 4-8 (a) の場合，C_1-C_2 はジョルダン曲線であるから，この定理 3 から
$$\int_{C_1-C_2} f(z)dz = 0. \quad \therefore \quad \int_{C_1} f(z)dz - \int_{C_2} f(z)dz = 0.$$
また，図 4-8 (b) の場合は，C_1-C_2 はジョルダン曲線ではないが，やはり定理 3 が成り立つから，次の結果が成り立つことになる．

定理 4

C_1, C_2 が単連結領域 D 内の 2 点を結ぶ区分的になめらかな曲線であるとき，$f(z)$ が D で正則ならば

(3) $$\int_{C_1} f(z)\,dz = \int_{C_2} f(z)\,dz$$

である．

この定理 4 は単連結領域における正則関数に対しては，積分路には無関係に端点のみで積分の値が定まることを示している（練習問題 4-18 を参照）．

3° 多重連結な領域の場合

コーシー・グルサの定理は次のように表される．

定理 5（コーシー・グルサの定理（多重連結領域の場合））

$C, C_j\ (j=1, 2, \cdots, n)$ はすべて区分的になめらかなジョルダン曲線で，C_j はすべて C の内部にあり，しかも，C_j の内部の点は互いに共通

点をもたない．R は，C の内部から C_j の内部の点を除いた部分と C 上の点からなる集合とする．また，R の内部が左にあるように C と C_j に向きをつけた R の境界を B とする（図 4-9 (a)）．

このとき，$f(z)$ が R で正則ならば

(4) $\quad\displaystyle\int_B f(z)\,dz = 0$

である．

証明 C と C_1 を曲線 L_1 で，C_1 と C_2 を曲線 L_2 で，$\cdots$，C_{n-1} と C_n を曲線 L_n で，C_n と C を曲線 L_{n+1} で結び，図 4-9 (b) のように向きをつけて，R をジョルダン曲線 K_1, K_2 で囲まれた 2 つの単連結な集合に分ける．

このとき，コーシー・グルサの定理によって

$$\int_{K_1+K_2} f(z)\,dz = \int_{K_1} f(z)\,dz + \int_{K_2} f(z)\,dz = 0$$

である．ところで，$L_j\ (j=1,2,\cdots,n+1)$ 上には 2 つの向きがつくことになるが，反対方向を積分すると値は 0 になる．すなわち，

$$\int_{L_j} f(z)\,dz + \int_{-L_j} f(z)\,dz = 0$$

より

$$\int_{K_1+K_2} f(z)\,dz = \int_B f(z)\,dz$$

であるから，

$$\int_B f(z)\,dz = 0$$

が導かれる． ∎

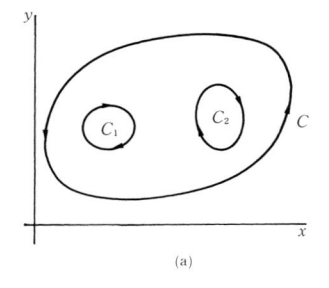

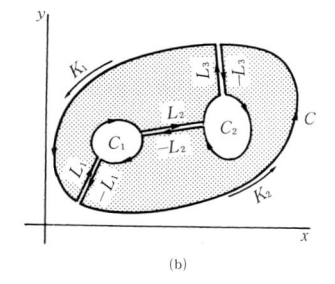

図 4-9

等式 (4) は

(5) $$\int_C f(z)\,dz + \int_{C_1} f(z)\,dz + \int_{C_2} f(z)\,dz + \cdots + \int_{C_n} f(z)\,dz = 0$$

とも表される．したがって，$C, C_1, C_2, \cdots, C_n$ の向きがすべて同じであれば

(6) $$\int_C f(z)\,dz = \int_{C_1} f(z)\,dz + \int_{C_2} f(z) + \cdots + \int_{C_n} f(z)\,dz.$$

とくに，C の内部に C_1 のみがある場合

(7) $$\int_C f(z)\,dz = \int_{C_1} f(z)\,dz.$$

(7) は**積分路の変形原理**と呼ばれる．C_1 を連続的に変形して C に近づけて行っても積分の値はつねに不変であることを示している．(練習問題 4-23 を参照).

―― 例 3 ――

B を，正方向の円 $|z|=2$ と負方向の円 $|z|=1$ からなる曲線 (図 4-10) とすると

$$\int_B \frac{dz}{z^2(z^2+9)} = 0$$

である．

被積分関数は，$z=0, \pm 3i$ を除けば正則であり，これらの特異点は境界 B をもつ円環領域の外にある．■

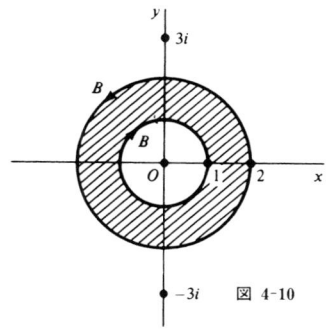

図 4-10

4° コーシー・グルサの定理の応用例*

代数学の基本定理

『n 次方程式

$$P(z)=0, \quad P(z):=a_0+a_1z+a_2z^2+\cdots+a_nz^n \quad (a_n \neq 0,\ n\geqq 1)$$

は少なくとも 1 つの解をもつ．』

を証明しよう．

---

*原論文は R. P. Boas Jr., : Yet Another Proof of the Fundamental Theorem of Algebra, Amer. Math. Monthly, vol.71, no.2, p.180, 1964.

$\bar{P}(z)=\bar{a}_0+\bar{a}_1 z+\bar{a}_2 z^2+\cdots+\bar{a}_n z^n$ とおくと，$P(z)\cdot\bar{P}(z)$ は多項式で係数はすべて実数であるから，はじめから，$P(z)$ の係数は実数であると仮定してかまわない．したがって，z が実数ならば $P(z)$ の値は実数である．

背理法を用いて証明する．方程式 $P(z)=0$ が解をもたない，すなわち，任意の複素数 z に対して $P(z)\neq 0$ と仮定して矛盾を導こう．

$P(z)$ は実数 z に対しても 0 にならないから，任意の実数 z に対して $P(z)$ の符号はつねに正であるか負であるかのどちらかである．

$$\therefore \int_0^{2\pi}\frac{d\theta}{P(2\cos\theta)}\neq 0.$$

左辺の積分において，

$$C: z=e^{i\theta}\ (0\leq\theta\leq 2\pi),\ 2\cos\theta=z+z^{-1}$$

と変数変換（§6-3 の(14)を参照）すれば $d\theta=dz/iz$ だから，

$$\frac{1}{i}\int_C\frac{dz}{zP(z+z^{-1})}=\frac{1}{i}\int_C\frac{z^{n-1}}{Q(z)}dz\quad (Q(z)=z^n P(z+z^{-1})).$$

$Q(z)$ は $2n$ 次の多項式であって，$z\neq 0$ に対して $Q(z)\neq 0$，$Q(0)=a_n\neq 0$ であるから，任意の z に対して $Q(z)\neq 0$ である．よって，$z^{n-1}/Q(z)$ は整関数であるから，コーシー・グルサの定理によって $\int_C(z^{n-1}/Q(z))dz=0$．これは，はじめの積分 $\neq 0$ に反する． ∎

この証明法は1964年に得られたものである．普通の証明はリュウビルの定理の応用として与えられる．リュウビルの定理と代数学の基本定理については§9-2を参照せよ．

また，ルーシェの定理(§9-3)を応用した証明については練習問題9-20を参照せよ．

§4-5　コーシー・グルサの定理の証明

§4-4で省略した定理2（コーシー・グルサの定理）の証明をしよう．長くなるので，段階に分けて考えていくことにする．

1°　C 上と C の内部の点からなる点集合 R を，次のように部分集合に分

第4章 積　　　分　　　89

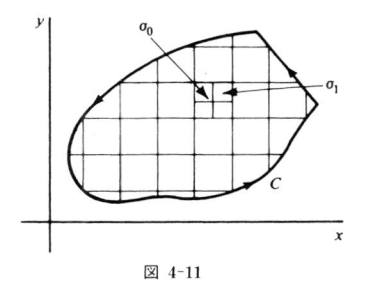

図 4-11

割する：

　座標軸に平行に適当に等間隔に引いた直線で正方形のます目に R を分割する．

　R の内部にある正方形はそのまま正方形であるが，R の境界に近い正方形は，R の点のみで考えれば，正方形ではない．このような一部が正方形であるものを部分正方形とよぼう．

　正方形も部分正方形も自分の境界を含むものとする．したがって，R の点は 1 つの正方形（または部分正方形）か，辺上の点の場合には 2 つの正方形（または部分正方形）に含まれることになる（図4-11）．すなわち，正方形と部分正方形によって R 全体が覆われることになる．

　$2°$　以上の準備のもとで，次の補助定理を証明しよう．

補助定理

　関数 $f(z)$ は閉集合 R で正則であるとする．このとき，任意の正数 ε に対して，次の性質をもつ有限個の正方形と部分正方形で R を覆うことができる．各正方形（または部分正方形）の中の点 z_j を適当に定めると，その（部分）正方形に含まれるすべての点 z に対して，不等式

(1) $\quad \left| \dfrac{f(z)-f(z_j)}{z-z_j} - f'(z_j) \right| < \varepsilon \quad (z \neq z_j)$

が成り立つ．

証明　正方形と部分正方形は全部で n 個あるとして，それに適当な順に番号 $j=1,\ 2,\ \cdots,\ n$ をつけておく．

　$1°$ の段階の分割では，不等式(1)が成り立つような z_j を定めることができ

ない正方形（または部分正方形）があるかもしれない．

このときは，その正方形を座標軸に平行な直線で4等分する．

各小正方形において再び (1) が成り立たなければ，さらに4等分してより小さい正方形に分けていく．（部分正方形の場合も同様に分割していって，R に含まれる部分のみで考える．）

この操作をはじめの（部分）正方形に適用すると，有限回の操作により，(1) の性質をもつ正方形（または部分正方形）でもって R を覆うことができるであろう．

しかし，有限回の操作では (1) の性質をもつ点 z_j が定まらないような正方形（または部分正方形）がある場合にはどうなるだろうか．

もしあれば，その正方形（または部分正方形）を σ_0 と名づける．この σ_0 を4等分すると，少なくとも1つの小正方形（または部分正方形）（これを σ_1 とする）には，(1) の z_j に相当するものが定まらないことになる．

この σ_1 をさらに4等分すると，少なくとも1つの（部分）正方形 σ_2 では (1) が成り立たない，… という操作を繰り返していくと，(1) が成り立たない（部分）正方形の列

(2)　　　$\sigma_0, \sigma_1, \sigma_2, \cdots, \sigma_{k-1}, \sigma_k, \cdots$

ができる．

すべての σ_k（$k=0, 1, 2, \cdots$）は周を含むものとすると閉集合であるから，すべての σ_k に共通な点 z_0 が存在する（練習問題 4-27）．また，各 σ_k には z_0 とは異なる R の点が含まれる．

正方形の列 (2) は，σ_k の辺の長さが σ_{k-1} の辺の 1/2 であるように並んでいる．また，z_0 の任意の δ 近傍（$|z-z_0|<\delta$）は，対角線の長さが δ より短

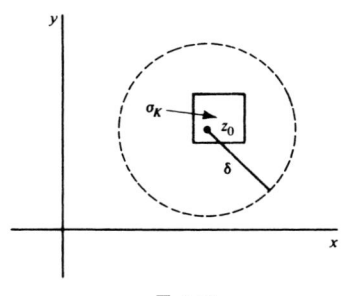

図 4-12

い正方形を内部に含むことに注意すると，z_0 の δ 近傍は δ が何であっても z_0 以外の R の点を含んでいることになるから，z_0 は R の集積点である．R は閉集合であるから，z_0 は R の点である（§1-5）．

関数 $f(z)$ は R で正則であるから z_0 でも正則である．したがって，$f'(z_0)$ が存在する．

また，導関数の定義（§2-4 の(1)）によれば，任意の正数 ε に対して，

$$\left|\frac{f(z)-f(z_0)}{z-z_0}-f'(z_0)\right|<\varepsilon \quad (z\neq z_0)$$

が成り立つような z_0 の δ' 近傍（$|z-z_0|<\delta'$）が存在する．

ところで，十分大きな番号 K に対してこの δ' 近傍は，対角線の長さが δ' より短い正方形 σ_K を含むから，σ_K において z_0 が(1)における z_K の役割を果たすことになる．よって，σ_K を分割する必要がないことになる．

よって，これは（部分）正方形を無限回分割して(2)の列をつくったことに反する．このようにして有限回の分割で，すなわち，有限個の正方形と部分正方形で間に合うことになる．∎

3°　補助定理を用いて，コーシー・グルサの定理の証明をしよう．

いま，j 番目の（部分）正方形において定義される関数

$$(3) \qquad \delta_j(z) := \begin{cases} \dfrac{f(z)-f(z_j)}{z-z_j}-f'(z_j) & (z\neq z_j) \\ 0 & (z=z_j) \end{cases}$$

を考える．不等式(1)から関数 $\delta_j(z)$ はその定義域（すなわち j 番目の（部分）正方形）において

$$(4) \qquad |\delta_j(z)|<\varepsilon$$

である．また，

$$\lim_{z\to z_j}\delta_j(z)=\lim_{z\to z_j}\frac{f(z)-f(z_j)}{z-z_j}-f'(z_j)=f'(z_j)-f'(z_j)=0=\delta_j(z_j)$$

が成り立つことから，$\delta_j(z)$ の定義域の任意の点で $\delta_j(z)$ は連続である．

j 番目の（部分）正方形の周に正方向の向きをつけたものを C_j とすると，(3)から，$f(z)$ は

$$f(z)=f(z_j)-z_j f'(z_j)+f'(z_j)z+(z-z_j)\delta_j(z) \quad (z\in C_j)$$

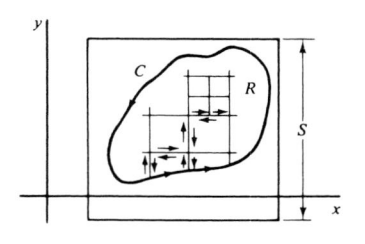

図 4-13

と表される．$f(z)$ を C_j に沿って積分すると，

$$\int_{C_j} dz = 0, \quad \int_{C_j} z\,dz = 0$$

であることから，

$$\int_{C_j} f(z)\,dz = \int_{C_j} (z-z_j)\delta_j(z)\,dz \quad (j=1,2,\cdots,n).$$

隣り合う（部分）正方形の共通部分である境界を逆方向に $f(z)$ を積分すると，そこにおける $f(z)$ の積分の値は互いに打ち消されるから（図 4-13，§ 4-3 の(5)）

$$\int_C f(z)\,dz = \sum_{j=1}^n \int_{C_j} f(z)\,dz.$$

$$\therefore \quad \int_C f(z)\,dz = \sum_{j=1}^n \int_{C_j} (z-z_j)\delta_j(z)\,dz.$$

$$\therefore \quad \left|\int_C f(z)\,dz\right| \leq \sum_{j=1}^n \int_{C_j} |z-z_j||\delta_j(z)||dz| \quad (\S 4\text{-}3 \text{の}(9))$$

$$< \varepsilon \sum_{j=1}^n \int_{C_j} |z-z_j||dz| \quad ((4)\text{から}).$$

正方形の場合，その一辺の長さを s_j とすると

$$|z-z_j| \leq \sqrt{2}s_j, \quad \int_{C_j} |dz| = 4s_j.$$

$$\therefore \quad \int_{C_j} |z-z_j||dz| < 4\sqrt{2}s_j^2 \quad (\S 4\text{-}3 \text{の}(9)\text{から}).$$

部分正方形の場合，その周のうち C の部分の長さを L_j とすれば

$$|z-z_j| \leq \sqrt{2}s_j, \quad \int_{C_j} |dz| < 4s_j + L_j.$$

$$\therefore \quad \int_{C_j} |z-z_j||dz| < 4\sqrt{2}s_j^2 + \sqrt{2}s_j L_j.$$

したがって，正方形であっても部分正方形であっても

$$\int_{C_j} |z-z_j||dz| < 4\sqrt{2}s_j{}^2 + \sqrt{2}s_j L_j.$$

$$\therefore \quad \left|\int_C f(z)dz\right| < \varepsilon\left(4\sqrt{2}\sum_{j=1}^{n} s_j{}^2 + \sqrt{2}\sum_{j=1}^{n} s_j L_j\right)$$

$$\leq \varepsilon\left(4\sqrt{2}S^2 + \sqrt{2}S\sum_{j=1}^{n} L_j\right)$$

(S は C を内部に含む大きな正方形の一辺の長さ)

$$= \varepsilon(4\sqrt{2}S^2 + \sqrt{2}SL) \quad (L = C \text{ の長さ}).$$

$\int_C f(z)dz$ は任意の正数 ε に無関係な定数であり，最後の項は ε を小さくすればいくらでも小さくできる．したがって，定数 $\int_C f(z)dz$ は 0 でなければならない．これで，コーシー・グルサの定理の証明ができた．

§4-6 原始関数と線積分

領域(連結な開集合) D で連続な関数 $f(z)$ に対して，D の各点で
(1) $\quad F'(z) = f(z)$
となるような D で正則な関数 $F(z)$ を D における $f(z)$ の**原始関数**という．
線積分の値が原始関数を用いて求められる．

定理 1

$f(z)$ は領域 D で連続，$F(z)$ が $f(z)$ の原始関数であるとき，D 内の区分的になめらかな曲線 $C: z = z(t)$ $(a \leq t \leq b)$ に沿う線積分
$$\int_C f(z)dz = \int_a^b f(z(t))z'(t)dt$$
の値は
(2) $\quad \int_C f(z)dz = [F(z(t))]_a^b = F(z(b)) - F(z(a))$
である．

これは，微分積分学におけると同様，定積分の値が原始関数から求められることを表している．

証明 区分的になめらかな曲線は，なめらかな曲線をいくつかつなげたも

のだから，C が 1 つのなめらかな曲線であると見なして，定理が成り立つことを示せば十分である（§4-3 の (6)）．

まず，合成関数の微分公式

$$\frac{d}{dt}F(z(t)) = F'(z(t))z'(t)$$

が成り立つことを示そう（§2-4 の微分公式と比較せよ）．

$F(z) = U(x, y) + iV(x, y)$, $z(t) = x(t) + iy(t)$ とおくと，

$$F(z(t)) = U(x(t), y(t)) + iV(x(t), y(t)).$$

$$\therefore \quad \frac{d}{dt}F(z(t)) = \frac{d}{dt}U(x(t), y(t)) + i\frac{d}{dt}V(x(t), y(t))$$

（導関数の定義 §4-2 の (2)）

$$= U_x x' + U_y y' + i(V_x x' + V_y y')$$

（$' = d/dt$，微分積分学（の偏微分法の連鎖公式）から）

$$= U_x x' - V_x y' + i(V_x x' + U_x y')$$

（コーシー・リーマンの方程式から）

$$= (U_x + iV_x)(x' + iy')$$

$$= \frac{d}{dz}F(z) \cdot z'(t) \quad (\S 2\text{-}5 \ \text{の} \ (3)).$$

$$\therefore \quad \frac{d}{dt}F(z(t)) = f(z(t))z'(t) \quad (F'(z) = f(z) \text{だから}).$$

$$\therefore \quad \int_a^b f(z(t))z'(t)\,dt = \int_a^b \{F(z(t))\}'\,dt$$

$$= \int_a^b \{\operatorname{Re} F(z(t))\}'\,dt + i\int_a^b \{\operatorname{Im} F(z(t))\}'\,dt$$

（§4-2 の (2) と §4-1 の (1) から）

$$= [\operatorname{Re} F(z(t))]_a^b + i[\operatorname{Im} F(z(t))]_a^b$$

（$\operatorname{Re} F(z(t))$, $\operatorname{Im} F(z(t))$ は実変数 t の実数値関数）

$$= \operatorname{Re} F(z(b)) - \operatorname{Re} F(z(a))$$
$$+ i\operatorname{Im} F(z(b)) - i\operatorname{Im} F(z(a))$$
$$= \{\operatorname{Re} F(z(b)) + i\operatorname{Im} F(z(b))\}$$
$$\quad - \{\operatorname{Re} F(z(a)) + i\operatorname{Im} F(z(a))\}$$
$$= F(z(b)) - F(z(a)). \quad \blacksquare$$

線積分 (2) の積分の値は曲線，すなわち，積分路 C の終点 $z(b)=z_2$, 始点 $z(a)=z_1$ で定まり，C の形には無関係であるから，

$$(3) \quad \int_{z_1}^{z_2} f(z)\,dz = [F(z)]_{z_1}^{z_2} = F(z_2) - F(z_1)$$

と書ける．

z_0 を領域 D の定点とし，積分路がつねに D 内にある場合は

$$(4) \quad \int_{z_0}^{z} f(s)\,ds$$

は D で定義される z の関数であり，$f(z)$ の原始関数であることがわかる．すなわち，次の定理が成り立つ．

定理 2

$f(z)$ が領域 D で連続，定点 z_0 と z を結ぶ積分路が D 内にあるとき

$$(5) \quad \frac{d}{dz}\int_{z_0}^{z} f(s)\,ds = f(z).$$

証明 $\quad F(z) = \displaystyle\int_{z_0}^{z} f(s)\,ds$

とおいて，

$$F'(z) = \lim_{\Delta z \to 0} \frac{F(z+\Delta z) - F(z)}{\Delta z} = f(z)$$

を示せばよい．

$z+\Delta z$ が D 内にあり，しかも z と $z+\Delta z$ を線分で結べるよう $|\Delta z|$ を十分小さくとる（図 4-14）．練習問題 4-18 から，

$$\int_{z}^{z+\Delta z} ds = \Delta z. \quad \therefore \quad 1 = \frac{1}{\Delta z}\int_{z}^{z+\Delta z} ds.$$

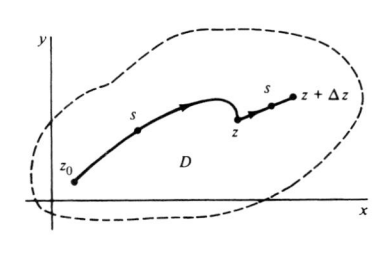

図 4-14

$$\therefore \quad f(z) = \frac{1}{\varDelta z} \int_z^{z+\varDelta z} f(z)\,ds.$$

また,
$$F(z+\varDelta z) - F(z) = \int_{z_0}^{z+\varDelta z} f(s)\,ds - \int_{z_0}^{z} f(s)\,ds = \int_z^{z+\varDelta z} f(s)\,ds$$

である.

$$\therefore \quad \frac{F(z+\varDelta z) - F(z)}{\varDelta z} - f(z) = \frac{1}{\varDelta z}\int_z^{z+\varDelta z} f(s)\,ds - \frac{1}{\varDelta z}\int_z^{z+\varDelta z} f(z)\,ds$$
$$= \frac{1}{\varDelta z}\int_z^{z+\varDelta z} \{f(s)-f(z)\}\,ds.$$

ところで, $f(z)$ は連続関数であるから, 任意の正数 ε に対して正数 δ が存在して,

$$|s-z|<\delta \quad \text{のとき} \quad |f(s)-f(z)|<\varepsilon$$

が成り立つ. そこで, $\varDelta z$ を $|\varDelta z|<\delta$ ととれば

$$\left|\frac{F(z+\varDelta z)-F(z)}{\varDelta z}-f(z)\right| < \frac{1}{|\varDelta z|}\left|\int_z^{z+\varDelta z}\varepsilon\,ds\right|$$
$$= \frac{1}{|\varDelta z|}\varepsilon|\varDelta z| = \varepsilon.$$

したがって, $\varDelta z \to 0$ のとき

$$\frac{F(z+\varDelta z)-F(z)}{\varDelta z} - f(z) \to 0$$

が成り立つ. ∎

定理2は次のように言い換えることができる.

定理3

領域 D で連続な関数 $f(z)$ の線積分の値が D 内の積分路に無関係に定まるならば, $f(z)$ は D で原始関数をもつ.

単連結な領域においては, 端点のみで積分の値が定まる (§4-4 の定理4) から, この定理3により, 次の結果を得る.

定理 4
単連結な領域で正則な関数はつねに原始関数をもつ．積分の値は積分路の端点で定まり (3) で与えられる．

2つの原始関数の間の関係については，微分積分学におけるものと同じ次の結果が成り立つ．

定理 5
$F(z), G(z)$ が領域 D で正則であるとする．
$$F'(z) = f(z), \quad G'(z) = f(z) \implies F(z) - G(z) = 定数$$

証明 $F(z), G(z)$ が D で正則ならば，$F(z) - G(z)$ も D で正則であり，仮定から
$$\{F(z) - G(z)\}' = f(z) - f(z) = 0.$$
∴ $F(z) - G(z) = 定数$ （§2-6 の定理 2 から）． ∎

$F(z)$ を $f(z)$ の1つの原始関数とすると，$f(z)$ の任意の原始関数は，この定理により，$F(z) + z_0$ （$z_0 =$ 定数）の形である．
$$[F(z) + z_0]_{z_1}^{z_2} = \{F(z_2) + z_0\} - \{F(z_1) + z_0\} = F(z_2) - F(z_1) = [F(z)]_{z_1}^{z_2}$$
であるから，(2), (3) において，原始関数の選び方によらず積分の値が定まることになる．

例 1
連続関数 $f(z) = z^2$ は，複素平面上の任意の点で原始関数 $F(z) = z^3/3$ をもつ．したがって，$z = 0$ と $z = 2+i$ を結ぶ任意の曲線に対して
$$\int_0^{2+i} z^2 dz = \left[\frac{z^3}{3}\right]_0^{2+i} = \frac{1}{3}(2+i)^3 = \frac{2+11i}{3}$$
である（§4-3 の例 1, 2 を参照）． ∎

例 2
複素平面から原点を除いた領域を D とすると（D は単連結でない），関数

$1/z^2$ は D で連続であり，その原始関数（の1つ）は $-1/z$ である．$z_1 \neq 0$, $z_2 \neq 0$ を結ぶ曲線が原点を通らなければ，定理1によって，

$$\int_{z_1}^{z_2} \frac{dz}{z^2} = \left[-\frac{1}{z}\right]_{z_1}^{z_2} = \frac{1}{z_1} - \frac{1}{z_2}$$

である．とくに C が円 $z = re^{i\theta}$ ($r>0$, $-\pi \leq \theta \leq \pi$) のとき

$$\int_C \frac{dz}{z^2} = 0$$

である．∎

例2の円 C に沿う関数 $f(z) = 1/z$ の積分の値を，例2と同じ方法で求めることはできない．

$\log z$ の任意の分枝を $F(z)$ とすると，$F(z)$ の導関数は $1/z$ であるが，$F(z)$ は分枝截線上で微分できない．分枝截線を（原点を通る）直線 $\theta = \alpha$ にとると，この直線と C との交点で $F'(z)$ は存在しない．

したがって，曲線 C は，つねに $F'(z) = 1/z$ が成り立つような領域の中にないことになる．よって，この場合，原始関数を用いて積分の値を計算することはできない．

—— 例 3 ——

領域 $|z|>0$, $-\pi < \mathrm{Arg}\, z < \pi$ を D とする．D は単連結であるから，D で正則な関数 $1/z$ は D で原始関数をもつ．対数関数の主枝 $\mathrm{Log}\, z$ がそれである．したがって，$-2i$ と $2i$ を結ぶ曲線が，たとえば例2の C の一部

$$z = re^{i\theta} \left(-\frac{\pi}{2} \leq \theta \leq \frac{\pi}{2}\right)$$

であるとき，

$$\int_{-2i}^{2i} \frac{dz}{z} = [\mathrm{Log}\, z]_{-2i}^{2i} = \mathrm{Log}(2i) - \mathrm{Log}(-2i) = \pi i$$

である．∎

—— 例 4 ——

原始関数を用いて，積分

図 4-15

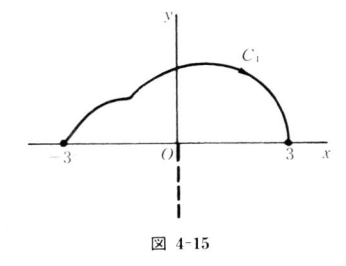

$$I = \int_{-3}^{3} z^{1/2} dz$$

の値を求めよう．積分路は図 4-15 の C_1 である．

§4-3 の例 5 のように，$z^{1/2}$ の分枝を
$$z^{1/2} = \sqrt{r}\, e^{i\theta/2} \quad (r>0,\ 0<\theta<2\pi)$$
と選んでも値は求められるが，この分枝は $z=3$ を含まないので，
$$f_1(t) := \sqrt{r}\, e^{i\theta/2} \quad \left(r>0,\ -\frac{\pi}{2}<\theta<\frac{3\pi}{2}\right)$$
なる分枝を選ぶと，$z=-3$ と $z=3$ のみならず C_1 全体が $f_1(z)$ の定義域に含まれ，1 価正則であるから都合がよい．

$f_1(z)$ の原始関数は
$$F_1(z) = \frac{2}{3} z^{3/2} = \frac{2}{3} r\sqrt{r}\, e^{i3\theta/2} \quad \left(r>0,\ -\frac{\pi}{2}<\theta<\frac{3\pi}{2}\right)$$
であるから，C_1 に沿う積分 I の値 I_1 は
$$I_1 = \int_{C_1} z^{1/2} dz = \int_{-3}^{3} f_1(z)\, dz = [F_1(z)]_{-3}^{3} \quad (3 = 3e^{i0},\ -3 = 3e^{i\pi})$$
$$= \frac{2}{3} \cdot 3\sqrt{3}\, e^{i3\cdot 0/2} - \frac{2}{3} \cdot 3\sqrt{3}\, e^{i3\cdot \pi/2} = 2\sqrt{3}\,(1+i).$$
(§4-3 の例 5 とは，積分路の向きが反対だから，符号が異なる.) ∎

―― 例 5 ――

図 4-16 の C_2 に沿って，例 4 の積分 I の値 I_2 を求めよう．

$z^{1/2}$ の分枝として
$$f_2(z) := \sqrt{r}\, e^{i\theta/2} \quad \left(r>0,\ \frac{\pi}{2}<\theta<\frac{5\pi}{2}\right)$$
と選ぶと，この分枝は $z=-3$，$z=3$ と C_2 全体を含む領域で 1 価正則であ

図 4-16

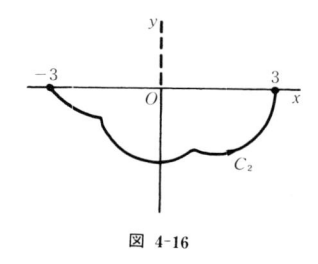

り,この積分には都合がよい.

$$F_2(z)=\frac{2}{3}z^{3/2}=\frac{2}{3}r\sqrt{r}\,e^{i3\theta/2} \quad \left(r>0,\ \frac{\pi}{2}<\theta<\frac{5\pi}{2}\right)$$

は $f_2(z)$ の原始関数である.

$$\therefore\ I_2=\int_{C_2}z^{1/2}dz=\int_{-3}^{3}f_2(z)\,dz=[F_2(z)]_{-3}^{3} \quad (3=3e^{i2\pi},\ -3=3e^{i\pi})$$

$$=\frac{2}{3}\cdot 3\sqrt{3}\,e^{i3\cdot 2\pi/2}-\frac{2}{3}\cdot 3\sqrt{3}\,e^{i3\cdot\pi/2}=2\sqrt{3}\,(-1+i).\quad\blacksquare$$

例 4, 5 において,曲線 C_2-C_1 は原点をひとまわりするジョルダン曲線で正方向をもつ.曲線 C_2-C_1 に沿って積分すると

$$\int_{C_2-C_1}z^{1/2}dz=I_2-I_1=-4\sqrt{3}$$

である.

積分の値が 0 にならないのは,$z=0$ が $z^{1/2}$ の分岐点であるからである.一般に,分岐点のまわりに 1 周積分するとき,積分の値 $=0$ とはならない.

§4-7 コーシーの積分公式

コーシー(・グルサ)の定理と並んで重要なもう 1 つの結果を述べる.

――― 定理 1(コーシーの積分公式)―――
　　正の向きをもった区分的になめらかなジョルダン曲線 C の上と内部で $f(z)$ は正則であるとする.z_0 が C の内部の任意の点のとき,
コーシーの積分公式

(1) $$f(z_0) = \frac{1}{2\pi i}\int_C \frac{f(z)}{z-z_0}dz$$
が成り立つ.

この定理は
"C の内部の点 z_0 における関数の値 $f(z_0)$ が, C 上の点 z における $f(z)$ の値で定まる"
ことを示す.

コーシーの積分公式 (1) を
(2) $$\int_C \frac{f(z)}{z-z_0}dz = 2\pi i f(z_0)$$
と書き直すと, 曲線 C に沿う線積分の値を求める場合に応用できる. 定理を証明する前に, この応用例を1つあげよう.

―― 例 1 ――
C を正方向をもつ円 $|z|=2$ とすると, $f(z)=z/(9-z^2)$ はこの内部と上で正則である.

$z_0 = -i$ とすると, これは C の内部の点であるから, (2) より
$$\int_C \frac{z}{(9-z^2)(z+i)}dz = \int_C \frac{z/(9-z^2)}{z-(-i)}dz = 2\pi i \cdot \frac{-i}{9-(-i)^2} = \frac{\pi}{5}$$
である. ∎

この例のように, 線積分の計算 (§4-3) を実際にせずに, また, 原始関数 (§4-6) も用いないで, 積分の値を求めることができる.

定理1の証明 $f(z)$ は $z=z_0$ で連続であるから, 任意の正数 ε に対して, 適当な正数 δ を選ぶと
$$|z-z_0| < \delta \text{ なるすべての } z \text{ に対して} \quad |f(z)-f(z_0)| < \varepsilon$$
が成り立つ (§2-3).

したがって, ρ を δ より小さく, かつ, 正の向きをもつ円 $C_0 : |z-z_0| = \rho$ が C の内部に含まれるくらい小さくとると,

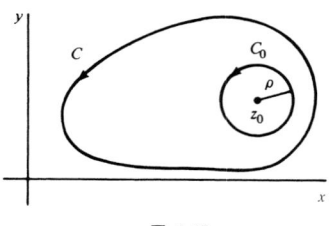

図 4-17

$|z-z_0|=\rho$ なるすべての z に対して $|f(z)-f(z_0)|<\varepsilon$ が成り立つことになる（図 4-17）．

z_0 を除いた C の内部と C の上で，関数 $f(z)/(z-z_0)$ は正則であるから，コーシー・グルサの定理（§4-4 の(5)）によって

$$\int_C \frac{f(z)}{z-z_0}dz = \int_{C_0} \frac{f(z)}{z-z_0}dz.$$

$\therefore \int_C \frac{f(z)}{z-z_0}dz - 2\pi i f(z_0)$

$$= \int_C \frac{f(z)}{z-z_0}dz - f(z_0)\int_{C_0}\frac{1}{z-z_0}dz \quad \text{（練習問題 4-20）}$$

$$= \int_{C_0} \frac{f(z)}{z-z_0}dz - \int_{C_0}\frac{f(z_0)}{z-z_0}dz$$

$$= \int_{C_0} \frac{f(z)-f(z_0)}{z-z_0}dz.$$

$\therefore \left|\int_C \frac{f(z)}{z-z_0}dz - 2\pi i f(z_0)\right| = \left|\int_{C_0}\frac{f(z)-f(z_0)}{z-z_0}dz\right|$

$$\leq \int_{C_0}\frac{|f(z)-f(z_0)|}{|z-z_0|}|dz| \quad \text{（§4-3 の (9)）}$$

$$< \int_{C_0}\frac{\varepsilon}{\rho}|dz| = \frac{\varepsilon}{\rho}\cdot 2\pi\rho = 2\pi\varepsilon.$$

この左辺は負でない定数であり，これが任意に小さい正数 $2\pi\varepsilon$ より小であるから，0 でなければならない．

$$\therefore \int_C \frac{f(z)}{z-z_0}dz = 2\pi i f(z_0). \quad \blacksquare$$

コーシーの積分公式 (1) で記号を変えて次のように書き直す．z を C の内部の任意の点として

(3) $\quad f(z) = \dfrac{1}{2\pi i} \displaystyle\int_C \dfrac{f(s)}{s-z} ds.$

これを用いて，"正則関数の導関数が正則である"ことを述べた次の定理を導くことができる．

定理 2

区分的になめらかなジョルダン曲線 C で囲まれた領域を D とする．このとき，

$\quad f(z)$ が D で正則 $\implies$ $f'(z),\ f''(z),\ \cdots$ は D で正則

証明 段階に分けて証明しよう．

$1°$ まず，$f'(z)$ が存在し

(4) $\quad f'(z) = \dfrac{1}{2\pi i} \displaystyle\int_C \dfrac{f(s)}{(s-z)^2} ds$

であることを示そう．

((4) は (3) の右辺を形式的に z で微分したものであることに注意する：

$$\dfrac{d}{dz} f(z) = \dfrac{1}{2\pi i} \int_C \dfrac{\partial}{\partial z} \dfrac{f(s)}{s-z} ds = \dfrac{1}{2\pi i} \int_C \dfrac{f(s)}{(s-z)^2} ds.)$$

コーシーの積分公式 (3) を用いると，

(5) $\quad \begin{aligned}\dfrac{f(z+\varDelta z)-f(z)}{\varDelta z} &= \left(\dfrac{1}{2\pi i}\int_C \dfrac{f(s)}{s-z-\varDelta z} ds - \dfrac{1}{2\pi i}\int_C \dfrac{f(s)}{s-z} ds\right)\dfrac{1}{\varDelta z} \\ &= \dfrac{1}{2\pi i}\int_C \left(\dfrac{1}{s-z-\varDelta z} - \dfrac{1}{s-z}\right)\dfrac{f(s)}{\varDelta z} ds \\ &= \dfrac{1}{2\pi i}\int_C \dfrac{f(s)}{(s-z-\varDelta z)(s-z)} ds.\end{aligned}$

$\varDelta z$ を，点 z と C との距離を d とするとき，$0 < |\varDelta z| < d$ であるように小さくとる．

$\varDelta z \to 0$ のとき，(5) の最後の式の極限が

$$\int_C \dfrac{f(s)}{(s-z)^2} ds$$

であることがわかればよい．そのためには，2 つの差

$$\int_C \dfrac{f(s)}{(s-z-\varDelta z)(s-z)} ds - \int_C \dfrac{f(s)}{(s-z)^2} ds$$

$$= \Delta z \int_C \frac{f(s)}{(s-z-\Delta z)(s-z)^2} ds$$

が，$\Delta z \to 0$ のとき，$\to 0$ となることを示せばよい．

$|s-z| \geq d$ だから，

$$|s-z-\Delta z| \geq ||s-z|-|\Delta z|| \geq d - |\Delta z| > 0$$

であることに注意し，$|f(s)|$ の C 上における最大値を M, C の長さを L とおくと，

$$\left| \Delta z \int_C \frac{f(s)}{(s-z-\Delta z)(s-z)^2} ds \right|$$
$$\leq |\Delta z| \int_C \frac{|f(s)|}{|s-z-\Delta z||s-z|^2} |ds| \quad (\S 4\text{-}3 \,\mathcal{O}\,(9))$$
$$\leq |\Delta z| \int_C \frac{M}{(d-|\Delta z|)d^2} |ds|$$
$$= \frac{|\Delta z|M}{(d-|\Delta z|)d^2} \int_C |ds| = \frac{|\Delta z|ML}{(d-|\Delta z|)d^2}.$$

よって，$\Delta z \to 0$ のとき，最後の式 $\to 0$ であるから，

$$\lim_{\Delta z \to 0} \frac{f(z+\Delta z) - f(z)}{\Delta z} = \frac{1}{2\pi i} \int_C \frac{f(s)}{(s-z)^2} ds$$

が成り立つ，したがって(4)が成り立つことがわかった．

2° 次に，$f'(z)$ の導関数 $f''(z)$ が存在し

(6) $$f''(z) = \frac{1}{\pi i} \int_C \frac{f(s)}{(s-z)^3} ds$$

が成り立つことを示そう．

(この式は (3) を z で 2 回形式的に微分したもの，すなわち，(4) を z で 1 回微分したものであることに注意する：

$$f''(z) = \frac{1}{2\pi i} \int_C \frac{\partial^2}{\partial z^2} \frac{f(s)}{s-z} ds = \frac{1}{2\pi i} \int_C \frac{\partial}{\partial z} \frac{f(s)}{(s-z)^2} ds$$
$$= \frac{1}{2\pi i} \int_C \frac{2f(s)}{(s-z)^3} ds = \frac{1}{\pi i} \int_C \frac{f(s)}{(s-z)^3} ds.)$$

Δz を 1° と同様に $0 < |\Delta z| < d$ ととり，(4) を用いると

$$\frac{f'(z+\Delta z) - f'(z)}{\Delta z} = \frac{1}{2\pi i} \int_C \left(\frac{1}{(s-z-\Delta z)^2} - \frac{1}{(s-z)^2} \right) \frac{f(s)}{\Delta z} ds$$
$$= \frac{1}{2\pi i} \int_C \frac{2(s-z) - \Delta z}{(s-z-\Delta z)^2 (s-z)^2} f(s) ds.$$

$$\therefore \quad \left| \int_C \left(\frac{2(s-z)-\Delta z}{(s-z-\Delta z)^2(s-z)^2} - \frac{2}{(s-z)^3} \right) f(s)\,ds \right|$$

$$= \left| \int_C \frac{3(s-z)\Delta z - 2(\Delta z)^2}{(s-z-\Delta z)^2(s-z)^3} f(s)\,ds \right|$$

$$\leq \int_C \frac{3|s-z||\Delta z| + 2|\Delta z|^2}{|s-z-\Delta z|^2|s-z|^3} |f(s)||ds|$$

$$\leq \int_C \frac{3d'|\Delta z| + 2|\Delta z|^2}{(d-|\Delta z|)^2 d^3} M|ds| = \frac{3d'|\Delta z| + 2|\Delta z|^2}{(d-|\Delta z|)^2 d^3} ML.$$

ただし，d' は z と C 上の点 s との最大距離である．

$\Delta z \to 0$ のとき，最後の分数 $\to 0$ であるから，(6) が成り立つことが示された．

3° $f'(z),\ f''(z)$ の式 (4), (6) を得たのと同様の方法で，微分と積分が混じった，いわば**コーシーの微積分公式**

$$(7) \qquad f^{(n)}(z) = \frac{n!}{2\pi i} \int_C \frac{f(s)}{(s-z)^{n+1}} ds \quad (n = 1, 2, \cdots)$$

が成り立つことがわかる．$f^{(0)}(z) = f(z),\ 0! = 1$ とおけば，$n=0$ の場合 (7) はコーシーの積分公式 (3) である．

(この公式 (7) は (3) を形式的に z について n 回微分したものである：

$$f^{(n)}(z) = \frac{1}{2\pi i} \int_C \frac{\partial^n}{\partial z^n} \frac{f(s)}{s-z} ds = \frac{n!}{2\pi i} \int_C \frac{f(s)}{(s-z)^{n+1}} ds.)$$

4° $f''(z)$ の存在が 2° で示されたから，$f'(z)$ は正則である．3° で $f'''(z)$ の存在がわかるから，$f''(z)$ は正則である．… という具合に，3° から，一般にすべての導関数が正則である（数学的帰納法を用いる）． ∎

今までの曲線 C はジョルダン曲線であったが，多重連結領域の境界の場合でも，§4-4 と同様に考えて公式 (3)，(7) が成り立つことがわかる．

たとえば，ジョルダン曲線 C_1 とその内部にあるジョルダン曲線 C_0 とで囲まれた領域で $f(z)$ が正則ならば

$$(8) \qquad f^{(n)}(z) = \frac{n!}{2\pi i} \int_{C_1} \frac{f(s)}{(s-z)^{n+1}} ds - \frac{n!}{2\pi i} \int_{C_0} \frac{f(s)}{(s-z)^{n+1}} ds$$
$$(n = 0, 1, 2, \cdots)$$

である．

z_0 を C の内部の定点として，(3) と (7) を

$$(9) \quad \int_C \frac{f(z)}{(z-z_0)^{n+1}} dz = \frac{2\pi i}{n!} f^{(n)}(z_0) \quad (n = 0, 1, 2, \cdots)$$

と変形することにより，(9) の左辺の積分の値を求めることができる．$n=0$ の場合が (2) である．

—— **例 2** ——

z_0 が，正の向きをもつ区分的になめらかなジョルダン曲線 C の内部の点で，$f(z) = 1$ のとき，$f^{(n)}(z_0) = 0$ $(n = 1, 2, \cdots)$ であるから，(9) より

$$\int_C \frac{dz}{z-z_0} = 2\pi i, \quad \int_C \frac{dz}{(z-z_0)^{n+1}} = 0 \ (n = 1, 2, \cdots)$$

が成り立つ (練習問題 4–20 と比較せよ)．■

—— **例 3** ——

C が正の向きをもつ円 $|z-i| = 2$ のとき，積分

$$\int_C \frac{dz}{(z^2+4)^2}$$

の値を (9) を用いて求めてみよう．

$$\frac{1}{(z^2+4)^2} = \frac{1}{(z+2i)^2(z-2i)^2}$$

である．$2i$ は C の内部の点である．

$z_0 = 2i$, $n = 1$, $f(z) = (z+2i)^{-2}$ とおく．

$$\therefore \int_C \frac{dz}{(z^2+4)^2} = \int_C \frac{(z+2i)^{-2}}{(z-2i)^2} dz = 2\pi i [\{(z+2i)^{-2}\}']_{z=2i}$$

$$= 2\pi i \{-2(4i)^{-3}\} = \frac{\pi}{16}. \quad ■$$

定理 2 から次のことがわかる．

—— **定理 3** ——

正則関数 $f(z) = u(x, y) + iv(x, y)$ の実部 $u(x, y)$，虚部 $v(x, y)$ の任意の階数の偏導関数は連続である．

証明 前定理から $f(z)$ が正則ならば $f'(z)$ も正則である．したがって，当然 $f'(z)$ は連続である．ところで，

$$f'(z) = u_x + iv_x = v_y - iu_y$$

である (§2-5 の (3), (4)) から，u と v の 1 階偏導関数はすべて連続である (§2-3 の定理 2 を参照).

$f''(z)$ も正則であるから，$f''(z)$ は連続であり

$$f''(z) = u_{xx} + iv_{xx} = v_{yx} - iu_{yx}$$

などから，u と v の 2 階偏導関数もすべて連続である．

一般に，数学的帰納法により，u と v の任意の階数の偏導関数が連続であることがわかる． ∎

この結果はすでに §2-6 の定理 3 を証明するときに用いた．

次に，コーシー・グルサの定理の逆が成り立つことを示そう．

定理 4（モレラの定理）

関数 $f(z)$ は領域 D で連続であるとする．このとき，

D 内の任意のジョルダン曲線 C に対して $\int_C f(z)\,dz = 0$

$\implies$ $f(z)$ は D で正則．

（領域 D は単連結でなくてもよい.）

証明 D 内の 2 点 z_1, z_2 を結ぶ曲線に沿う線積分の値は，仮定によって，曲線に無関係に定まるから，§4-6 の定理 3 より，$f(z)$ は原始関数をもつ．すなわち，D の各点で $F'(z) = f(z)$ となる正則関数 $F(z)$ が存在する．

ところで，正則関数の導関数は正則である（定理 2）から，$F'(z)$，すなわち，$f(z)$ は正則である． ∎

練 習 問 題

§4-1 実変数複素数値関数の定積分，§4-2 複素平面上の曲線

4-1 次の積分の値を求めよ．

(a) $\int_0^1 (1+it^2)\,dt$ (b) $\int_0^{\pi/4} e^{it}\,dt$ (c) $\int_0^\infty e^{-zt}\,dt$

4-2 m, n を整数とするとき

$$\int_0^{2\pi} e^{im\theta}e^{-in\theta}d\theta = \begin{cases} 0 & (m \neq n) \\ 2\pi & (m=n) \end{cases}$$

であることを示せ．

4-3 $w(t) = u(t) + iv(t)$ のとき
$$\int_{-b}^{-a} w(-t)\,dt = \int_a^b w(\tau)\,d\tau$$

であることを示せ．

4-4 $-1 \leq x \leq 1$ のとき
$$P_n(x) = \frac{1}{\pi}\int_0^\pi (x + i\sqrt{1-x^2}\cos\theta)^n d\theta \quad (n=0,1,2,\cdots)$$

は不等式 $|P_n(x)| \leq 1$ を満たすことを示せ．

$P_n(x)$ は**ルジャンドルの多項式**とよばれる多項式である．

4-5 $u(t), v(t)$ が $-a \leq t \leq a$ で連続であるとする．$w(t) = u(t) + iv(t)$ の積分について次が成り立つことを示せ．

$$\int_{-a}^a w(t)\,dt = \begin{cases} 2\int_0^a w(t)\,dt & (w(-t) = w(t) \text{ のとき}) \\ 0 & (w(-t) = -w(t) \text{ のとき}) \end{cases}$$

§4-3 線 積 分

4-6 (a) C は $z=0$ と $z=1+i$ を結ぶ線分

(b) C は $z=0, z=i$ を結ぶ線分と $z=i, z=1+i$ を結ぶ線分からなる折れ線

であるとき，$I = \int_C (y - x - i3x^2)\,dz$ を求めよ．

4-7 (a) $C : z = 2e^{i\theta} \quad (0 \leq \theta \leq \pi)$

(b) $C : z = 2e^{i\theta} \quad (\pi \leq \theta \leq 2\pi)$

(c) $C : z = 2e^{i\theta} \quad (0 \leq \theta \leq 2\pi)$

のとき，$I = \int_C \frac{z+2}{z}dz$ を求めよ．

4-8 (a) $C : z = 1 + e^{i\theta} \quad (\pi \leq \theta \leq 2\pi)$

(b) $C : 0 \leq x \leq 2, y = 0$

のとき，$I = \int_C (z-1)\,dz$ を求めよ．

4-9 C が $y = x^3$ の $z = -1-i$ から $z = 1+i$ の部分，
$$f(z) = \begin{cases} 4y & (y > 0) \\ 1 & (y < 0) \end{cases}$$

のとき，$I=\int_C f(z)dz$ を求めよ．

4-10 C の始点が $z=\pi i$，終点が $z=1$ で
 (a) 両点を結ぶ線分
 (b) 座標軸に沿って両点を結ぶ折れ線
 であるとき，$I=\int_C e^z dz$ を求めよ．

4-11 C は $|z|=1$ で正方向をもつとき
$$\int_C z^m \bar{z}^n dz$$
を練習問題 4-2 を参照して求めよ．

4-12 C は練習問題 4-11 と同じもので，
$$z^{-1+i} = \exp\{(-1+i)\log z\} \quad (|z|>0,\ 0<\arg z<2\pi)$$
のとき，$\int_C z^{-1+i} dz$ を求めよ．

4-13 C は 4 点 $z=0$，$z=1$，$z=1+i$，$z=i$ を結ぶ正方形の周で正方向をもつとき，$\int_C (3z+1)dz$ を求めよ．

4-14 C は練習問題 4-13 と同じであるとして，
$$\int_C \pi \exp(\pi \bar{z}) dz$$
を求めよ．

4-15 $C : z = x + i\sqrt{1-x^2} \quad (-1 \le x \le 1)$
のとき，$\int_C \bar{z} dz$ を求めよ．

4-16 C は $|z|=2$ の $z=2$ から $z=2i$ の部分とするとき
$$\left| \int_C \frac{1}{z^2-1} dz \right| \le \frac{\pi}{3}$$
であることを示せ．

4-17 C は $z=i$ と $z=1$ を結ぶ線分であるとき
$$\left| \int_C \frac{dz}{z^4} \right| \le 4\sqrt{2}$$
であることを示せ．

4-18 2 点 $z=z_1$，$z=z_2$ がなめらかな曲線で結ばれているとき，曲線には無関係に次の積分の値が定まることを，積分の定義 (2) に従って示せ．
$$\int_{z_1}^{z_2} dz = z_2 - z_1, \quad \int_{z_1}^{z_2} z\, dz = \frac{z_2^2 - z_1^2}{2}$$

4-19 (a) C_0 は $|z-z_0|=R$ で正の向きをもち, $f(z)$ は C_0 上で区分的に連続であるとき
$$\int_{C_0} f(z)\,dz = iR\int_{-\pi}^{\pi} f(z_0+Re^{i\theta})e^{i\theta}d\theta$$
であることを示せ.

(b) C_0 は (a) と同じもの, C は $|z|=R$ で正の向きをもち, $f(z)$ は C 上で区分的に連続であるとき, (a) を用いて
$$\int_C f(z)\,dz = \int_{C_0} f(z-z_0)\,dz$$
が成り立つことを示せ.

4-20 C_0 は $|z-z_0|=R$ で正の向きをもつとする. 練習問題 4-19 を用いて, 次が成り立つことを示せ.

(a) $\displaystyle\int_{C_0} \frac{dz}{z-z_0} = 2\pi i$ (b) $\displaystyle\int_{C_0} (z-z_0)^n dz = 0$ ($n \neq -1$ なる整数)

(c) $\displaystyle\int_{C_0} (z-z_0)^{a-1}dz = i\frac{2R^a}{a}\sin(a\pi)$

($a \neq 0$ なる実数. $(z-z_0)^{a-1}$ の主枝をとる.)

§4-4 コーシー・グルサの定理

4-21 次の各関数が1価正則であるような領域で最大のものを求めよ. また, C がジョルダン曲線 $|z|=1$ であるとき, コーシー・グルサの定理を用いて
$$\int_C f(z)\,dz = 0$$
であることを示せ.

(a) $f(z)=\dfrac{z^2}{z-3}$ (b) $f(z)=ze^{-z}$ (c) $f(z)=\dfrac{1}{z^2+2z+2}$

(d) $f(z)=\tan z$ (e) $f(z)=\text{Log}(z+2)$

4-22 C_1 を円 $|z|=4$, C_2 を4点 $z=1\pm i$, $z=-1\pm i$ を結ぶ正方形の周, C_1 と C_2 の間の領域を D とする. D の境界 C_1, C_2 に, D が境界の左にあるように向きをつけたものを B とする. このとき, 次の各関数に対して
$$\int_B f(z)\,dz = 0$$
であることを示せ.

(a) $f(z)=\dfrac{1}{3z^2+1}$ (b) $f(z)=\dfrac{z+2}{\sin(z/2)}$ (c) $f(z)=\dfrac{z}{1-e^z}$

4-23 §4-4 の(6)を導け.

4-24 正方向をもつ半円 $0 \leq r \leq 1$, $0 \leq \theta \leq \pi$ の周を C,

$$f(z)=z^{1/2}=\begin{cases} 0 & (z=0) \\ \sqrt{r}\,e^{i\theta/2} & \left(r>0,\ -\dfrac{\pi}{2}<\theta<\dfrac{3\pi}{2}\right) \end{cases}$$

とするとき，

$$\int_C f(z)\,dz=0$$

であることを，半円上の積分と2つの半径上の積分の3つに分けて積分の値を求めることによって示せ．コーシー・グルサの定理を適用できるか．

4-25 (a) 曲線 C_1 は $z=0$ から $z=1$ に向きをもつ曲線

$$y=\begin{cases} 0 & (x=0) \\ x^3\sin\dfrac{\pi}{x} & (0<x\le 1) \end{cases}$$

($x=0$ のとき $y'=0$) で，これがなめらかな曲線であることは既知とする（図 4-18）．C_2 は実軸上の線分で $z=1$ から $z=0$ に向きをもつものとする．区分的になめらかな閉じた曲線 C_1+C_2 を C とするとき，C は自分自身と $z=1/n$ $(n=2,3,\cdots)$ で交わることを示せ．

(b) C_3 は図 4-18 のように，$z=0$ から $z=1$ に向きをもつなめらかな曲線で，自分自身にも C_1, C_2 とも交わらないで，第1象限にあるものとする．$f(z)$ が，C_1, C_2, C_3 を内部に含む領域 D で正則であるとき，コーシー・グルサの定理を用いて

$$\int_{C_1} f(z)\,dz=\int_{C_3} f(z)\,dz,\quad \int_{C_2} f(z)\,dz=-\int_{C_3} f(z)\,dz$$

であることを示せ．

(c) C は自分自身と無限個の点で交わるが，(b) から

$$\int_C f(z)\,dz=0$$

であることを示せ．

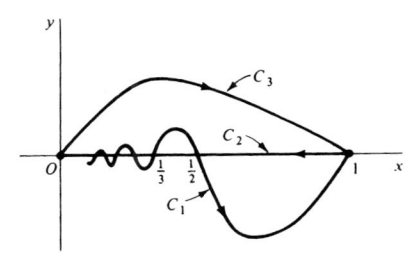

図 4-18

§4-5　コーシー・グルサの定理の証明

4-26 閉区間の無限列

$$a_n \leq x \leq b_n \quad (n=0, 1, 2, \cdots)$$

を次のようにつくる．

区間 $a_1 \leq x \leq b_1$ は $a_0 \leq x \leq b_0$ の右半分か左半分，

$a_2 \leq x \leq b_2$ は $a_1 \leq x \leq b_1$ の右半分か左半分，

$a_3 \leq x \leq b_3$ は $a_2 \leq x \leq b_2$ の右半分か左半分，….

このとき，すべての区間 $a_n \leq x \leq b_n$ $(n=0, 1, 2, \cdots)$ に属する点 x_0 が存在することを示せ．これを**区間縮小法**という．

（ヒント：区間の左端 a_n の列 $\{a_n\}$ は有界で非減少である：$a_0 \leq a_n \leq a_{n+1} < b_0$．したがって，$\lim_{n\to\infty} a_n = A$ が存在する．同様に考えて，$\lim_{n\to\infty} b_n = B$ が存在する．$|A-B| \leq |A-a_n| + |a_n-b_n| + |b_n-B|$ から $A=B$ であることを示し，$x_0 = A = B$ とおけ．）

4-27 座標軸に平行な辺をもつ正方形

$$\sigma_0 : a_0 \leq x \leq b_0, \quad c_0 \leq y \leq d_0 \quad (b_0 - a_0 = d_0 - c_0)$$

を，同じ大きさの4つの正方形に分割する．このうちの1つを

$$\sigma_1 : a_1 \leq x \leq b_1, \quad c_1 \leq y \leq d_1 \quad (b_1 - a_1 = d_1 - c_1)$$

とし，σ_1 を分割し同じ大きさの4つの正方形に分ける．このうちの1つを

$$\sigma_2 : a_2 \leq x \leq b_2, \quad c_2 \leq y \leq d_2 \quad (b_2 - a_2 = d_2 - c_2)$$

とする．σ_2 を分割し，… ということを続けて，正方形の列

$$\sigma_0, \ \sigma_1, \ \sigma_2, \ \cdots$$

をつくる．このとき，この列のすべての正方形に属する点 (x_0, y_0) が存在することを示せ．

（ヒント：上の問題 4-26 の結果を，2つの閉区間の列 $a_n \leq x \leq b_n,\ c_n \leq y \leq d_n$ に適用せよ．）

§4-6　原始関数と線積分

4-28 z_1 と z_2 を結ぶ任意の区分的になめらかな曲線 C に対して

$$\int_C z^n dz = \frac{1}{n+1}(z_2^{n+1} - z_1^{n+1}) \quad (n=0, 1, 2, \cdots)$$

であることを，原始関数を用いて示せ．

4-29 積分路に無関係に積分の値が定まることを示し，その値を求めよ．

(a) $\displaystyle\int_i^{i/2} e^{\pi z} dz$　　(b) $\displaystyle\int_0^{\pi+2i} \cos \frac{z}{2} dz$　　(c) $\displaystyle\int_1^3 (z-2)^3 dz$

4-30 原始関数を用いて
$$\int_C (z-z_0)^n dz = 0 \quad (n \neq -1 \text{ なる整数})$$
を示せ．ただし，C は点 z_0 を通らない区分的になめらかなジョルダン曲線である．(練習問題 4-20 と比較せよ．)

4-31 (a) $1/z$ の原始関数として，対数関数の分枝
$$\log z = \text{Log } r + i\theta \quad (r>0,\ 0<\theta<2\pi)$$
を選び，
$$\int_{-2i}^{2i} \frac{dz}{z} = -\pi i$$
であることを示せ．ただし，積分路は円 $|z|=2$ の $-2i$ から $2i$ までの左半分である．

(b) (a) と §4-6 の例3から，C が正方向をもつ円 $|z|=2$ のとき
$$\int_C \frac{dz}{z} = 2\pi i$$
であることを示せ (練習問題 4-20(a) と比較せよ．)

4-32 被積分関数 z^i とその原始関数の分枝を適当に選ぶことにより
$$\int_{-1}^{1} z^i dz = \frac{1+e^{-\pi}}{2}(1-i)$$
であることを示せ．ただし，積分路は -1 と 1 を結ぶなめらかな曲線で第1,2象限にあるものとする．

§4-7 コーシーの積分公式

4-33 4辺が直線 $x=\pm 2,\ y=\pm 2$ の正方形の周囲を C とし，向きは正方向であるとする．次の積分の値を求めよ．

(a) $\displaystyle\int_C \frac{e^{-z}}{z-\pi i/2} dz$ (b) $\displaystyle\int_C \frac{\cos z}{z(z^2+8)} dz$ (c) $\displaystyle\int_C \frac{z}{2z+1} dz$

(d) $\displaystyle\int_C \frac{\tan(z/2)}{(z-x_0)^2} dz \quad (-2<x_0<2)$ (e) $\displaystyle\int_C \frac{\cosh z}{z^4} dz$

4-34 C が正方向をもつ円 $|z-i|=2$ のとき，次の積分の値を求めよ．

(a) $\displaystyle\int_C \frac{dz}{z^2+4}$ (b) $\displaystyle\int_C \frac{dz}{(z^2+4)^3}$ (c) $\displaystyle\int_C \frac{\sin z}{e^z z^2} dz$

4-35 C が正方向をもつ円 $|z|=3$ とする．積分
$$g(z) = \int_C \frac{2s^2-s-2}{s-z} ds \quad (|z| \neq 3)$$
に対して

(a) $g(2)$ を求めよ．

(b) $|z|>3$ のときの $g(z)$ の値を求めよ．

4-36 C が区分的になめらかなジョルダン曲線で
$$g(z)=\int_C \frac{s^3+2s}{(s-z)^3}ds$$
とするとき
$$g(z)=\begin{cases} 6\pi iz & (z\text{ が }C\text{ の内部にある}) \\ 0 & (z\text{ が }C\text{ の外にある}) \end{cases}$$
であることを示せ．

4-37 区分的になめらかなジョルダン曲線 C の上と内部で $f(z)$ は正則，z_0 は C 上にない点とするとき
$$\int_C \frac{f'(z)}{z-z_0}dz=\int_C \frac{f(z)}{(z-z_0)^2}dz$$
であることを証明せよ．

4-38 区分的になめらかなジョルダン曲線 C の上で関数 $f(z)$ が連続であるとき，関数
$$g(z)=\frac{1}{2\pi i}\int_C \frac{f(s)}{s-z}ds$$
は C の内部の点 z において正則であり，
$$g'(z)=\frac{1}{2\pi i}\int_C \frac{f(s)}{(s-z)^2}ds$$
であることを示せ．

4-39 (a) C が単位円 $z=e^{i\theta}$ ($-\pi\leqq\theta\leqq\pi$)，a が任意の実数であるとき
$$\int_C \frac{e^{az}}{z}dz=2\pi i$$
が成り立つことを示せ．

(b) (a) の積分変数を θ に代えて
$$\int_0^\pi e^{a\cos\theta}\cos(a\sin\theta)d\theta=\pi$$
が成り立つことを導け．

4-40 (a) 2 項定理（練習問題 1-8 ）を用いて
$$P_n(z)=\frac{1}{n!2^n}\frac{d^n}{dz^n}(z^2-1)^n \quad (n=0,1,2,\cdots)$$
が n 次の多項式であることを示せ．$P_n(z)$ は**ルジャンドルの多項式**とよばれる（練習問題 4-4 を参照）．

(b) C を正方向で区分的になめらかなジョルダン曲線，z を C の内部の点

とする．このとき，コーシーの微積分公式(7)を用いて，ルジャンドルの多項式が

$$P_n(z) = \frac{1}{2^{n+1}\pi i} \int_C \frac{(s^2-1)^n}{(s-z)^{n+1}} ds \quad (n=0, 1, 2, \cdots)$$

と表されることを示せ．

(c) $z=1$ のとき，(b) の被積分関数が

$$\frac{(s+1)^n}{s-1}$$

であることと，

$$P_n(1) = 1 \quad (n=0, 1, 2, \cdots)$$

であることを示せ．

(d) $\quad P_n(-1) = (-1)^n \quad (n=0, 1, 2, \cdots)$

であることを示せ．

第5章

級　　　数

この章では，おもに，正則関数をべき級数の形に表すことができることについて考える．べき級数展開ができることを保証する定理を証明し，また，べき級数展開するいろいろな方法についても考える．

§5-1 数列・級数

複素数の無限数列 $\{z_n\}_{n=1}^{\infty}$：

$$z_1, \quad z_2, \quad \cdots, \quad z_n, \quad \cdots$$

は，次の(1)が成り立つとき，**極限**（または**極限値**）z をもつ，または，この数列は z に**収束する**といい $\lim_{n\to\infty} z_n = z$，または $z_n \to z \, (n \to \infty)$ と書く．

任意の正数 ε に対して，自然数 n_0 があって，不等式

(1) $\qquad |z_n - z| < \varepsilon \quad (n > n_0)$

が成り立つ．

これを幾何的に解釈すると，十分大きな番号（n_0 より大きい番号）をもつ

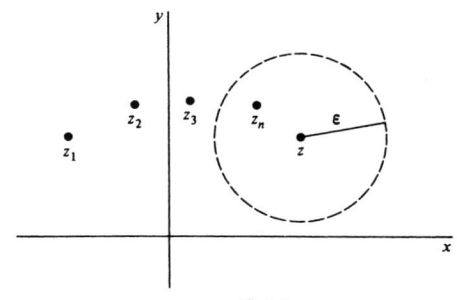

図 5-1

点 z_n は z の ε 近傍に入っていること（図5-1）を意味する．

数列の極限は，存在すれば，ただ1つである．証明は，関数の極限の場合（§2-2の定理1）と同様にできる．

極限が存在しない場合，その数列は**発散する**という．

定理 1

$z_n = x_n + i y_n$ $(n=1, 2, \cdots)$, $z = x + iy$ とするとき，

(2) $\quad \lim_{n \to \infty} z_n = z \iff \lim_{n \to \infty} x_n = x, \ \lim_{n \to \infty} y_n = y.$

すなわち，複素数列が収束するのは，実部と虚部がそれぞれ収束することである．

証明は，関数の場合（§2-2の定理3）と同様の方法でできる．

例 1

数列 $\{z_n\}_{n=1}^{\infty}$

$$z_n = -2 + i \frac{(-1)^n}{n^2}$$

は，$|z_n + 2| = 1/n^2 \to 0$ $(n \to \infty)$ だから，$\lim_{n \to \infty} z_n = -2$ である．

これは(1)に従うと，任意の正数 ε に対して $|z_n + 2| = 1/n^2 < \varepsilon$ が成り立てばよいから，$n_0 = [1/\sqrt{\varepsilon}]$ とおけば，$n > n_0$ なる n に対して $|z_n + 2| < \varepsilon$ となる．

または，

$$x_n = \operatorname{Re} z_n = -2, \quad y_n = \operatorname{Im} z_n = \frac{(-1)^n}{n^2}$$

とおけば，

$$\lim_{n \to \infty} x_n = -2, \quad \lim_{n \to \infty} y_n = 0.$$

$\therefore \ \lim_{n \to \infty} z_n = \lim_{n \to \infty} x_n + i \lim_{n \to \infty} y_n = -2 + i0 = -2.$ ∎

複素数の級数

$$\sum_{n=1}^{\infty} z_n = z_1 + z_2 + z_3 + \cdots + z_n + \cdots$$

が S に**収束する**とは，
$$S_N = \sum_{n=1}^{N} z_n = z_1 + z_2 + \cdots + z_N$$
のつくる数列 $\{S_N\}$ が収束することである．S_N を**第 N 部分和**，S をこの級数の**和**といい，
$$\sum_{n=1}^{\infty} z_n = S$$
と書く．

級数の和も，存在すれば，ただ 1 つである．和をもたない場合は**発散する**という．

定理 2

$z_n = x_n + iy_n \; (n=1, 2, \cdots)$, $S = X + iY$ とするとき，

(3) $\quad \sum_{n=1}^{\infty} z_n = S \iff \sum_{n=1}^{\infty} x_n = X, \; \sum_{n=1}^{\infty} y_n = Y.$

部分和を $S_N = X_N + iY_N$ とおくと，定理 1 により，数列 $\{X_N\}, \{Y_N\}$ が収束することと $\{S_N\}$ が収束することが同値であることから，この定理が証明される．

$\lim_{N \to \infty} \sum_{n=1}^{N} z_n = S$ のとき，
$$S = \sum_{n=1}^{N} z_n + \sum_{n=N+1}^{\infty} z_n = S_N + \rho_N$$
(ρ_N は**余り**という) と書くと，$N \to \infty$ のとき
$$\lceil S_N \to S \iff \rho_N \to 0 \rfloor$$
であるから，

定理 3

無限級数が収束するための必要十分条件は，余りが 0 に収束することである．

無限級数で重要なものは，**べき級数**とよばれる

$$\sum_{n=0}^{\infty} a_n(z-z_0)^n$$
$$= a_0 + a_1(z-z_0) + a_2(z-z_0)^2 + \cdots + a_n(z-z_0)^n + \cdots$$
(z_0, a_n は複素定数)

の形をした級数である．

---- **定理 4** ----

　　$D: |z-z_0| < R$ の各点 z で収束するべき級数 $\sum_{n=0}^{\infty} a_n(z-z_0)^n$ は D で連続な関数である．

証明　まず，$z_0 = 0$ の場合に証明しよう．
$$S(z) = \sum_{n=0}^{\infty} a_n z^n = \sum_{n=0}^{N} a_n z^n + \sum_{n=N+1}^{\infty} a_n z^n = S_N(z) + \rho_N(z)$$
とおく．$S(z)$ は収束するから余り $\rho_N(z)$ について，任意の正数 ε に対し，N を十分大きくとるとき，
$$|\rho_N(z)| < \varepsilon.$$
$S_N(z)$ は N 次多項式だから連続関数である．よって，z_1 を D の任意の点とすると，任意の正数 ε に対して，適当な正数 δ があって，
$$|z-z_1| < \delta \quad \text{のとき} \quad |S_N(z) - S_N(z_1)| < \varepsilon.$$
$$\therefore \quad |S(z) - S(z_1)| \leq |S_N(z) - S_N(z_1)| + |\rho_N(z)| + |\rho_N(z_1)| < 3\varepsilon.$$
$z_0 \neq 0$ の場合は，上の証明で z の代わりに $z-z_0$ とおけばよい．∎

べき級数ついては次節以下（とくに§5-4）で詳しく扱われる．

---- **例 2** ----

練習問題 1-33 から，
$$1 + z + z^2 + \cdots + z^N = \frac{1-z^{N+1}}{1-z} \quad (z \neq 1)$$
であるから，
$$S_N = 1 + z + z^2 + \cdots + z^N, \quad \rho_N = \frac{z^{N+1}}{1-z}, \quad S = \frac{1}{1-z}$$
とおくと，

$$S - S_N = \rho_N.$$

$$\therefore \quad |S - S_N| = |\rho_N| = \frac{|z|^{N+1}}{|1-z|} \to 0 \quad (|z| < 1, \ N \to \infty).$$

$$\therefore \quad \lim_{N \to \infty} S_N = S.$$

$$\therefore \quad \sum_{n=0}^{\infty} z^n = \frac{1}{1-z} \quad (|z| < 1).$$

べき級数 $\sum_{n=0}^{\infty} z^n$ は $D: |z| < 1$ で収束し，その極限 $1/(1-z)$ は D で連続な関数である． ∎

§5-2 テーラー級数

テーラーの定理はこの章の重要な結果の1つである．

テーラーの定理

中心が z_0，半径が R の円 C の内部で関数 $f(z)$ が正則であるとき，C 内の点 z において $f(z)$ は

(1) $$f(z) = f(z_0) + \frac{f'(z_0)}{1!}(z-z_0) + \frac{f''(z_0)}{2!}(z-z_0)^2 + \cdots + \frac{f^{(n)}(z_0)}{n!}(z-z_0)^n + \cdots$$

の形のべき級数に展開できる．すなわち，右辺のべき級数は $|z-z_0| < R$ なる z に対して収束し，その極限は $f(z)$ に等しい．

このべき級数は，点 z_0 のまわりの $f(z)$ の**テーラー級数**（または**テーラー級数展開，テーラー展開**）とよばれ，実変数関数の微分積分学に現れたものを複素変数関数に適用した形である．

証明 1° まず，$z_0 = 0$ の場合について証明しよう．

原点を中心とする半径 R の円 C の内部の任意の点を1つ固定し，それを z とする．

$|z| = r\ (< R)$ とし，中心が原点，半径が $R_1\ (r < R_1 < R)$ で正の方向をもつ円を C_1 とする．C_1 上の点を s で表すと，$|s| = R_1$ である（図5-3）．

図 5-2　　　　　　図 5-3

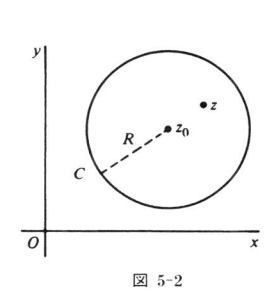

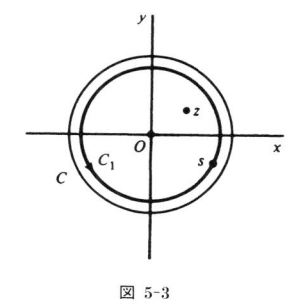

z が C_1 の内部にあり，$f(z)$ は C_1 の上と C_1 の内部で正則であるから，コーシーの積分公式によって，

(2) $$f(z)=\frac{1}{2\pi i}\int_{C_1}\frac{f(s)}{s-z}ds$$

である．被積分関数のうち，$1/(s-z)$ を

$$\frac{1}{s-z}=\frac{1}{s}\cdot\frac{1}{1-z/s}$$

と変形し，

$$\frac{1}{1-c}=1+c+c^2+\cdots+c^{N-1}+\frac{c^N}{1-c} \quad (c\neq 1\,;\,N=1,2,\cdots)$$

を適用すると

$$\frac{1}{s-z}=\frac{1}{s}\left\{1+\left(\frac{z}{s}\right)+\left(\frac{z}{s}\right)^2+\cdots+\left(\frac{z}{s}\right)^{N-1}+\frac{(z/s)^N}{1-(z/s)}\right\}$$

$$=\frac{1}{s}+\frac{1}{s^2}z+\frac{1}{s^3}z^2+\cdots+\frac{1}{s^N}z^{N-1}+\frac{1}{(s-z)s^N}z^N.$$

これを(2)に代入し，コーシーの積分公式（§4-7 の(3), (7)）を使うと

$$f(z)=\frac{1}{2\pi i}\int_{C_1}\frac{f(s)}{s}ds+\left(\frac{1}{2\pi i}\int_{C_1}\frac{f(s)}{s^2}ds\right)z$$
$$+\left(\frac{1}{2\pi i}\int_{C_1}\frac{f(s)}{s^3}ds\right)z^2+\cdots+\left(\frac{1}{2\pi i}\int_{C_1}\frac{f(s)}{s^N}ds\right)z^{N-1}$$
$$+\left(\frac{1}{2\pi i}\int_{C_1}\frac{f(s)}{(s-z)s^N}ds\right)z^N$$
$$=f(0)+\frac{f'(0)}{1!}z+\frac{f''(0)}{2!}z^2+\cdots+\frac{f^{(N-1)}(0)}{(N-1)!}z^{N-1}+\rho_N(z).$$

最後の項（余り）である $\rho_N(z)$ は，

$$N\to\infty \implies \rho_N(z)\to 0$$

であることが次のようにして示される．

$|z|=r$, $|s|=R_1$, $r<R_1$ より
$$|s-z| \geqq ||s|-|z|| = R_1-r.$$

C_1 における $|f(s)|$ の最大値を M_1 とおけば

$$|\rho_N(z)| = \left|\frac{z^N}{2\pi i}\int_{C_1}\frac{f(s)}{(s-z)s^N}ds\right|$$

$$\leqq \frac{|z|^N}{2\pi}\int_{C_1}\frac{|f(s)|}{|s-z||s|^N}|ds| \quad (\S 4\text{-}3 \text{ の}(9))$$

$$\leqq \frac{r^N}{2\pi}\frac{M_1}{(R_1-r)R_1^N}2\pi R_1 = \frac{M_1 R_1}{R_1-r}\left(\frac{r}{R_1}\right)^N.$$

$r/R_1 < 1$ であるから，$(r/R_1)^N \to 0$ $(N\to\infty)$．

∴ $\rho_N(z) \to 0$ $(N\to\infty)$．

したがって，§5-1 の定理 3 により

(3) $\quad f(z) = f(0) + \dfrac{f'(0)}{1!}z + \dfrac{f''(0)}{2!}z^2 + \cdots + \dfrac{f^{(n)}(0)}{n!}z^n + \cdots \ (|z|<R).$

これは，(1)で $z_0=0$ の場合である．$f^{(0)}(z)=f(z)$, $0!=1$ とおけば，(3) は

(4) $\quad f(z) = \displaystyle\sum_{n=0}^{\infty}\frac{f^{(n)}(0)}{n!}z^n \quad (|z|<R)$

と表される．これはとくに，$f(z)$ の**マクローリン級数**とよばれる．

2° 次に，$f(z)$ は定理の仮定である円 $C:|z-z_0|=R$ の内部で正則であるとしよう．

1 次関数 $z+z_0$ は整関数で，$f(z)$ は C の内部で正則だから，これらの合成関数 $g(z)=f(z+z_0)$ は $|(z+z_0)-z_0|<R$ で正則である．

すなわち，関数 $g(z)$ は円 $|z|=R$ の内部で正則である．

∴ $g(z) = \displaystyle\sum_{n=0}^{\infty}\frac{g^{(n)}(0)}{n!}z^n \quad (|z|<R) \quad (1° \text{から}).$

∴ $f(z+z_0) = \displaystyle\sum_{n=0}^{\infty}\frac{f^{(n)}(z_0)}{n!}z^n \quad (|z|<R).$

∴ $f(z) = \displaystyle\sum_{n=0}^{\infty}\frac{f^{(n)}(z_0)}{n!}(z-z_0)^n \quad (|z-z_0|<R) \quad (z \text{に} z-z_0 \text{を代入}).$

これは目的のべき級数展開(1)である．■

z_0 を中心とするある円の内部の任意の点 z に対して $f(z)$ をべき級数

$$f(z) = \sum_{n=0}^{\infty} a_n (z-z_0)^n$$

に展開できたとすると，この級数は実はテーラー級数である，すなわち，$a_n = f^{(n)}(z_0)/n!$ であることが§5-4（の定理3）で証明される．

『べき級数展開の形はただ1つでそれはテーラー級数展開である．』ということである．したがって，このことを既知とすれば，テーラー級数の係数 $f^{(n)}(z_0)/n!$ を直接計算しないで（微分をしないで），もっと簡単な手段でべき級数を求めることも可能である（例6）．

—— 例 1 ——

関数 $f(z) = e^z$ は整関数であるから，任意の z に対してマクローリン級数は収束する．

$$f^{(n)}(z) = e^z \quad (n = 0, 1, 2 \cdots) \quad \text{より} \quad f^{(n)}(0) = 1$$

であるから，マクローリン級数は

(5) $\quad e^z = \sum_{n=0}^{\infty} \dfrac{z^n}{n!} \quad (|z| < \infty)$

である．

とくに，$z = x + i0$ の場合，すなわち，実数 x に対して(5)は

(5′) $\quad e^x = \sum_{n=0}^{\infty} \dfrac{x^n}{n!} \quad (-\infty < x < \infty)$

となる．これは，微分積分学で得られるものと同じである．∎

—— 例 2 ——

$f(z) = \sin z$ ならば，$f^{(2n)}(0) = 0$ $(n = 0, 1, 2, \cdots)$，$f^{(2n+1)}(0) = (-1)^n$ $(n = 0, 1, 2, \cdots)$ であるから，$\sin z$ のマクローリン級数は

(6) $\quad \sin z = \sum_{n=0}^{\infty} (-1)^n \dfrac{z^{2n+1}}{(2n+1)!} \quad (|z| < \infty)$

である．

収束域（べき級数が収束する z 全体のこと）が $|z| < \infty$ であるのは，$\sin z$ が整関数であるからである．∎

―― 例 3 ――――――――――――――――――――

[**a**] 級数(6)の右辺を項別に微分する（§5-4 の定理 2 を参照）ことにより，$\cos z$ のマクローリン級数

(7) $\qquad \cos z = \sum_{n=0}^{\infty} (-1)^n \dfrac{z^{2n}}{(2n)!} \quad (|z| < \infty)$

を得る．

[**b**] 双曲線関数が三角関数で表される（§3-2 の(23)）ことを利用すると，(6)から $\sinh z$ のマクローリン級数

(8) $\qquad \sinh z = \sum_{n=0}^{\infty} \dfrac{z^{2n+1}}{(2n+1)!} \quad (|z| < \infty)$

が得られる．

このためには，$\sinh z = -i \sin(iz)$ であることから，(6)の z に iz を代入した級数

$$\sum_{n=0}^{\infty} (-1)^n \dfrac{i^{2n+1} z^{2n+1}}{(2n+1)!} = \sum_{n=0}^{\infty} \dfrac{(-1)^n (i^2)^n i z^{2n+1}}{(2n+1)!} = \sum_{n=0}^{\infty} \dfrac{i z^{2n+1}}{(2n+1)!}$$

に $-i$ を掛ければよい．

[**c**] $\cosh z = (\sinh z)'$ であるから，(8)を項別微分して，$\cosh z$ のマクローリン級数

(9) $\qquad \cosh z = \sum_{n=0}^{\infty} \dfrac{z^{2n}}{(2n)!} \quad (|z| < \infty)$

が得られる． ∎

―― 例 4 ――――――――――――――――――――

e^z のマクローリン級数(5)で $z = i\theta$ とおくと，オイラーの公式が得られる：

$$\begin{aligned} e^{i\theta} &= \sum_{n=0}^{\infty} \dfrac{i^n \theta^n}{n!} = \left(\sum_{n=\text{偶数}} + \sum_{n=\text{奇数}} \right) \dfrac{i^n \theta^n}{n!} \\ &= \sum_{n=0}^{\infty} (-1)^n \dfrac{\theta^{2n}}{(2n)!} + i \sum_{n=0}^{\infty} (-1)^n \dfrac{\theta^{2n+1}}{(2n+1)!} \\ &= \cos \theta + i \sin \theta \quad ((6), (7) \text{から}). \end{aligned}$$ ∎

―― 例 5 ――――――――――――――――――――

[**a**] e^x のべき級数展開(5′)を用いて，e の近似値を求めてみよう．

$x=1$ とおけば

$$e = 1+1+\frac{1}{2!}+\frac{1}{3!}+\frac{1}{4!}+\frac{1}{5!}+\frac{1}{6!}+\frac{1}{7!}+\frac{1}{8!}+\frac{1}{9!}+\frac{1}{10!}+\cdots$$
$$\fallingdotseq 1+1+0.5+0.1666666+0.0416666+0.0083333+0.0013888$$
$$\quad +0.0001984+0.0000248+0.0000027+0.0000002+\cdots$$
$$= 2.7182814\cdots$$

と計算が四則演算できる．もっと項数を増やせばもっと精度を上げることができる．なお，$e=2.718281828\cdots$ である．

[**b**] $\sin z$ のマクローリン級数(6)を用いて，よく知られる値 $\sin(\pi/4)=1/\sqrt{2}=0.707106\cdots$ の近似値を求めてみよう．

$\pi=3.14159$ とおくと，$\pi/4 \fallingdotseq 0.7854$ だから

$$\sin\frac{\pi}{4} \fallingdotseq \sin 0.7854 = 0.7854 - 0.0807 + 0.0025 - 0.00004 + \cdots$$
$$\fallingdotseq 0.7071\cdots.$$

はじめの数項だけでもかなりの精度の近似値が四則計算で求められることがわかる．他の z についても同様にして近似値が求められる．

虚数に対する三角関数の近似値は実部，虚部に分けて（§3-2 の(9), (10)) 求められる． ∎

―― 例 6 ――

$f(z)=1/(1-z)$ のマクローリン級数は，
$f^{(n)}(z)=n!/(1-z)^{n+1}$ $(n=0,1,2,\cdots)$ より $f^{(n)}(0)=n!$ だから，

(10) $\qquad \dfrac{1}{1-z} = \sum_{n=0}^{\infty} z^n \quad (|z|<1)$

である．$f(z)$ は $z=1$ で正則でないから，収束域は円 $|z|=1$ の内部に限られる．なお，(10) の右辺は公比が z の等比級数であるから，微分しなくても

$$1+z+z^2+\cdots+z^n+\cdots = \frac{1}{1-z} \quad (|z|<1)$$

であることはよく知られている．等式 (10) は z の恒等式であるから，z の代わりに $-z$ とおくと，$|-z|=|z|<1$ より

(11) $\qquad \dfrac{1}{1+z} = \sum_{n=0}^{\infty} (-1)^n z^n \quad (|z|<1).$

同様にして，(10) で z の代わりに z^2 とおくと，$|z^2|<1$ のとき $|z|<1$ であることから，

(12) $\quad \dfrac{1}{1-z^2} = \sum_{n=0}^{\infty} z^{2n} \quad (|z|<1)$

である．(12) は (10) と (11) から，次のようにしても得られる：

$$\dfrac{1}{1-z^2} = \dfrac{1}{2}\left(\dfrac{1}{1+z} + \dfrac{1}{1-z}\right) = \dfrac{1}{2}\left(\sum_{n=0}^{\infty}(-1)^n z^n + \sum_{n=0}^{\infty} z^n\right)$$

$$= \dfrac{1}{2}\sum_{n=0}^{\infty}\{(-1)^n+1\}z^n$$

$$= \sum_{n=0}^{\infty} z^{2n}. \quad \blacksquare$$

―― 例 7 ――

関数 $f(z) = 1/z \ (z \neq 0)$ に対して，

$$f^{(n)}(z) = \dfrac{(-1)^n n!}{z^{n+1}} \quad (n=0,1,2,\cdots)$$

であるから，$f^{(n)}(1) = (-1)^n n!$ である．

したがって，関数 $1/z$ を $z=1$ でテーラー級数展開すると，

(13) $\quad \dfrac{1}{z} = \sum_{n=0}^{\infty}(-1)^n(z-1)^n \quad (|z-1|<1).$

$1/z$ は $z=0$ を除いたすべての点で正則であるから，$|z-1|<1$ なる z に対して成り立つべき級数展開である．このべき級数は，(10) からも得られる．(10) の z を $1-z$ に置き換えるだけでよい． $\blacksquare$

上の2つの例はいずれも単純で，わざわざべき級数に変形する必要がないように思われるが，一般の有理関数を展開するときの基本となるものである．

―― 例 8 ――

関数

$$f(z) = \dfrac{1+2z}{z^2+z^3} = \dfrac{1}{z^2}\left(2 - \dfrac{1}{1+z}\right)$$

を z のべき級数に展開してみよう．$z=0$ は $f(z)$ の特異点であるから，$f(z)$ をマクローリン級数展開することはできない．しかし，$1/(1+z)$ はマクローリン級数展開できるから，$0<|z|<1$ において $f(z)$ は

$$f(z) = \frac{1}{z^2}\{2-(1-z+z^2-z^3+z^4-z^5+\cdots)\}$$
$$= \frac{1}{z^2}+\frac{1}{z}-1+z-z^2+z^3-\cdots$$

の形のべき級数展開をもつ．これは，次節で扱うローラン級数とよばれる級数である．z の負べきの部分 $\dfrac{1}{z^2}+\dfrac{1}{z}$ は主要部とよばれ，特異性の程度を表す部分である (p.152)． ∎

§5-3 ローラン級数

関数 $f(z)$ が $z=z_0$ で正則でないときは，テーラーの定理を適用できないが，前節の例8のように，$z-z_0$ の正のべきと負のべきを含む級数の形にならば表すことができる．これを一般の場合に述べたのが，次のローランの定理である．

── ローランの定理 ──

点 z_0 を中心とする2つの同心円 C_0, C_1 （半径はそれぞれ R_0, R_1）は正の向きをもつとする(図5-4)．関数 $f(z)$ が C_0 上，C_1 上，および C_0 と C_1 の間の円環領域において正則であるとき，この円環領域の中の任意の点 z において，$f(z)$ は次の形に表される：

(1) $\quad f(z) = \displaystyle\sum_{n=0}^{\infty} a_n(z-z_0)^n + \sum_{n=1}^{\infty} \frac{b_n}{(z-z_0)^n} \quad (R_0 < |z-z_0| < R_1)$,

(2) $\quad a_n = \dfrac{1}{2\pi i}\displaystyle\int_{C_1} \dfrac{f(z)}{(z-z_0)^{n+1}}dz \quad (n=0,1,2,\cdots)$,

(3) $\quad b_n = \dfrac{1}{2\pi i}\displaystyle\int_{C_0} \dfrac{f(z)}{(z-z_0)^{-n+1}}dz \quad (n=1,2,\cdots)$.

この級数(1)は**ローラン級数**とよばれる．

関数 $f(z)$ が点 z_0 以外では正則であるとすると，R_0 はいくらでも小さくとれる．したがって，級数展開(1)は $0<|z-z_0|<R_1$ で成り立つことになる．

関数 $f(z)$ が C_1 上と C_1 の内部のすべての点(z_0 においても)で正則であるときは，(3)の被積分関数 $f(z)(z-z_0)^{n-1}$ $(n=1,2,\cdots)$ も正則であるから，

図 5-4

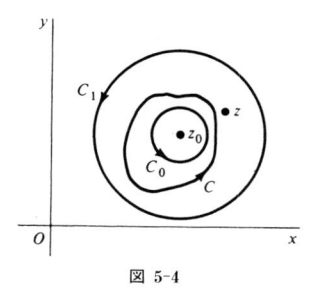

(3)の積分の値は 0 である．したがって，すべての $b_n=0$ であり，また，コーシーの積分公式（§4-7 の(3), (7)）から

$$\frac{1}{2\pi i}\int_{C_1}\frac{f(z)}{(z-z_0)^{n+1}}dz=\frac{f^{(n)}(z_0)}{n!} \quad (n=0,1,2,\cdots)$$

である．よって，(1)はテーラー級数（§5-2 の(1)）と一致することになる．

$R_0\leq|z-z_0|\leq R_1$ において，(2)と(3)の被積分関数 $f(z)/(z-z_0)^{n+1}$, $f(z)/(z-z_0)^{-n+1}$ はともに正則であるから，この円環領域内の正方向をもつ任意のジョルダン曲線 C を積分路 C_0, C_1 の代わりに用いても(2), (3)の積分の値は変わらない（§4-4 を参照）．したがって，ローラン級数(1)は

(4) $\quad f(z)=\sum_{n=-\infty}^{\infty}c_n(z-z_0)^n \quad (R_0<|z-z_0|<R_1)$,

(5) $\quad c_n=\frac{1}{2\pi i}\int_C \frac{f(z)}{(z-z_0)^{n+1}}dz \quad (n=0,\pm 1,\pm 2,\cdots)$

と表される．もちろん，特別な場合には，係数 c_n に 0 であるものがある．

ローランの定理を証明する前に，いくつか例をあげよう．

—— 例 1 ——

関数

$$f(z)=\frac{1}{(z-1)^2} \quad (0<|z-1|<\infty)$$

は $z=1$ のみで正則でなく，すでにローラン級数(4)の形をしている．すなわち，$z_0=1$, $c_{-2}=1$, $c_n=0$ $(n\neq -2)$ の場合である．これは(5)において，C を正方向をもつ円 $|z-1|=R$ $(R>0)$ とした場合にあたる．

$$c_n = \frac{1}{2\pi i}\int_C \frac{1}{(z-1)^{n+3}}dz \quad (n=0, \pm 1, \pm 2, \cdots)$$

は練習問題 4-20 で計算されている． ∎

――― 例 2 ―――

ローラン級数展開

$$\frac{e^z}{z^2} = \frac{1}{z^2} + \frac{1}{z} + \frac{1}{2!} + \frac{z}{3!} + \frac{z^2}{4!} + \cdots \quad (0 < |z| < \infty)$$

は e^z のマクローリン級数展開（§5-2 の(5)）から得られる． ∎

――― 例 3 ―――

上の例 2 と同様にして，ローラン級数

$$e^{1/z} = \sum_{n=0}^{\infty} \frac{1}{n!z^n} = 1 + \frac{1}{z} + \frac{1}{2!}\frac{1}{z^2} + \frac{1}{3!}\frac{1}{z^3} + \cdots \quad (0 < |z| < \infty)$$

が成り立つ． ∎

『$f(z)$ のローラン級数展開(1)，(4)の形はただ 1 通りである』ことは，テーラー級数展開の場合と同様に後で示される（§5-4 の定理 4）．

したがって，どのような方法で求めても，ローラン級数は同じ形であるはずだから，上の 2 つの例はともに，それぞれの領域におけるローラン級数展開である．

ローランの定理の証明 1° まず，$z_0 = 0$ の場合について，すなわち，$f(z)$ が $R_0 \leq |z| \leq R_1$ で正則である場合について証明しよう（図 5-5）．

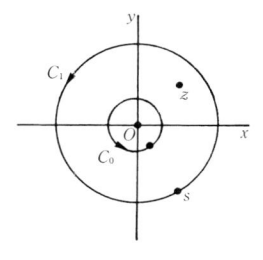

§4-7 の(8)で $n=0$ とおくと，

図 5-5

$$f(z) = \frac{1}{2\pi i} \int_{C_1} \frac{f(s)}{s-z} ds - \frac{1}{2\pi i} \int_{C_0} \frac{f(s)}{s-z} ds.$$

第1の積分の $1/(s-z)$ を，テーラーの定理と同じように，

$$\frac{1}{s-z} = \frac{1}{s} \frac{1}{1-(z/s)}$$

$$= \frac{1}{s} + \frac{1}{s^2} z + \frac{1}{s^3} z^2 + \cdots + \frac{1}{s^N} z^{N-1} + z^N \frac{1}{(s-z) s^N},$$

第2の積分において，

$$-\frac{1}{s-z} = \frac{1}{z-s} = \frac{1}{z} \frac{1}{1-(s/z)}$$

$$= \frac{1}{z} + \frac{1}{s^{-1}} \frac{1}{z^2} + \frac{1}{s^{-2}} \frac{1}{z^3} + \cdots + \frac{1}{s^{-N+1}} \frac{1}{z^N} + \frac{1}{z^N} \frac{s^N}{z-s}$$

と変形し，さらに

$$f(z) = a_0 + a_1 z + a_2 z^2 + \cdots + a_{N-1} z^{N-1} + \rho_N(z)$$
$$+ \frac{b_1}{z} + \frac{b_2}{z^2} + \cdots + \frac{b_N}{z^N} + \sigma_N(z)$$

と書くと，

$$a_n = \frac{1}{2\pi i} \int_{C_1} \frac{f(s)}{s^{n+1}} ds, \qquad b_n = \frac{1}{2\pi i} \int_{C_0} \frac{f(s)}{s^{-n+1}} ds,$$

$$\rho_N(z) = \frac{z^N}{2\pi i} \int_{C_1} \frac{f(s)}{(s-z) s^N} ds, \qquad \sigma_N(z) = \frac{1}{2\pi i z^N} \int_{C_0} \frac{s^N f(s)}{z-s} ds$$

である．

$|z| = r$ とすれば，$(R_0 <) r < R_1$ であることから，$\lim_{N \to \infty} \rho_N(z) = 0$ であることはテーラーの定理とまったく同様に示すことができる．

$\lim_{n \to \infty} \sigma_N(z) = 0$ を示そう．

C_0 上における $|f(s)|$ の最大値を M_0 とすると，

$$|\sigma_N(z)| \leq \frac{1}{2\pi |z|^N} \int_{C_0} \frac{|s|^N |f(s)|}{|z-s|} |ds| \leq \frac{1}{2\pi r^N} \int_{C_0} \frac{R_0^N M_0}{r-R_0} |ds|$$

$$= \frac{M_0 R_0}{r-R_0} \left(\frac{R_0}{r}\right)^N.$$

∴ $|\sigma_N(z)| \to 0 \quad (R_0/r < 1, \; N \to \infty).$

したがって，$z_0 = 0$ の場合，ローラン級数展開が成り立つことがわかった．

2° $z_0 \neq 0$ の場合には，$f(z)$ が $R_0 \leq |z-z_0| \leq R_1$ で正則であることから，

$g(z)=f(z+z_0)$ は $R_0 \leq |(z+z_0)-z_0| \leq R_1$，すなわち $R_0 \leq |z| \leq R_1$ で正則である．

$$\therefore \quad g(z) = \sum_{n=0}^{\infty} a_n z^n + \sum_{n=1}^{\infty} \frac{b_n}{z^n} \quad (R_0 < |z| < R_1) \quad (1° によって),$$

$$a_n = \frac{1}{2\pi i} \int_{\Gamma_1} \frac{g(z)}{z^{n+1}} dz \quad (n=0, 1, 2, \cdots),$$

$$b_n = \frac{1}{2\pi i} \int_{\Gamma_0} \frac{g(z)}{z^{-n+1}} dz \quad (n=1, 2, \cdots).$$

Γ_1, Γ_0 はそれぞれ正の向きをもつ円 $|z|=R_1$，$|z|=R_0$ である．

ここで，z の代わりに $z-z_0$ とおけばよい．■

§5-4 べき級数の性質

べき級数のもつ性質のうち重要なものをまとめておこう．

1° べき級数の正則性

べき級数

(1) $\quad S(z) = \sum_{n=0}^{\infty} a_n z^n \quad (|z| < R)$

は円 $|z|=R$ の内部の各点で収束し，その極限（=和）が $S(z)$ であるとしよう．

べき級数が収束するような円の最大のものを，そのべき級数の**収束円**といい，その半径を**収束半径**とよぶ．

収束半径は係数 a_n から求められる：

$$収束半径 = \begin{cases} 1/\lim_{n\to\infty} \sqrt[n]{|a_n|} & (\textbf{コーシー・アダマールの公式}) \\ \lim_{n\to\infty} \left|\dfrac{a_n}{a_{n+1}}\right| & (\textbf{ダランベールの公式}) \end{cases}$$

べき級数が収束するとき，その極限はいかなる性質をもつかについて考えよう．収束円内ではべき級数は連続関数である（§5-1 の定理4）が，実は正則な関数であることがわかっている．それを証明するための準備として，次の補助定理から始めよう．

> **補助定理**
>
> C を，べき級数(1)の収束円の内部にある区分的になめらかな弧(長さは有限)，$g(z)$ を C 上で連続な関数とする．このとき，(1)の右辺の各項に $g(z)$ を乗じてできる級数は，C 上で項別に積分できて，
>
> $$(2) \quad \int_C g(z)\left(\sum_{n=0}^{\infty} a_n z^n\right) dz = \sum_{n=0}^{\infty} a_n \int_C g(z) z^n dz$$
>
> が成り立つ．

証明 $S(z) = \sum_{n=0}^{N-1} a_n z^n + \rho_N(z)$ と分けてから $g(z)$ を掛けたもの

$$g(z)S(z) = \sum_{n=0}^{N-1} a_n g(z) z^n + g(z)\rho_N(z)$$

において，$S(z), z^n, g(z)$ は連続関数だから，これらの積 $g(z)S(z)$，$g(z)z^n$ ($n=0,1,2,\cdots,N-1$) は連続関数であり，したがって，C 上で積分できる．したがって，これらの項で表される $g(z)\rho_N(z)$ も C 上で積分できることになる：

$$\int_C g(z)S(z)dz - \sum_{n=0}^{N-1} a_n \int_C g(z)z^n dz = \int_C g(z)\rho_N(z)dz.$$

C の長さは有限であり，$g(z)$ は C 上で連続だから有界である．また，べき級数(1)は収束するから，

$$\rho_N(z) \to 0 \quad (z \in C, \ N \to \infty).$$

$$\therefore \ \left|\int_C g(z)\rho_N(z)dz\right| \leq \max_{z=C} |g(z)\rho_N(z)| \int_C |dz| \to 0 \quad (N \to \infty).$$

$$\therefore \ \lim_{N\to\infty} \int_C g(z)\rho_N(z)dz = 0.$$

$$\therefore \ \int_C g(z)S(z)dz = \lim_{N\to\infty} \sum_{n=0}^{N-1} a_n \int_C g(z)z^n dz.$$

これは(2)を意味する． ∎

この結果を応用して，目的の次の定理を証明しよう．

> **定理 1**
>
> べき級数は収束円内で正則な関数である．

証明 べき級数 $\sum_{n=0}^{\infty} a_n z^n$ は収束して，その和が $S(z)$ であるとする：$S(z) = \sum_{n=0}^{\infty} a_n z^n$．$C$ を収束円の内部に含まれるジョルダン曲線とし，任意の z に対して，補助定理の $g(z)$ を $g(z) = 1$ とおくと，

$$\int_C g(z) S(z) dz = \sum_{n=0}^{\infty} a_n \int_C z^n dz = 0 \quad (n = 0, 1, 2, \cdots).$$

$$\therefore \quad \int_C S(z) dz = 0$$

C は収束円内の任意のジョルダン曲線でよいから，モレラの定理(§4-7 の定理 4) により，$S(z)$ は収束円の内部で正則な関数である． ∎

この定理は，関数の正則性を示したいときや，極限を求めたい場合にも応用できる．

—— **例 1** ——————————————————
関数

$$f(z) := \begin{cases} \dfrac{\sin z}{z} & (z \neq 0) \\ 1 & (z = 0) \end{cases}$$

が整関数であることを示そう ($z=0$ は特異点のようにみえる)．

$\sin z$ のマクローリン級数

$$\sin z = \sum_{n=0}^{\infty} (-1)^n \frac{z^{2n+1}}{(2n+1)!}$$

は任意の z に対して $\sin z$ を表す(§5-2 の例 2)から，この各項を z で割った級数

$$\sum_{n=0}^{\infty} (-1)^n \frac{z^{2n}}{(2n+1)!} = 1 - \frac{z^2}{3!} + \frac{z^5}{5!} - \cdots$$

は収束して，$z \neq 0$ のとき $f(z)$ であり，また $z=0$ のときは $f(0)\,(=1)$ に一致する．

よって，$f(z)$ はすべての z に対して収束する級数で表される．したがって，$f(z)$ は整関数である．

$f(z)$ は整関数であるから $z=0$ で連続である．よって

$$\lim_{z \to 0} \frac{\sin z}{z} = 1$$

が成り立つことも導かれる．■

次に，べき級数の導関数について考えよう．この結果はすでに§5-2の例3で応用されている．

定理 2

べき級数(1)は収束円内の各点で項別に微分できて，

(3) $\quad S'(z) = \sum_{n=1}^{\infty} n a_n z^{n-1}$

が成り立つ．

$S'(z)$は正則関数$S(z)$の導関数だから正則関数である．よって(3)の右辺のべき級数も正則関数である．

証明 zを収束円内の点とし，Cを，収束円内にあり，しかもzを内部に含む正の向きをもつジョルダン曲線であるとする．

$$g(s) = \frac{1}{2\pi i (s-z)^2} \quad (s \in C)$$

とおく．

$S(z) = \sum_{n=0}^{\infty} a_n z^n$ がCの上と内部で正則であることから，コーシーの微積分公式(§4-7の(7))により，

$$\int_C g(s) S(s) ds = \frac{1}{2\pi i} \int_C \frac{S(s)}{(s-z)^2} ds = S'(z)$$

である．さらに，また，

$$\int_C g(s) s^n ds = \frac{1}{2\pi i} \int_C \frac{s^n}{(s-z)^2} ds = \frac{d}{dz} z^n = n z^{n-1} \quad (n=1, 2, \cdots)$$

である．(2)の積分変数zをsに置き換えると，

(2)の左辺$= S'(z), \quad$ (2)の右辺$= \sum_{n=1}^{\infty} a_n n z^{n-1}$．

$\therefore \quad S'(z) = \sum_{n=1}^{\infty} n a_n z^{n-1}$．■

以上の結果は z のべき級数についてのものであるが，$z-z_0$ のべき級数に対するものにも，$z-z_0$ の負べきを含むべき級数に対しても適用できる．

―― 例 2 ――

マクローリン級数
$$\frac{1}{1-z} = \sum_{n=0}^{\infty} z^n \quad (|z|<1)$$
を 1 回微分すると，
$$\text{左辺} = \frac{1}{(1-z)^2}, \quad \text{右辺} = \sum_{n=1}^{\infty} nz^{n-1} = \sum_{n=0}^{\infty} (n+1)z^n.$$
$$\therefore \quad \frac{1}{(1-z)^2} = \sum_{n=0}^{\infty} (n+1)z^n \quad (|z|<1).$$
さらに，もう 1 度微分して
$$\frac{2}{(1-z)^3} = \sum_{n=0}^{\infty} (n+1)(n+2)z^n \quad (|z|<1)$$
が成り立つ． ∎

2° べき級数表現の一意性

べき級数
$$S(z) = \sum_{n=0}^{\infty} a_n z^n$$
の収束円 C 内の任意の点で
$$S'(z) = \sum_{n=1}^{\infty} na_n z^{n-1}$$
が成り立つ（定理 2）．この操作を続けると，C 内の任意の点で
$$S''(z) = \sum_{n=2}^{\infty} n(n-1)a_n z^{n-2},$$
$$S'''(z) = \sum_{n=3}^{\infty} n(n-1)(n-2)a_n z^{n-3},$$
$$\cdots$$
が成り立つ．したがって，$z=0$ とおけば
$$S(0) = a_0, \quad S'(0) = 1!a_1, \quad S''(0) = 2!a_2, \quad \cdots, \quad S^{(n)}(0) = n!a_n, \quad \cdots.$$
$$\therefore \quad a_n = \frac{S^{(n)}(0)}{n!} \quad (n=0, 1, 2, \cdots).$$

よって，a_n は $S(z)$ のマクローリン級数の係数である．

$z-z_0$ のべき級数についてもまったく同様に議論できるから，関数をべき級数で表現するときの一意性についての次の定理が成り立つ．

定理 3（テーラー級数の一意性）

べき級数
$$\sum_{n=0}^{\infty} a_n(z-z_0)^n$$
が，円 $|z-z_0|=R$ の内部のすべての点で関数 $f(z)$ に収束するならば，この級数は関数 $f(z)$ のテーラー級数展開であり，
$$a_n = \frac{f^{(n)}(z_0)}{n!} \quad (n=0,1,2,\cdots)$$
である．

例 3

$$\sin z = \sum_{n=0}^{\infty} (-1)^n \frac{z^{2n+1}}{(2n+1)!} \quad (|z|<\infty)$$

は z についての恒等式である．したがって，z の代わりに z^2 とおけば

$$\sin(z^2) = \sum_{n=0}^{\infty} (-1)^n \frac{z^{4n+2}}{(2n+1)!} \quad (|z|<\infty)$$

が成り立つ．この級数は，関数 $\sin(z^2)$ を直接マクローリン級数展開したものと一致する（はずである）．■

例 4

$|z|<1$ において

$$f(z) := \frac{-1}{(z-1)(z-2)}$$

のマクローリン級数を求めよう．

$$f(z) = \frac{1}{z-1} - \frac{1}{z-2} = -\frac{1}{1-z} + \frac{1}{2(1-z/2)}$$

と変形すると，$|z|<1$ のとき $|z/2|<1$ である．

$$\therefore \quad f(z) = -\sum_{n=0}^{\infty} z^n + \frac{1}{2}\sum_{n=0}^{\infty}\left(\frac{z}{2}\right)^n = \sum_{n=0}^{\infty}(2^{-n-1}-1)z^n \quad (|z|<1).$$

これは $|z|<1$ で収束し，その極限が $f(z)$ であるから，べき級数表現の一意性により，$f(z)$ のマクローリン級数である．

この係数から，$f^{(n)}(0) = n!(2^{-n-1}-1)$ である． ∎

定理 4（ローラン級数の一意性）

べき級数
$$\sum_{n=-\infty}^{\infty} c_n (z-z_0)^n$$
が z_0 のまわりの円環領域内のすべての点で $f(z)$ に収束するならば，この級数は $f(z)$ のローラン級数展開である．

証明 補助定理のべき級数を，負べきも含むものに拡張したものを応用しよう．

(4) $$\int_C g(z)f(z)\,dz = \sum_{m=-\infty}^{\infty} c_m \int_C g(z)(z-z_0)^m \, dz$$

において，$g(z)$ は
$$g(z) = \frac{1}{2\pi i} \frac{1}{(z-z_0)^{n+1}} \quad (n=0, \pm 1, \pm 2, \cdots),$$
C は円環領域のまわりの円で正方向をもつとする．

練習問題 4-20 により，
$$\frac{1}{2\pi i}\int_C \frac{1}{(z-z_0)^{n-m+1}}\,dz = \begin{cases} 0 & (m \neq n) \\ 1 & (m = n) \end{cases}$$
であるから，(4) は
$$\frac{1}{2\pi i} \int_C \frac{f(z)}{(z-z_0)^{n+1}}\,dz = c_n$$
となる．これは $f(z)$ のローラン級数展開の係数である． ∎

例 5

円環領域 $1 < |z| < 2$ において，
$$f(z) = \frac{-1}{(z-1)(z-2)}$$
のローラン級数を求めよう．

$1 < |z|$ のとき $|1/z| < 1$，$|z| < 2$ のとき $|z/2| < 1$ であるから，

$$f(z)=\frac{-1}{z-2}+\frac{1}{z-1}=\frac{1}{2}\frac{1}{1-z/2}+\frac{1}{z}\frac{1}{1-1/z}.$$

$$\therefore \quad f(z)=\frac{1}{2}\sum_{n=0}^{\infty}\left(\frac{z}{2}\right)^n+\frac{1}{z}\sum_{n=0}^{\infty}\left(\frac{1}{z}\right)^n$$

$$=\sum_{n=1}^{\infty}\frac{1}{z^n}+\sum_{n=0}^{\infty}\frac{z^n}{2^{n+1}} \quad (1<|z|<2).$$

$f(z)$ の z と z^{-1} のべき級数による表現は1通りしかない.したがって,これは $f(z)$ のローラン級数である.

$1/z^n$ の係数を b_n $(=1(n=1,2,\cdots))$ とすると,§5-3の(3)から

$$b_n=\frac{1}{2\pi i}\int_C \frac{f(z)}{z^{-n+1}}dz$$

($n=1,2,\cdots$; C は円環領域を正の方向に1周するジョルダン曲線)

である.とくに,$n=1$ の場合は

$$\int_C f(z)\,dz=2\pi i b_1=2\pi i. \quad \therefore \quad \int_C \frac{-1}{(z-1)(z-2)}dz=2\pi i. \quad \blacksquare$$

—— 例 6 ——

無限領域 $2<|z|<\infty$ において,

$$f(z)=\frac{-1}{(z-1)(z-2)}$$

のローラン級数を求めよう.

$|z|>2$ のとき,$|1/z|<1$, $|2/z|<1$ であるから,

$$f(z)=\frac{1}{z-1}-\frac{1}{z-2}=\frac{1}{z}\frac{1}{1-1/z}-\frac{1}{z}\frac{1}{1-2/z}.$$

$$\therefore \quad f(z)=\frac{1}{z}\sum_{n=0}^{\infty}\left(\frac{1}{z}\right)^n-\frac{1}{z}\sum_{n=0}^{\infty}\left(\frac{2}{z}\right)^n=\sum_{n=1}^{\infty}\frac{1-2^{n-1}}{z^n} \quad (2<|z|<\infty).$$

べき級数表現の一意性から,これは $f(z)$ のローラン級数である.曲線 C を $|z|\leq 2$ の外部にあり正の向きをもつジョルダン曲線とすると,

$$\int_C f(z)\,dz=2\pi i b_1=0 \quad (b_1 \text{ は } 1/z \text{ の係数})$$

である. $\blacksquare$

以上の例において,無限等比級数の和の公式

$$1+r+r^2+r^3+\cdots=\frac{1}{1-r} \quad (|r|<1)$$

を有効的に用いていることに注意したい（§5-2の例6）．

また，$1/z$ の係数 b_1 は $f(z)$ の積分の値と直接関係していることにも注意したい（b_1 は留数とよばれるもので，次章で重要な役割を演ずる）．

3° べき級数の積・商

2つのべき級数

$$\sum_{n=0}^{\infty} a_n z^n, \quad \sum_{n=0}^{\infty} b_n z^n$$

が円 $|z|=R$ の内部で収束するならば，それらの和 $f(z), g(z)$ はともに $|z|<R$ で正則な関数である．したがって，$f(z)$ と $g(z)$ の積は $|z|<R$ において正則であるからマクローリン級数展開できる．いま，それを

$$f(z)g(z)=\sum_{n=0}^{\infty} c_n z^n \quad (|z|<R)$$

とおくと，係数は

$$c_0=f(0)g(0)=a_0 b_0,$$
$$c_1=\frac{f(0)g'(0)+f'(0)g(0)}{1!}=a_0 b_1+a_1 b_0,$$
$$c_2=\frac{f(0)g''(0)+2f'(0)g'(0)+f''(0)g(0)}{2!}=a_0 b_2+a_1 b_1+a_2 b_0,$$
$$\cdots$$

である．一般には，ライプニッツの定理

$$\{f(z)g(z)\}^{(n)}=\sum_{k=0}^{n} {}_nC_k \, f^{(k)}(z)g^{(n-k)}(z)=n!\sum_{k=0}^{n}\frac{f^{(k)}(z)g^{(n-k)}(z)}{k!(n-k)!}$$

より

$$c_n=\frac{1}{n!}[\{f(z)g(z)\}^{(n)}]_{z=0}=\sum_{k=0}^{n}\frac{f^{(k)}(0)g^{(n-k)}(0)}{k!(n-k)!}$$
$$=\sum_{k=0}^{n} a_k b_{n-k} \quad (n=0,1,2,\cdots)$$

であるから，

(5) $\quad f(z)g(z)=\sum_{n=0}^{\infty}\left(\sum_{k=0}^{n} a_k b_{n-k}\right) z^n$
$\quad\quad\quad\quad =a_0 b_0+(a_0 b_1+a_1 b_0)z+(a_0 b_2+a_1 b_1+a_2 b_0)z^2+\cdots$

$$+ \left(\sum_{k=0}^{n} a_k b_{n-k}\right) z^n + \cdots \quad (|z| < R)$$

である.この級数(5)は,$\sum_{n=0}^{\infty} a_n z^n$ と $\sum_{n=0}^{\infty} b_n z^n$ との**コーシー積**とよばれるもので,これら2つのべき級数を形式的に掛け算をして,同じべきをまとめたものと同じものである.

---- **例 7** ----

$|z|<1$ において,$e^z/(1+z)$ のマクローリン級数を求めよう.
積の公式(5)から,

$$\frac{e^z}{1+z} = \left(\sum_{n=0}^{\infty} \frac{z^n}{n!}\right)\left(\sum_{n=0}^{\infty} (-z)^n\right) = \sum_{n=0}^{\infty} \left\{\sum_{k=0}^{n} \frac{1}{k!}(-1)^{n-k}\right\} z^n$$
$$= 1 + \frac{1}{2} z^2 - \frac{1}{3} z^3 + \cdots \quad (|z|<1).$$

e^z は整関数であるからそのマクローリン級数は $|z|<\infty$ で有効であるが,$1/(1+z)$ のほうは $|z|<1$ でのみ有効である.したがって,それらの積は $|z|<1$ でのみ有効な展開式である. ∎

2つのべき級数

$$\sum_{n=0}^{\infty} a_n z^n, \quad \sum_{n=0}^{\infty} b_n z^n$$

が $|z|<R$ で収束して

$$f(z) = \sum_{n=0}^{\infty} a_n z^n, \quad g(z) = \sum_{n=0}^{\infty} b_n z^n \neq 0 \quad (|z|<R)$$

であるとすると,2つの商 $h(z) = f(z)/g(z)$ も $|z|<R$ で正則だから,マクローリン級数展開

$$h(z) = \sum_{n=0}^{\infty} d_n z^n \quad (|z|<R)$$

をもつ.

$$d_0 = h(0), \quad d_1 = h'(0)/1!, \quad d_2 = h''(0)/2!, \quad \cdots$$

であるが,これらは形式的に2つのべき級数の割り算をしたものの係数と一致する.

例 8

$0 < |z| < \pi$ において,$1/(z^2 \sinh z)$ のローラン級数を求めよう.
§5-2 の例 3 により,

$$z^2 \sinh z = z^2 \sum_{n=0}^{\infty} \frac{z^{2n+1}}{(2n+1)!} = z^3 \left(1 + \frac{z^2}{3!} + \frac{z^4}{5!} + \cdots\right).$$

$$\therefore \quad \frac{1}{z^2 \sinh z} = \frac{1}{z^3} \cdot \frac{1}{1 + \dfrac{z^2}{3!} + \dfrac{z^4}{5!} + \cdots}$$

$$= \frac{1}{z^3}\left(1 - \frac{1}{6}z^2 + \frac{7}{360}z^4 + \cdots\right)$$

$$= \frac{1}{z^3} - \frac{1}{6}\frac{1}{z} + \frac{7}{360}z + \cdots \quad (0 < |z| < \pi).$$

$\sinh z\,(=-i\sin(iz))$ の零点は $z = n\pi i\ (n=0, \pm 1, \pm 2, \cdots)$ であるから,$z=0$ のまわりのローラン級数展開の有効範囲は $0 < |z| < \pi$ である.

割り算を続ければ,いくらでも係数を求められるが,次のようにしてもよい.

$$\frac{1}{1 + z^2/3! + z^4/5! + \cdots} = d_0 + d_1 z + d_2 z^2 + d_3 z^3 + d_4 z^4 + \cdots$$

とおいて,分母を払うと,

$$1 = \left(1 + \frac{1}{3!}z^2 + \frac{1}{5!}z^4 + \cdots\right)(d_0 + d_1 z + d_2 z^2 + d_3 z^3 + d_4 z^4 + \cdots)$$

$$= d_0 + d_1 z + \left(d_2 + \frac{1}{3!}d_0\right)z^2 + \left(d_3 + \frac{1}{3!}d_1\right)z^3$$

$$\quad + \left(d_4 + \frac{1}{3!}d_2 + \frac{1}{5!}d_0\right)z^4 + \cdots.$$

両辺の係数を比較して,

$$d_0 = 1,\quad d_1 = 0,\quad d_2 + \frac{1}{3!}d_0 = 0,\quad d_3 + \frac{1}{3!}d_1 = 0,$$

$$d_4 + \frac{1}{3!}d_2 + \frac{1}{5!}d_0 = 0,\quad \cdots.$$

$$\therefore \quad d_0 = 1,\quad d_1 = 0,\quad d_2 = -\frac{1}{6},\quad d_3 = 0,\quad d_4 = \frac{7}{360},\quad \cdots. \quad\blacksquare$$

4° 正則関数の零点

$z = z_0$ で正則な関数 $f(z)$ が

$$f(z)=(z-z_0)^m g(z) \quad (g(z) \text{ は } z_0 \text{ で正則で, } g(z_0) \neq 0)$$
の形に表されるとき，$z=z_0$ は $f(z)$ の **m 位**(または**位数 m**)の**零点**であるという．

定理 5

恒等的に 0 でない正則関数の零点は孤立している．

証明 $f(z)$ を恒等的に 0 でない正則な関数，z_0 を $f(z)$ の m 位の零点とすると，$f(z)=(z-z_0)^m g(z)$ と表したとき，$g(z_0)=a \neq 0$ である．

$g(z)$ は $z=z_0$ で正則であるから連続でもある．よって，連続性の定義により，任意の $\varepsilon(>0)$ に対して，適当な定数 $\delta(>0)$ があって，
$$|z-z_0|<\delta \Longrightarrow |g(z)-a|<\varepsilon$$
が成り立つ．ε は任意だから，$\varepsilon=|a|/2$ ととり，それに対応する δ を δ_0 とすれば
$$|z-z_0|<\delta_0 \Longrightarrow |g(z)-a|<\frac{|a|}{2}$$
である．

これから，$|z-z_0|<\delta_0$ なる z に対して $g(z) \neq 0$ である．なぜならば，もし $g(z)=0$ であれば $|a|<|a|/2$ となり矛盾であるからである．すなわち，z_0 の δ_0 近傍において $g(z) \neq 0$ である．よって，z_0 は孤立している．∎

練 習 問 題

§5-1 数列・級数

5-1 $\quad \lim_{n \to \infty} z_n = z \Longrightarrow \lim_{n \to \infty} |z_n| = |z|$

であることを示せ．

5-2 $\quad \sum_{n=1}^{\infty} z_n = S \Longrightarrow \sum_{n=1}^{\infty} \bar{z}_n = \bar{S}$

であることを示せ．

5-3 $\quad \sum_{n=1}^{\infty} z_n = S \Longrightarrow \sum_{n=1}^{\infty} c z_n = cS \quad$ (c は複素定数)

であることを示せ．

5-4 $\sum_{n=1}^{\infty} z_n = S, \ \sum_{n=1}^{\infty} w_n = T \implies \sum_{n=1}^{\infty} (z_n + w_n) = S + T$

であることを示せ．

5-5 『収束する数列は有界である』こと，すなわち，$\lim_{n\to\infty} z_n = z$ のとき，すべての n に対して $|z_n| \leq M$ であるような正定数 M が存在することを示せ．

§5-2 テーラー級数

5-6 e^z に対して，$z-1$ のべき級数展開

$$e^z = e \sum_{n=0}^{\infty} \frac{(z-1)^n}{n!} \quad (|z| < \infty)$$

が成り立つことを示せ．

5-7 $\sin z$ の定義（§3-2）

$$\sin z = \frac{e^{iz} - e^{-iz}}{2i}$$

と練習問題 5-3, 5-4，e^z のマクローリン級数

$$e^z = \sum_{n=0}^{\infty} \frac{z^n}{n!} \quad (|z| < \infty)$$

を用いて，例2の $\sin z$ のマクローリン級数を導け．

5-8 点 $z = \pi/2$ のまわりで，$\cos z$ をテーラー級数展開せよ．

5-9 点 $z = \pi i$ のまわりで，$\sinh z$ をテーラー級数展開せよ．

5-10 $f(z) = \cosh z$ のマクローリン級数を次の方法で導け．
  (a) 直接，テーラーの定理を用いて．
  (b) 恒等式 $\cosh z = \cos(iz)$（§3-2,（23））と $\cos z$ のマクローリン級数を用いて．

5-11 次の展開式を導け．
  (a) $\dfrac{1}{z^2} = \sum_{n=0}^{\infty} (n+1)(z+1)^n \quad (|z+1| < 1)$.
  (b) $\dfrac{1}{z^2} = \dfrac{1}{4} \sum_{n=0}^{\infty} (-1)^n (n+1) \left(\dfrac{z-2}{2}\right)^n \quad (|z-2| < 2)$.

§5-3 ローラン級数

5-12 $0 < |z| < 4$ のとき，次のローラン級数展開が成り立つことを示せ．

$$\frac{1}{4z - z^2} = \frac{1}{4z} + \sum_{n=0}^{\infty} \frac{z^n}{4^{n+2}}$$

5-13 $1 < |z| < \infty$ のとき，$1/(1+z)$ を z の負べきで級数展開せよ．

5-14 $z \neq 0$ のとき，次のローラン級数展開が成り立つことを示せ．

$$\frac{\sin(z^2)}{z^4} = \frac{1}{z^2} - \frac{z^2}{3!} + \frac{z^6}{5!} - \frac{z^{10}}{7!} + \cdots$$

5-15 $0 < |z-1| < 2$ のとき，次のローラン級数展開が成り立つことを示せ．

$$\frac{z}{(z-1)(z-3)} = \frac{-1}{2(z-1)} - 3\sum_{n=0}^{\infty} \frac{(z-1)^n}{2^{n+2}}$$

§5-4 べき級数の性質

5-16 $z = -3$ のまわりで，$1/z$ をテーラー級数展開せよ．次に，その級数を項別微分して，$1/z^2$ のテーラー級数を求めよ．また，収束円を求めよ．

5-17 w 平面におけるマクローリン級数

$$\frac{1}{w} = \sum_{n=0}^{\infty} (-1)^n (w-1)^n \quad (|w-1| < 1)$$

を，$w = 1$ から $w = z$ を結ぶ区分的になめらかな弧 C に沿って積分することにより，

$$\text{Log } z = \sum_{n=1}^{\infty} \frac{(-1)^{n+1}}{n} (z-1)^n \quad (|z-1| < 1)$$

を導け．ただし，C は収束円の内部にあるものとする．

5-18 前問を用いて，

$$f(z) = \begin{cases} \dfrac{\text{Log } z}{z-1} & (z \neq 1) \\ 1 & (z = 1) \end{cases}$$

は領域 $|z| > 0$，$-\pi < \text{Arg } z < \pi$ で正則であることを示せ．

5-19 c が複素定数であるとき，

$$f(z) = \begin{cases} \dfrac{e^{cz} - 1}{z} & (z \neq 0) \\ c & (z = 0) \end{cases}$$

は整関数であることを示せ．

5-20 関数 $f(z)$ は z_0 で正則で $f(z_0) = 0$ であるとする．このとき，級数を用いて

$$\lim_{z \to z_0} \frac{f(z)}{z - z_0} = f'(z_0)$$

であることを示せ．(これは微分係数の定義式でもある．)

5-21 $f(z), g(z)$ はともに z_0 で正則，$f(z_0) = g(z_0) = 0$，$g'(z_0) \neq 0$ であるとき，

$$\lim_{z \to z_0} \frac{f(z)}{g(z)} = \frac{f'(z_0)}{g'(z_0)}$$

が成り立つことを示せ．(これは，微分積分学で**ロピタルの定理**とよばれる．)

5-22 §5-4 の例3の展開式

$$f(z) = \sin(z^2) = \sum_{n=0}^{\infty} (-1)^n \frac{z^{4n+2}}{(2n+1)!} \quad (|z| < \infty)$$

から，$f^{(2n+1)}(0) = 0$ $(n=0,1,2,\cdots)$, $f^{(4n)}(0) = 0$ $(n=1,2,\cdots)$ を導け．

5-23 $$\frac{1}{z^2 \sinh z} = \frac{1}{z^2} - \frac{1}{6}\frac{1}{z} + \frac{7}{360}z + \cdots \quad (0 < |z| < \pi)$$

を用いて，C が円 $|z|=1$ で正方向をもつとき，

$$\int_C \frac{dz}{z^2 \sinh z} = -\frac{\pi i}{3}$$

であることを示せ．

5-24 マクローリン級数
$$z\cosh(z^2) = \sum_{n=0}^{\infty} \frac{z^{4n+1}}{(2n)!} \quad (|z| < \infty)$$

を導け．

5-25 $f(z) = (z+1)/(z-1)$ に対して，
 (a) マクローリン級数を求めよ．
 (b) $1 < |z| < \infty$ でローラン級数展開せよ．

5-26 $f(z) = (z-1)/z^2$ について，
 (a) $z-1$ のべきのテーラー級数と収束円を求めよ．
 (b) $1 < |z-1| < \infty$ において，ローラン級数展開せよ．

5-27 次の等式を導け．
$$\frac{\sinh z}{z^2} = \frac{1}{z} + \sum_{n=0}^{\infty} \frac{z^{2n+1}}{(2n+3)!} \quad (0 < |z| < \infty)$$

5-28 次の関数について，2通りの z のべきのローラン級数を求めよ．
$$f(z) = \frac{1}{z^2(1-z)}$$

5-29 次の関数について，2通りの z のべきのローラン級数を求めよ．
$$f(z) = \frac{1}{z(1+z^2)}$$

5-30 次の等式を導け．
$$\frac{e^z}{z(z^2+1)} = \frac{1}{z} + 1 - \frac{1}{2}z - \frac{5}{6}z^2 + \cdots \quad (0 < |z| < 1)$$

5-31 次の展開式を導け．
 (a) $\operatorname{cosec} z = \dfrac{1}{z} + \dfrac{1}{3!}z + \left\{\dfrac{1}{(3!)^2} - \dfrac{1}{5!}\right\}z^3 + \cdots \quad (0 < |z| < \pi)$.
 (b) $\dfrac{1}{e^z - 1} = \dfrac{1}{z} - \dfrac{1}{2} + \dfrac{1}{12}z - \dfrac{1}{720}z^3 + \cdots \quad (0 < |z| < 2\pi)$.

5-32 a を $-1 < a < 1$ なる定数とするとき，$|a| < |z| < \infty$ で $a/(z-a)$ をロー—

ラン級数展開せよ．次に，$z=e^{i\theta}$ とおき
$$\sum_{n=1}^{\infty} a^n \cos n\theta = \frac{a\cos\theta - a^2}{1-2a\cos\theta + a^2}, \quad \sum_{n=1}^{\infty} a^n \sin n\theta = \frac{a\sin\theta}{1-2a\cos\theta + a^2}$$
が成り立つことを示せ．

第6章

留 数 と 極

ジョルダン曲線 C の上と内部のすべての点で正則な関数を C に沿って1周積分すると，その値は0である（コーシー・グルサの定理（§4-4））．しかし，C の内部に正則でない点が存在する場合は，この章で学ぶことになっている留数（りゅうすう）とよばれる定数があり，この定数は積分の値と関係するのである．この章では，留数についての理論と，それを応用した実変数関数の定積分について考える．

§6-1 留　　　数

z_0 が関数 $f(z)$ の特異点であるとは，$f(z)$ は z_0 で正則でないが，z_0 のどんな近傍をとってもその中の少なくとも1点で正則であることである（§2-6）．さらに，z_0 は特異点であるが，z_0 のある近傍をとるとその近傍内の z_0 以外の点では $f(z)$ が正則である場合，z_0 は**孤立特異点**（ばらばらに孤立している特異点の意味）という．

―― 例 1 ――
$f(z)=1/z$ は $z=0$ 以外で正則であるから，$z=0$ は $f(z)$ の孤立特異点である．■

―― 例 2 ――
$$f(z)=\frac{z+1}{z^3(z^2+1)}$$

は3つの孤立特異点 $z=0, \pm i$ をもつ． ∎

―― 例 3 ――――――――――

$z=0$ は Log z（log z の主枝，§3-3）の特異点であるが，これは孤立特異点ではない．なぜならば，原点の任意の近傍は負の実軸を含むが，負の実軸上の点で Log z は正則でないからである． ∎

―― 例 4 ――――――――――

関数
$$\frac{1}{\sin(\pi/z)}$$
の特異点は $z=0, 1/n$（$n=\pm 1, \pm 2, \cdots$）である（図 6-1）．$z=1/n$ は孤立特異点であるが，$z=0$ は孤立していない．なぜならば，$z=0$ を中心とするどんな小さな円の中にも $z=1/n$ の形の特異点が（無限個）含まれるからである．特異点 $z=0$ は特異点（$z=1/n$）の集積点（§1-5）である． ∎

図 6-1

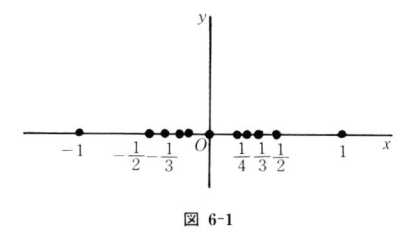

点 z_0 が関数 $f(z)$ の孤立特異点であるならば，適当な定数 $R_1\ (>0)$ があって，$0<|z-z_0|<R_1$ の各点で $f(z)$ は正則である．したがって，$f(z)$ はローラン級数展開できる：

(1) $\qquad f(z) = \sum_{n=0}^{\infty} a_n(z-z_0)^n + \frac{b_1}{z-z_0} + \frac{b_2}{(z-z_0)^2} + \cdots + \frac{b_n}{(z-z_0)^n} + \cdots$
$$(0<|z-z_0|<R_1),$$
$$b_n = \frac{1}{2\pi i}\int_C \frac{f(z)}{(z-z_0)^{-n+1}}dz \quad (n=1,2,\cdots).$$

C は $0<|z-z_0|<R_1$ の内部にある正の向きをもったジョルダン曲線である．b_n は $n=1$ のとき

(2) $$\int_C f(z)dz = 2\pi i b_1$$

である．b_1 はローラン級数 (1) の $1/(z-z_0)$ の係数である．これを $f(z)$ の z_0 における**留数**という．等式 (2) は積分の値を求めるための強力な方法であることが次第にわかるであろう．

---- 例 5 ----

C を正方向をもった円 $|z|=2$, $f(z) = e^{-z}/(z-1)^2$ とすると，孤立特異点 $z=1$ を除いて，C 上と C の内部で $f(z)$ は正則である．

$z=1$ における留数を b_1 とおけば，(2) から
$$\int_C \frac{e^{-z}}{(z-1)^2} dz = 2\pi i b_1.$$

b_1 を求めるために，$f(z)$ をローラン級数展開しよう．$1/(z-1)$ の係数が b_1 である．

$$f(z) = \frac{e^{-z}}{(z-1)^2} = \frac{e^{-1} e^{-(z-1)}}{(z-1)^2} = \frac{1}{e} \frac{1}{(z-1)^2} \sum_{n=0}^{\infty} \frac{(-1)^n (z-1)^n}{n!}$$

$$= \sum_{n=0}^{\infty} \frac{(-1)^n}{n! \, e} (z-1)^{n-2}$$

$$= \frac{1}{e} \frac{1}{(z-1)^2} - \frac{1}{e} \frac{1}{z-1} + \frac{1}{2! \, e} - \frac{1}{3! \, e}(z-1)$$

$$+ \frac{1}{4! \, e}(z-1)^2 - \cdots \quad (0 < |z-1| < \infty).$$

∴ $b_1 = -\dfrac{1}{e}.$

∴ $\displaystyle \int_C \frac{e^{-z}}{(z-1)^2} dz = -\frac{2\pi i}{e}.$ ∎

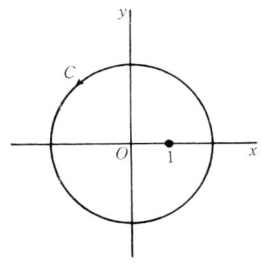

図 6-2

例 6

C は例5と同じものとして，積分

$$\int_C e^{1/z} dz$$

の値を求めよう．

$z=0$ は $e^{1/z}$ の特異点である．ローラン級数は

$$e^{1/z} = \sum_{n=0}^{\infty} \frac{(1/z)^n}{n!} = 1 + \frac{1}{z} + \frac{1}{2!}\frac{1}{z^2} + \frac{1}{3!}\frac{1}{z^3} + \cdots \quad (0 < |z| < \infty).$$

∴ $b_1 = 1$.

∴ $\int_C e^{1/z} dz = 2\pi i$. ∎

例 7

C は例5と同じものとして，

$$\int_C e^{1/z^2} dz$$

の値を求めよう．

$z=0$ は e^{1/z^2} の特異点である．例6と同様にローラン級数展開すると

$$e^{1/z^2} = 1 + \frac{1}{z^2} + \frac{1}{2!}\frac{1}{z^4} + \frac{1}{3!}\frac{1}{z^6} + \cdots \quad (0 < |z| < \infty).$$

∴ $b_1 = 0$.

∴ $\int_C e^{1/z^2} dz = 0$. ∎

例7のように，特異点があっても積分の値が0になることがあることに注意する．すなわち，ジョルダン曲線に沿って特異点のまわりを1周積分して0になるのは正則性だけによるのではない．正則性は十分条件であって必要条件ではないのである．

関数 $f(z)$ がジョルダン曲線 C の内部に有限個の特異点をもつ場合，それらの特異点はすべて孤立している（孤立していない特異点というのは，その特異点のどんな近くにも無数の特異点があるということである（例4））．

次の定理は，ジョルダン曲線 C が正の向きをもち，$f(z)$ が C の上で正則

であるとき，$\int_C f(z)dz$ の値は，C の内部にある孤立特異点のそれぞれにおける留数の和の $2\pi i$ 倍であることを主張する．

留数定理

C は正の向きをもつジョルダン曲線，$f(z)$ は C の内部にある有限個の特異点 $z_1, z_2, \cdots, z_n$ を除いて正則であるとする．特異点 z_j における留数を $R(z_j)$ とすると

(3) $\quad \int_C f(z)dz = 2\pi i\{R(z_1) + R(z_2) + \cdots + R(z_n)\}$

が成り立つ．

証明 多重連結の場合のコーシー・グルサの定理（§4-4 の定理 5）と本質的には同じである．

特異点 $z_1, z_2, \cdots, z_n$ のまわりに互いに，また C とも交わらないようにそれぞれ小さな円 $C_1, C_2, \cdots, C_n$ を描く．これらに正方向の向きをつけると，§4-4 の (6) より，

$$\int_C f(z)dz - \int_{C_1} f(z)dz - \int_{C_2} f(z)dz - \cdots - \int_{C_n} f(z)dz = 0$$

である．これに

$$\int_{C_j} f(z)dz = 2\pi i R(z_j) \quad (j=1, 2, \cdots, n)$$

を代入すればよい．∎

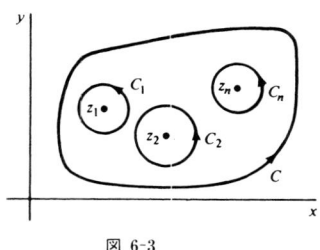

図 6-3

例 8

C を正方向をもつ円 $|z|=2$ として，

$$\int_C \frac{5z-2}{z(z-1)} dz$$

の値を求めよう．

特異点は $z=0, 1$ である．

$z=0$ における留数 $R(0)$ を求めるために，$z=0$ のまわりでローラン級数展開すると，

$$\frac{5z-2}{z(z-1)} = \frac{5z-2}{z} \cdot \frac{-1}{1-z} = \left(5 - \frac{2}{z}\right)(-1-z-z^2-\cdots)$$

$$= \frac{2}{z} - 3 - 3z - \cdots \quad (0 < |z| < 1).$$

∴ $R(0) = 2$.

次に，$z=1$ のまわりでローラン級数展開すると，

$$\frac{5z-2}{z(z-1)} = \frac{5z-2}{z-1} \cdot \frac{1}{z} = \frac{5(z-1)+3}{z-1} \cdot \frac{1}{1+(z-1)}$$

$$= \left(5 + \frac{3}{z-1}\right)\{1-(z-1)+(z-1)^2-\cdots\}$$

$$= \frac{3}{z-1} + 2 - 2(z-1) + 2(z-1)^2 - \cdots.$$

∴ $R(1) = 3$.

したがって，留数定理により，

$$\int_C \frac{5z-2}{z(z-1)} dz = 2\pi i \{R(0) + R(1)\} = 10\pi i.$$

[**別解**] $\displaystyle\int_C \frac{5z-2}{z(z-1)} dz = \int_C \left(\frac{2}{z} + \frac{3}{z-1}\right) dz$

$$= 2\int_C \frac{dz}{z} + 3\int_C \frac{dz}{z-1} = 2 \cdot 2\pi i + 3 \cdot 2\pi i = 10\pi i.$$

また，練習問題 6-5 (b) を参照せよ． ■

$f(z)$ のローラン級数の負べきの部分を $f(z)$ の**主要部**といい，主要部の形によって，特異点は 3 つのタイプに分類される．

第 1 のタイプは，$f(z)$ のローラン展開が

$$f(z) = \sum_{n=0}^{\infty} a_n(z-z_0)^n + \frac{b_1}{z-z_0} + \frac{b_2}{(z-z_0)^2} + \cdots + \frac{b_m}{(z-z_0)^m}$$

$$(b_m \neq 0, \quad 0 < |z-z_0| < R)$$

の形のときで，z_0 は**位数** m または m **位の極**とよばれる．負べきの項は $-m$ 次の項までしかない場合で，b_m 以外は 0 でもよい．

---- **例 9** ----

$$\frac{z^2-2z+3}{z-2}=z+\frac{3}{z-2}=2+(z-2)+\frac{3}{z-2} \quad (0<|z-2|<\infty)$$

について，$z=2$ が位数 1 の極である．また，$R(2)=3$, 主要部は $\dfrac{3}{z-2}$ である．∎

---- **例 10** ----

$$\frac{\sinh z}{z^4}=\frac{1}{z^4}\sum_{n=0}^{\infty}\frac{z^{2n+1}}{(2n+1)!}=\frac{1}{z^3}+\frac{1}{3!}\frac{1}{z}+\frac{1}{5!}z+\frac{1}{7!}z^3+\cdots$$
$$(0<|z|<\infty)$$

に対して，$z=0$ は位数 3 の極である．$R(0)=1/6$, 主要部は $\dfrac{1}{z^3}+\dfrac{1}{3!}\dfrac{1}{z}$ である．∎

第 2 のタイプは，主要部が無限個の項を含む場合である．この場合の特異点は**真性特異点**とよばれる．

---- **例 11** ----

$$e^{1/z}=1+\sum_{n=1}^{\infty}\frac{1}{n!}\frac{1}{z^n} \quad (0<|z|<\infty)$$

は，$z=0$ が真性特異点である．また，$R(0)=1$, $\sum$ の部分が主要部である．∎

第 3 のタイプは，ローラン級数が負べきの項をまったく含まない場合である．したがって，テーラー級数の形であるから，級数を見ただけでは特異点でないように見える．これは**除ける特異点**とよばれる（§5-4 の例 1 を参照）．$z=z_0$ における値を改めて a_0 と定義し直してやると $z=z_0$ は特異点でなくなる場合である．当然ながら留数は 0 である．

---- **例 12** ----

$z=0$ では定義されない関数 $f(z)=(e^z-1)/z$ の級数展開は

$$f(z)=\frac{1}{z}\left\{\left(1+\frac{z}{1!}+\frac{z^2}{2!}+\frac{z^3}{3!}+\cdots\right)-1\right\}$$

$$=1+\frac{z}{2!}+\frac{z^2}{3!}+\cdots \quad (0<|z|<\infty)$$

であるから，$z=0$ は除ける特異点である．

係数は $a_n=1/(n+1)!$ である．$f(0)=1\,(=a_0)$ と定めると，$f(z)$ は $z=0$ でも定義される関数になり，しかも $z=0$ は特異点でなくなる．■

§6-2　留数の求め方

$z=z_0$ が真性特異点の場合，z_0 における留数 $R(z_0)$ は，ローラン級数展開して $1/(z-z_0)$ の係数 b_1 を求める方法しかないが，極の場合にはもっと便利で簡単な方法がある．これを次に考えよう．

1°　1位の極の場合

ローラン級数は

$$f(z)=\frac{b_1}{z-z_0}+\sum_{n=0}^{\infty}a_n(z-z_0)^n$$

の形である $(b_1 = R(z_0))$ から，両辺に $z-z_0$ を掛けると

$$(z-z_0)f(z)=b_1+\sum_{n=0}^{\infty}a_n(z-z_0)^{n+1}.$$

ここで $z=z_0$，または $z\to z_0$ とすると，右辺の第2項 $\to 0$ である．よって，

(1) $\qquad R(z_0)=\lim_{z\to z_0}\{(z-z_0)f(z)\} \quad (=[(z-z_0)f(z)]_{z=z_0})$

である．*

----- 例 1 -----

§6-1 の例 8 について考えよう．

$f(z):=\dfrac{5z-2}{z(z-1)}$ の特異点は $z=0,\,1$ で，ともに 1 位の極である．

$$\therefore\ R(0)=[zf(z)]_{z=0}=\left[\frac{5z-2}{z-1}\right]_{z=0}=2,$$

---

* $f(z)=(e^z-1)/z^2$ のとき，$R(0)=\lim_{z\to 0}zf(z)=1$. $[zf(z)]_{z=0}$ はよくない．

$$R(1) = [(z-1)f(z)]_{z=1} = \left[\frac{5z-2}{z}\right]_{z=1} = 3.$$
$$\left(\therefore \int_C f(z)dz = 2\pi i\{R(0) + R(1)\} = 10\pi i.\right). \blacksquare$$

2° m 位の極の場合

ローラン級数は
$$f(z) = \frac{b_m}{(z-z_0)^m} + \frac{b_{m-1}}{(z-z_0)^{m-1}} + \cdots + \frac{b_2}{(z-z_0)^2} + \frac{b_1}{z-z_0}$$
$$+ \sum_{n=0}^{\infty} a_n(z-z_0)^n \quad (b_m \neq 0)$$

の形である ($b_1 = R(z_0)$). 両辺に $(z-z_0)^m$ を掛けると,
$$(z-z_0)^m f(z) = b_m + b_{m-1}(z-z_0) + \cdots + b_2(z-z_0)^{m-2} + b_1(z-z_0)^{m-1}$$
$$+ \sum_{n=0}^{\infty} a_n(z-z_0)^{n+m}.$$

この両辺を, $(m-1)$ 回微分すると
$$\frac{d^{m-1}}{dz^{m-1}}\{(z-z_0)^m f(z)\} = (m-1)!\, b_1$$
$$+ \sum_{n=0}^{\infty} a_n(n+m)(n+m-1)\cdots\cdots(n+2)(z-z_0)^{n+1}$$

だから, $z=z_0$, または $z \to z_0$ とすれば, 右辺の $\sum$ の部分は 0 になる. したがって,

(2) $$R(z_0) = \frac{1}{(m-1)!} \lim_{z \to z_0} \frac{d^{m-1}}{dz^{m-1}}\{(z-z_0)^m f(z)\}$$
$$\left(= \frac{1}{(m-1)!}\left[\frac{d^{m-1}}{dz^{m-1}}\{(z-z_0)^m f(z)\}\right]_{z=z_0}\right) (m = 1, 2, \cdots)$$

である. (§4-7 (9) と比較せよ.) $m=1$ の場合が (1) である.

―― 例 2 ――――――――――――――――――――――――――
練習問題 4-33 (d), (e) について考えよう.
[a] $f(z) := \dfrac{\tan(z/2)}{(z-x_0)^2}$ $(-2 < x_0 < 2)$. $z_0 = x_0$, $m=2$ の場合であるから

$$R(x_0) = \left[\{(z-x_0)^2 f(z)\}'\right]_{z=x_0} = \left[\left(\tan\frac{z}{2}\right)'\right]_{z=x_0}$$
$$= \frac{1}{2}\sec^2\frac{x_0}{2}. \quad \left(\because \int_C f(z)dz = 2\pi i R(x_0) = \pi i \sec^2\frac{x_0}{2}.\right)$$

[b]　$f(z) := \dfrac{\cosh z}{z^4}$. $z_0 = 0$, $m = 4$ の場合である.

$$\therefore \quad R(0) = \frac{1}{3!}\left[\{z^4 f(4)\}'''\right]_{z=0} = \frac{1}{6}\left[(\cosh z)'''\right]_{z=0} = 0.$$
$$\left(\therefore \int_C f(z)dz = 0.\right)$$

—— 例 3 ——

$f(z) = \dfrac{\sinh z}{z^3}$ の特異点 $z=0$ は極ではあるが, 位数は 3 ではない.

(3) $\quad f(z) = \dfrac{1}{z^3}\sum_{n=0}^{\infty}\dfrac{z^{2n+1}}{(2n+1)!} = \dfrac{1}{z^3}\left(z + \dfrac{z^3}{3!} + \dfrac{z^5}{5!} + \cdots\right)$

$\qquad\qquad = \dfrac{1}{z^2} + \dfrac{z}{3!} + \dfrac{z^2}{5!} + \cdots$

からわかるように, 位数は 2 である. (実は, この段階で $R(0) = 0$ がわかる.)

$$\therefore \quad \{z^2 f(z)\}' = \left(\frac{\sinh z}{z}\right)' = \frac{z\cosh z - \sinh z}{z^2}$$
$$= \frac{1}{z^2}\left\{z\left(1 + \frac{z^2}{2!} + \frac{z^4}{4!} + \cdots\right) - \left(z + \frac{z^3}{3!} + \frac{z^5}{5!} + \cdots\right)\right\}$$
$$= \left(\frac{1}{2!} - \frac{1}{3!}\right)z + \left(\frac{1}{4!} - \frac{1}{5!}\right)z^2 + \cdots.$$
$$\therefore \quad R(0) = [\{z^2 f(z)\}']_{z=0} = 0. \quad \blacksquare$$

3°　分数関数の場合

$f(z)$ が $z = z_0$ で 1 位の極をもち,

$$f(z) := \frac{p(z)}{q(z)} \quad (p(z_0) \neq 0, \ q(z_0) = 0, \ q'(z_0) \neq 0)$$

のように表されるとき, z_0 における留数 $R(z_0)$ は

(4) $\quad R(z_0) = \left[\dfrac{p(z)}{q'(z)}\right]_{z=z_0} = \dfrac{p(z_0)}{q'(z_0)}$

である. これは次のようにしてわかる.

$$q(z)=(z-z_0)r(z), \quad r(z_0)\neq 0$$

と書けるから，

$$f(z)=\frac{p(z)}{(z-z_0)r(z)}.$$

(1) により，

$$R(z_0)=[(z-z_0)f(z)]_{z=z_0}=\left[\frac{p(z)}{r(z)}\right]_{z=z_0}=\frac{p(z_0)}{r(z_0)}.$$

ところで，$q(z)=(z-z_0)r(z)$ を微分すると

$$q'(z)=r(z)+(z-z_0)r'(z).$$

∴ $q'(z_0)=r(z_0)$.

∴ $R(z_0)=\dfrac{p(z_0)}{q'(z_0)}.$

—— 例 4 ——

この方法で，

$$f(z):=\frac{z+1}{z^2+9}$$

の留数を求めてみよう．

$$p(z)=z+1, \quad q(z)=z^2+9$$

である．

∴ $q'(z)=2z$

∴ $R(3i)=\left[\dfrac{p(z)}{q'(z)}\right]_{z=3i}=\left[\dfrac{z+1}{2z}\right]_{z=3i}=\dfrac{3i+1}{6i}=\dfrac{3-i}{6},$

$R(-3i)=\left[\dfrac{p(z)}{q'(z)}\right]_{z=-3i}=\left[\dfrac{z+1}{2z}\right]_{z=-3i}=\dfrac{-3i+1}{-6i}=\dfrac{3+i}{6}.$ ■

—— 例 5 ——

関数

$$f(z):=\cot z=\frac{\cos z}{\sin z}$$

について考えよう．

$p(z)=\cos z$, $q(z)=\sin z$ とおく．$f(z)$ の特異点は $\sin z$ の零点 $z=n\pi$ ($n=0, \pm 1, \pm 2, \cdots$) である．

ところで，$p(n\pi)=(-1)^n \neq 0$, $q(n\pi)=0$, $q'(n\pi)=\cos(n\pi)=(-1)^n \neq 0$ だから，$z=n\pi$ はすべて $f(z)$ の 1 位の極である．

$$\therefore \quad R(n\pi)=\frac{p(n\pi)}{q'(n\pi)}=\frac{(-1)^n}{(-1)^n}=1. \quad \blacksquare$$

―― 例 6 ――

$$f(z):=\frac{z}{z^4+4}$$

の特異点 $z_0=(-4)^{1/4}=\sqrt{2}e^{i\pi/4}=1+i$ における留数 $R(z_0)$ を求めよう．

$p(z)=z$, $q(z)=z^4+4$ とおくと，$p(z_0)=z_0 \neq 0$, $q'(z_0)=4z_0^3 \neq 0$ だから z_0 は $f(z)$ の 1 位の極である．

$$\therefore \quad R(z_0)=\frac{p(z_0)}{q'(z_0)}=\frac{1}{4z_0^2}=\frac{1}{8i}=-\frac{i}{8}. \quad \blacksquare$$

例 6 の場合は，公式 (1) を用いるとやや複雑な計算になる．

§6-3 実関数の定積分

実数変数 x の実数値関数 $f(x)$ の積分，とくに無限積分の中には，留数定理を用いると，実数の範囲内で考えるよりも簡単に積分の値を求めることができるものがある．

無限積分 $\int_0^\infty f(x)\,dx$ は

$$(1) \qquad \int_0^\infty f(x)\,dx = \lim_{r\to\infty}\int_0^r f(x)\,dx$$

で定義され，右辺の極限値が存在するとき，この無限積分は**収束する**といい，その極限値を無限積分の値という．

無限積分 $\int_{-\infty}^\infty f(x)\,dx$ は

$$(2) \qquad \int_{-\infty}^\infty f(x)\,dx = \int_{-\infty}^0 f(x)\,dx + \int_0^\infty f(x)\,dx$$
$$= \lim_{r\to\infty}\int_{-r}^0 f(x)\,dx + \lim_{r'\to\infty}\int_0^{r'} f(x)\,dx$$

で定義する．

$f(x)$ が偶関数，すなわち，$f(-x)=f(x)$ の場合

$$\int_{-\infty}^{0} f(x)\,dx = \int_{0}^{\infty} f(x)\,dx$$

であるから，

(3) $\quad \int_{-\infty}^{\infty} f(x)\,dx = 2\int_{0}^{\infty} f(x)\,dx \quad (f(x)\text{：偶関数})$

である．

x が実数のとき関数 $f(x)$ の値は，複素関数 $f(z)$ の $z=x+i0$ の場合の値であると見なせる．そこで，$f(z)$ が複素平面全体で定義される関数であると考えて，留数定理を応用し無限積分の値を求めようというのである．この方法を，まず，$f(z)$ の特異点が実軸上にはない場合について，例で示そう．

1° 有理関数の無限積分

―― 例 1 ――

微分積分学でよく知られる

(4) $\quad \int_{-\infty}^{\infty} \dfrac{dx}{x^2+1} = \pi$

について考えよう．

不定積分が $\tan^{-1} x$ であることから，実数の範囲の計算でも簡単に求められる値であるが，留数定理を使うと次のようになる．

実軸上の線分 $[-r, r]$ と，原点を中心とする上半円 $C_r : |z|=r$ を結ぶジョルダン曲線 C（図 6-4）を考える．向きは正方向とする．留数定理（§6-1）によれば，

(5) $\quad \int_C f(z)\,dz = \int_{-r}^{r} f(x)\,dx + \int_{C_r} f(z)\,dz = 2\pi i R(i)$

である．ただし，$R(i)$ は $f(z)=1/(z^2+1)$ の 1 つの特異点 $z=i$ における

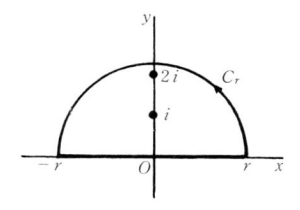

図 6-4

留数であり，r は点 $z=i$ がジョルダン曲線 C の内部にある程度に大きい値 ($r>1$) とする．

$$R(i) = \left[\frac{1}{(z^2+1)'}\right]_{z=i} = \frac{1}{2i} \quad (\S\,6\text{-}2\,の(4)から)$$

であるから，$2\pi i R(i) = \pi$ である．よって，(5) から

$$\int_{-\infty}^{\infty} f(x)\,dx = \lim_{r\to\infty}\int_{-r}^{r} f(x)\,dx = \pi - \lim_{r\to\infty}\int_{C_r} f(z)\,dz$$

の形に書けるから，最後の項 $=0$ が示されればよいことになる．

z が半円 C_r 上の点であるとき，$|z|=r>1$ である．

$\therefore \; |z^2+1| \geqq ||z|^2-1| = r^2-1$．$\therefore \; 1/|z^2+1| \leqq 1/(r^2-1)$．

$\therefore \; \left|\int_{C_r} f(z)\,dz\right| \leqq \int_{C_r} \frac{1}{|z^2+1|}\,|dz| \quad (\S\,4\text{-}3\,の(9))$

$$\leqq \frac{1}{r^2-1}\int_{C_r} |dz| = \frac{\pi r}{r^2-1} \to 0 \quad (r\to\infty)．$$

$\therefore \; \lim_{r\to\infty}\int_{C_r} f(z) = 0．$

$\therefore \; \int_{-\infty}^{\infty}\frac{dx}{x^2+1} = \pi．$ ∎

この例からもわかるように，数学的に重要な部分は

$$\lim_{r\to\infty}\int_{C_r} f(z)\,dz = 0$$

を示すところである．

───── **例 2** ─────────────────────────────

無限積分

$$\int_0^{\infty} \frac{2x^2-1}{x^4+5x^2+4}\,dx$$

の値を求めよう．

$$f(z) = \frac{2z^2-1}{z^4+5z^2+4}$$

とおくと，上半平面にある $f(z)$ の特異点は $i, 2i$ の 2 つである．

$r>2$ として，例 1 のように正方向をもつジョルダン曲線 C (区間 $[-r, r]$ と上半円 $C_r:|z|=r$ を結んだもの，図 6-4) を考えると，留数定理によって，

$$\int_{-r}^{r} f(x)\,dx + \int_{C_r} f(z)\,dz = 2\pi i\{R(i) + R(2i)\}.$$

z が C_r 上にあるとき, $|z| = r$ (>2).

∴ $|2z^2 - 1| \leq 2|z|^2 + 1 = 2r^2 + 1$,

$|z^4 + 5z^2 + 4| = |(z^2+1)(z^2+4)| \geq ||z|^2 - 1|\,||z|^2 - 4|$
$\qquad\qquad = (r^2 - 1)(r^2 - 4)$.

∴ $\left|\int_{C_r} f(z)\,dz\right| \leq \dfrac{2r^2 + 1}{(r^2-1)(r^2-4)} \int_{C_r} |dz|$ （§ 4-3 の (9)）

$\qquad\qquad = \dfrac{(2r^2+1)\cdot \pi r}{(r^2-1)(r^2-4)} \to 0 \quad (r \to \infty)$.

ところで,
$$R(i) = \left[\dfrac{2z^2 - 1}{(z^4 + 5z^2 + 4)'}\right]_{z=i} = -\dfrac{1}{2i},$$
$$R(2i) = \left[\dfrac{2z^2 - 1}{(z^4 + 5z^2 + 4)'}\right]_{z=2i} = \dfrac{3}{4i}$$

だから,
$$\int_{-\infty}^{\infty} f(x)\,dx = 2\pi i\left(-\dfrac{1}{2i} + \dfrac{3}{4i}\right) = \dfrac{\pi}{2}.$$

∴ $\displaystyle\int_{0}^{\infty} \dfrac{2x^2 - 1}{x^4 + 5x^2 + 4}\,dx = \dfrac{\pi}{4}$. ∎

これらの例からもわかるように, $p(x)$ と $q(x)$ が多項式で共通因数をもたない場合には,

$$\left|\int_{C_r} \dfrac{p(z)}{q(z)}\,dz\right| = \dfrac{r \text{ の}(p(x) \text{ の次数}+1)\text{次の多項式}}{r \text{ の}(q(x) \text{ の次数})\text{次の多項式}} \leq \dfrac{a}{r^k}$$

$(a = \text{正定数},\ k \geq 1,\ \text{分子の } +1 \text{ は } C_r \text{ の周の長さの分である})$

$$\Longrightarrow \lim_{r \to \infty} \int_{C_r} \dfrac{p(z)}{q(z)}\,dz = 0.$$

したがって,

---

(6) $\qquad (q(x) \text{ の次数}) \geq (p(x) \text{ の次数}) + 2$
$\qquad\qquad \Longrightarrow$
(7) $\qquad \displaystyle\int_{-\infty}^{\infty} \dfrac{p(x)}{q(x)}\,dx = 2\pi i\{R(z_1) + R(z_2) + \cdots + R(z_k)\}$
$\qquad (R(z_j)$ は上半平面上の特異点 $(q(z)$ の零点$)$ z_j
$\qquad\qquad\qquad\qquad$ における $p(x)/q(x)$ の留数$)$

例 3

無限積分
$$\int_0^\infty \frac{x^2}{(x^2+1)(x^2+4)}dx = \frac{\pi}{6}$$
を示そう．

区間 $[-r, r]$ $(r>2)$ と原点を中心とする上半円 $C_r : |z| = r$ をつなげたジョルダン曲線（正の方向）を C とする（図 6-4）．被積分関数の分母の次数は分子より 2 だけ大きいから，(6) より，

$$\lim_{r \to \infty} \int_{C_r} \frac{z^2}{(z^2+1)(z^2+4)}dz = 0.$$

$$\therefore \int_{-\infty}^\infty \frac{x^2}{(x^2+1)(x^2+4)}dx = 2\pi i\{R(i) + R(2i)\} \quad ((7) \text{ から})$$

$$= 2\pi i\left(\frac{-1}{6i} + \frac{1}{3i}\right) = \frac{\pi}{3}. \quad (\S 6\text{-}2 \text{ の}(4))$$

$$\therefore \int_0^\infty \frac{x^2}{(x^2+1)(x^2+4)}dx = \frac{\pi}{6}. \quad \blacksquare$$

2° 三角関数を含む無限積分

無限積分
$$\int_{-\infty}^\infty \frac{p(x)}{q(x)}\sin x\, dx, \quad \int_{-\infty}^\infty \frac{p(x)}{q(x)}\cos x\, dx$$
について考えよう．これらはそれぞれ

$$\int_{-\infty}^\infty \frac{p(x)}{q(x)}e^{ix}dx \quad \left(=\int_{-\infty}^\infty \frac{p(x)}{q(x)}\cos x\, dx + i\int_{-\infty}^\infty \frac{p(x)}{q(x)}\sin x\, dx\right)$$

の虚部，実部である．

例 4

無限積分
$$\int_{-\infty}^\infty \frac{\cos x}{(x^2+1)^2}dx = \frac{\pi}{e}$$
を示そう．

$$f(z) = \frac{e^{iz}}{(z^2+1)^2}$$

とおくと，特異点は $z = i$, $z = -i$ である．区間 $[-r, r]$ $(r>1)$ と上半円

$C_r : |z|=r$ を結んだジョルダン曲線を C とおく（向きは正方向）．

C の内部には1つの特異点 i があるから，留数定理により，

(8) $$\int_{-r}^{r} \frac{e^{ix}}{(x^2+1)^2}dx = 2\pi i R(i) - \int_{C_r} \frac{e^{iz}}{(z^2+1)^2}dz$$

である．

$z=i$ は $f(z)$ の2位の極であるから，§6-2の(2)によって，

$$R(i) = [\{(z-i)^2 f(z)\}']_{z=i} = -\frac{i}{2e}.$$

等式(8)の実部をとると，

$$\int_{-r}^{r} \frac{\cos x}{(x^2+1)^2}dx = \frac{\pi}{e} - \mathrm{Re}\int_{C_r} \frac{e^{iz}}{(z^2+1)^2}dz.$$

$z=x+iy$ が C_r 上にあるとき $|z|=r$ だから，$|z^2+1| \geq ||z|^2-1| = r^2-1$，また，$y \geq 0$ であるから，$|e^{iz}| = |e^{ix-y}| = |e^{ix}||e^{-y}| = e^{-y} \leq 1$．

$$\therefore \quad \left|\mathrm{Re}\int_{C_r} \frac{e^{iz}}{(z^2+1)^2}dz\right| \leq \left|\int_{C_r} \frac{e^{iz}}{(z^2+1)^2}dz\right|$$

$$\leq \int_{C_r} \frac{|e^{iz}|}{|z^2+1|^2}|dz| \qquad (\S 4\text{-}3\,\text{の}(9))$$

$$\leq \frac{1}{(r^2-1)^2}\cdot \pi r \to 0 \quad (r\to\infty).$$

$$\therefore \quad \int_{-\infty}^{\infty} \frac{\cos x}{(x^2+1)^2}dx = \lim_{r\to\infty}\int_{-r}^{r} \frac{\cos x}{(x^2+1)^2}dx$$

$$= \frac{\pi}{e} - \lim_{r\to\infty}\mathrm{Re}\int_{C_r} \frac{e^{iz}}{(z^2+1)^2}dz = \frac{\pi}{e}. \quad \blacksquare$$

―― 例 5 ――

無限積分

$$\int_{-\infty}^{\infty} \frac{\cos x}{x^2+1}dx$$

の値を求めよう．

これは，$\int_{-\infty}^{\infty} \frac{e^{ix}}{x^2+1}dx$ の実部である．例4のように C_r を定める（図6-4を参照）．上半平面にある特異点は $z=i$ だから，

(9) $$\int_{-r}^{r} \frac{e^{ix}}{x^2+1}dx = 2\pi i R(i) - \int_{C_r} \frac{e^{iz}}{z^2+1}dz.$$

$z=i$ は1位の極だから，§6-2 の(4)より

$$R(i) = \left[\frac{e^{iz}}{(z^2+1)'}\right]_{z=i} = -\frac{i}{2e}.$$

$$\therefore \int_{-r}^{r} \frac{e^{ix}}{x^2+1} dx = \frac{\pi}{e} - \int_{C_r} \frac{e^{iz}}{z^2+1} dz.$$

$z=x+iy$ が C_r 上にあるとき，$|z^2+1| \geqq ||z|^2-1| = r^2-1$.
また，$y \geqq 0$ より，$|e^{iz}| = |e^{ix-y}| = |e^{ix}| \cdot e^{-y} = e^{-y} \leqq 1$ である.

$$\therefore \left|\int_{C_r} \frac{e^{iz}}{z^2+1} dz\right| \leqq \int_{C_r} \frac{|e^{iz}|}{|z^2+1|} |dz| \leqq \frac{\pi r}{r^2-1} \to 0 \quad (r \to \infty).$$

$$\therefore \int_{-\infty}^{\infty} \frac{e^{ix}}{x^2+1} dx = \frac{\pi}{e}.$$

$$\therefore \int_{-\infty}^{\infty} \frac{\cos x}{x^2+1} dx = \frac{\pi}{e} \quad (両辺の実部を比較する).$$

(先に (9) の実部をとってから $r \to \infty$ としても同じ結果を得る.) ∎

―― 例 6 ――

無限積分 $\int_{-\infty}^{\infty} \frac{x \sin x}{x^2+1} dx \left(=\frac{\pi}{e}\right)$ は複素積分 $\int_{-\infty}^{\infty} \frac{xe^{ix}}{x^2+1} dx$ の虚部である.

x の多項式の項にのみ注目すると，分母と分子の次数の差が1である. この場合も，C_r を例4のようにとり (図6-4を参照)，同じように考えると，上半平面上にある特異点が i であることから，

$$\int_{-r}^{r} \frac{xe^{ix}}{x^2+1} dx = 2\pi i R(i) - \int_{C_r} \frac{ze^{iz}}{z^2+1} dz$$

である.

しかし，この場合，$r \to \infty$ のとき，右辺の第2項 $\to 0$ は上の2つの例のようには簡単に示せない.

(10) $\left|\int_{C_r} \frac{ze^{iz}}{z^2+1} dz\right| \leqq \int_{C_r} \frac{|z||e^{iz}|}{|z^2+1|} |dz|$ (§4-3 の(9))

$$\leqq \int_{C_r} \frac{r \cdot 1}{r^2-1} |dz| = \frac{r}{r^2-1} \int_{C_r} |dz| = \frac{\pi r^2}{r^2-1}$$

$$(|e^{iz}| = |e^{ix-y}| = e^{-y} \leqq 1 \ (y \geqq 0))$$

より，最後の項の分子と分母が同じ次数だからである. ∎

この例6のように分母，分子の次数の差が1の場合には，次のジョルダン

の不等式とよばれる不等式が有効である．

> **ジョルダンの不等式**
> $r>0$ のとき
> (11) $\displaystyle\int_0^{\pi/2} e^{-r\sin\theta}d\theta < \frac{\pi}{2r}$, (12) $\displaystyle\int_0^{\pi} e^{-r\sin\theta}d\theta < \frac{\pi}{r}$
> が成り立つ．

証明 $0 \leqq \theta \leqq \pi/2$ のとき $\sin\theta \geqq \dfrac{2}{\pi}\theta$ である（図 6-5）から，$-r\sin\theta \leqq -(2r/\pi)\theta$．

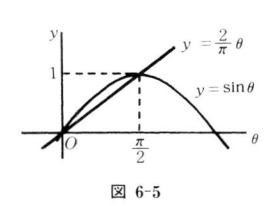

$$\therefore \int_0^{\pi/2} e^{-r\sin\theta}d\theta \leqq \int_0^{\pi/2} e^{-(2r/\pi)\theta}d\theta = \frac{\pi}{2r}(1-e^{-r}) < \frac{\pi}{2r}.$$

また，$\displaystyle\int_{\pi/2}^{\pi} e^{-r\sin\theta}d\theta = \int_0^{\pi/2} e^{-r\sin\varphi}d\varphi \quad (\theta = \pi - \varphi) = \int_0^{\pi/2} e^{-r\sin\theta}d\theta$

より，(12) が (11) から導かれる．■

図 6-5

―― **例 6**（続き）――

不等式 (10) の計算の途中で
$$|e^{iz}| \leqq 1$$
を用いているが，z が C_r 上の点だから $z = r(\cos\theta + i\sin\theta)\,(0\leqq\theta\leqq\pi)$ であることから，
$$|e^{iz}| = |e^{ir(\cos\theta + i\sin\theta)}| = |e^{ir\cos\theta - r\sin\theta}|$$
$$= |e^{ir\cos\theta}|\cdot|e^{-r\sin\theta}| = e^{-r\sin\theta}$$
と変形すると，より精密な不等式
$$\int_{C_r} \frac{|z||e^{iz}|}{|z^2+1|}|dz| \leqq \int_{C_r} \frac{re^{-r\sin\theta}}{r^2-1}|dz|$$
が得られる．C_r 上の積分であるから
$$z = re^{i\theta} \quad (0\leqq\theta\leqq\pi)$$

とおくと，$|dz|=|z'(\theta)|d\theta=|ire^{i\theta}|d\theta=rd\theta$.

$$\therefore \int_{C_r}\frac{re^{-r\sin\theta}}{r^2-1}|dz|=\int_0^\pi \frac{re^{-r\sin\theta}}{r^2-1}\cdot rd\theta=\frac{r^2}{r^2-1}\int_0^\pi e^{-r\sin\theta}d\theta$$

$$=\frac{r^2}{r^2-1}\left(\int_0^{\pi/2}e^{-r\sin\theta}d\theta+\int_{\pi/2}^\pi e^{-r\sin\theta}d\theta\right)$$

$$=\frac{r^2}{r^2-1}\left(\int_0^{\pi/2}e^{-r\sin\theta}d\theta+\int_0^{\pi/2}e^{-r\sin\varphi}d\varphi\right) \quad (\theta=\pi-\varphi \text{ とおく})$$

$$=\frac{2r^2}{r^2-1}\int_0^{\pi/2}e^{-r\sin\theta}d\theta<\frac{2r^2}{r^2-1}\cdot\frac{\pi}{2r} \quad \text{(ジョルダンの不等式 (11))}$$

$$<\frac{r^2}{r^2-1}\cdot\frac{\pi}{r}=\frac{\pi r}{r^2-1} \quad \text{(ジョルダンの不等式 (12))}.$$

$$\therefore \left|\int_{C_r}\frac{ze^{iz}}{z^2+1}dz\right|<\frac{\pi r}{r^2-1}\to 0 \quad (r\to 0).$$

$$\therefore \int_{-\infty}^\infty \frac{xe^{ix}}{x^2+1}dx=2\pi i R(i).$$

$z=i$ は1位の極だから，§6-2の(4)によって，

$$R(i)=\left[\frac{ze^{iz}}{(z^2+1)'}\right]_{z=i}=\left[\frac{e^{iz}}{2}\right]_{z=i}=\frac{e^{-1}}{2}=\frac{1}{2e}.$$

$$\therefore \int_{-\infty}^\infty \frac{x\sin x}{x^2+1}dx=\text{Im}\int_{-\infty}^\infty \frac{xe^{ix}}{x^2+1}dx=\text{Im}\left(2\pi i\cdot\frac{1}{2e}\right)=\frac{\pi}{e}. \quad\blacksquare$$

この例からわかるように，次が成り立つ：

$(q(x)$ の次数$)\geq(p(x)$ の次数$)+1 \Longrightarrow \lim_{r\to\infty}\int_{C_r}\frac{p(z)e^{iz}}{q(z)}dz=0$,

(12) $\quad \int_{-\infty}^\infty \frac{p(x)\cos x}{q(x)}dx=\text{Re}(2\pi i\{R(z_1)+R(z_2)+\cdots+R(z_k)\})$,

(13) $\quad \int_{-\infty}^\infty \frac{p(x)\sin x}{q(x)}dx=\text{Im}(2\pi i\{R(z_1)+R(z_2)+\cdots+R(z_k)\})$

$(R(z_j)$ は上半平面上の特異点 $(q(z)$ の零点$)$ z_j
における $p(z)e^{iz}/q(z)$ の留数$)$.

—— 例 7 ——

$$\int_{-\infty}^\infty \frac{x\sin x}{x^2+2x+2}dx=\frac{\pi}{e}(\sin 1+\cos 1)$$

を示そう．

$$p(x)=x, \quad q(x)=x^2+2x+2$$

であるから，(13)が使える．上半平面上の特異点は $-1+i$.

$$\therefore \quad R(-1+i)=\left[\frac{ze^{iz}}{(z^2+2z+2)'}\right]_{z=-1+i}=\frac{(-1+i)e^{-i}}{2ei}$$

$$=\frac{(\sin 1-\cos 1)+i(\sin 1+\cos 1)}{2ei}.$$

$$\therefore \quad \int_{-\infty}^{\infty}\frac{x\sin x}{x^2+2x+2}dx=\mathrm{Im}\{2\pi iR(-1+i)\}=\frac{\pi(\sin 1+\cos 1)}{e}.$$

また，$\int_{-\infty}^{\infty}\frac{x\cos x}{x^2+2x+2}dx=\frac{\pi(\sin 1-\cos 1)}{e}$ である． ∎

3° 特異点が実軸上にある場合

今までの積分は，いずれも実軸上に特異点をもたない場合であった．ここで，特異点が実軸上にある場合について考えよう．

―― 例 8 ――――――――――――――――――――

図 6-6 の扇形の路に沿って積分することにより，

$$\int_0^{\infty}\frac{dx}{x^3+1}=\frac{2\pi}{3\sqrt{3}}$$

を導こう．

関数 $1/(z^3+1)$ は $z=-1$ を特異点とするから，積分路を図 6-4 のようにとるわけにはいかない．そこで，図 6-6 のように積分路をとると，留数定理によって，

$$\int_0^r\frac{dx}{x^3+1}+\int_{C_r}\frac{dz}{z^3+1}+\int_{re^{2\pi i/3}}^0\frac{dz}{z^3+1}=2\pi iR(e^{\pi i/3}).$$

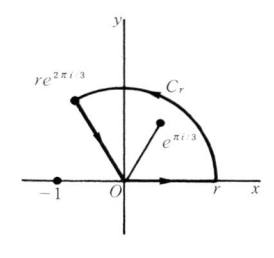

図 6-6

ここで,
$$\left|\int_{C_r}\frac{dz}{z^3+1}\right|=\left|\int_0^{2\pi/3}\frac{ire^{i\theta}}{(re^{i\theta})^3+1}d\theta\right| \quad (z=re^{i\theta} \text{ とおく})$$
$$\leq \frac{r}{r^3-1}\int_0^{2\pi/3}d\theta=\frac{2\pi r}{3(r^3-1)}\to 0 \quad (r\to\infty),$$
$$\int_{re^{(2/3)\pi i}}^0 \frac{dz}{z^3+1}=\int_r^0 \frac{e^{(2/3)\pi i}}{(se^{(2/3)\pi i})^3+1}ds \quad (z=se^{(2/3)\pi i} \text{ とおく})$$
$$=-e^{(2/3)\pi i}\int_0^r \frac{ds}{s^3+1}=-e^{(2/3)\pi i}\int_0^r \frac{dx}{x^3+1},$$
$$R(e^{(\pi/3)i})=\left[\frac{1}{(z^3+1)'}\right]_{z=e^{(\pi/3)i}}=\frac{e^{-(2/3)\pi i}}{3}$$
である.
$$\therefore \quad \int_0^\infty \frac{dx}{x^3+1}+0-e^{(2/3)\pi i}\int_0^\infty \frac{dx}{x^3+1}=2\pi i \frac{e^{-(2/3)\pi i}}{3}.$$
$$\therefore \quad \int_0^\infty \frac{dx}{x^3+1}=\frac{1}{1-e^{(2/3)\pi i}}\cdot\frac{2\pi i}{3}e^{-(2/3)\pi i}=\frac{2}{3-\sqrt{3}i}\cdot\frac{2\pi i}{3}\cdot\frac{-1-\sqrt{3}i}{2}$$
$$=\frac{2\pi}{3\sqrt{3}}. \quad \blacksquare$$

---- 例 9 ----

$$\int_0^\infty \frac{\sin x}{x}dx=\frac{\pi}{2}$$

が成り立つことを示そう.

図 6-7 のような 2 つの半円と線分からなるジョルダン曲線の内部で e^{iz}/z は正則である.

$$\therefore \quad \left(\int_\varepsilon^r+\int_{C_r}+\int_{-r}^{-\varepsilon}+\int_{C_\varepsilon}\right)\frac{e^{iz}}{z}dz=0.$$
$$\therefore \quad \left(\int_\varepsilon^r+\int_{-r}^{-\varepsilon}\right)\frac{e^{iz}}{z}dz=-\left(\int_{C_r}+\int_{C_\varepsilon}\right)\frac{e^{iz}}{z}dz.$$

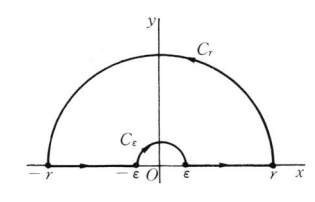

図 6-7

ここで，
$$\int_{-r}^{-\varepsilon} \frac{e^{iz}}{z} dz = \int_{r}^{\varepsilon} \frac{e^{-iw}}{-w}(-dw) = -\int_{\varepsilon}^{r} \frac{e^{-iw}}{w} dw$$
$$= -\int_{\varepsilon}^{r} \frac{e^{-iz}}{z} dz.$$
$$\therefore \left(\int_{\varepsilon}^{r} + \int_{-r}^{-\varepsilon}\right) \frac{e^{iz}}{z} dz = \int_{\varepsilon}^{r} \frac{e^{iz} - e^{-iz}}{z} dz = 2i \int_{\varepsilon}^{r} \frac{\sin z}{z} dz.$$
$$\therefore 2i \int_{\varepsilon}^{r} \frac{\sin x}{x} dx = -\left(\int_{C_r} + \int_{C_\varepsilon}\right) \frac{e^{iz}}{z} dz.$$

ところで，
$$\left|\int_{C_r} \frac{e^{iz}}{z} dz\right| = \left|\int_{0}^{\pi} \frac{e^{ir(\cos\theta + i\sin\theta)}}{re^{i\theta}} rie^{i\theta} d\theta\right| \leq \int_{0}^{\pi} e^{-r\sin\theta} d\theta$$
$$= 2\int_{0}^{\pi/2} e^{-r\sin\theta} d\theta$$
$$< 2 \cdot \frac{\pi}{2r} \quad (\text{例6（続き），ジョルダンの不等式から})$$
$$= \frac{\pi}{r} \to 0 \quad (r \to \infty),$$
$$\int_{C_\varepsilon} \frac{e^{iz}}{z} dz = \int_{\pi}^{0} \frac{e^{i\varepsilon(\cos\theta + i\sin\theta)}}{\varepsilon e^{i\theta}} \varepsilon i e^{i\theta} d\theta \to -i \int_{0}^{\pi} e^{0} d\theta$$
$$= -i\pi \quad (\varepsilon \to 0).$$
$$\therefore 2i \int_{\varepsilon}^{r} \frac{\sin x}{x} dx \to 0 + \pi i \quad (r \to \infty,\ \varepsilon \to 0).$$
$$\therefore \int_{0}^{\infty} \frac{\sin x}{x} dx = \frac{\pi}{2}. \quad \blacksquare$$

4° 多価関数の無限積分

―― 例 10 ――

$$\int_{0}^{\infty} \frac{x^{-a}}{x+1} dx = \frac{\pi}{\sin a\pi} \quad (0 < a < 1)$$

を示そう．

$0 < a < 1$ だから，$z^{-a}/(z+1)$ は $z=0$ を分岐点とする多価関数で，$z=-1$ は1位の極である．$z>0$ のとき $z^{-a}>0$ なる分枝をえらぶ．

図6-8のように，同心円 C_r, C_ε と，線分 PQ, SR をとり，これらでつくら

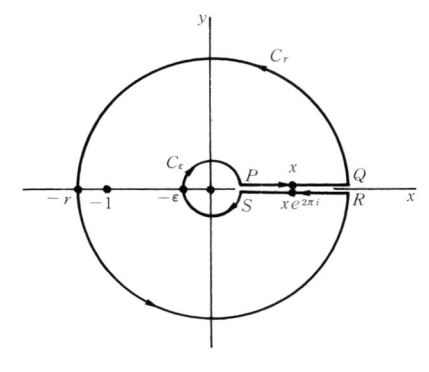

図 6-8

れるジョルダン曲線の内部に特異点 -1 があるように，ε を十分小さく，また r を十分大きくとる．

線分 PQ と SR は実軸上にある同一の線分 $[\varepsilon, r]$ であるが，便宜上，図 6-8 のように離して書いておくと便利である：

PQ 上の点 x と SR 上の点 x は同じ位置にあっても，SR 上の x は $xe^{2\pi i}$ の形に表しておく（$z=0$ が分岐点で，正方向に 1 周まわる位置関係にあるから）．

留数定理により

$$\left(\int_{PQ} + \int_{C_r} + \int_{RS} + \int_{C_\varepsilon}\right)\frac{z^{-a}}{z+1}dz = 2\pi i R(-1).$$

積分路のとり方から，$0 \leq \arg z \leq 2\pi$ に注意すると，$-1 = e^{\pi i}$ である．

$$\therefore \quad R(-1) = \left[\frac{z^{-a}}{(z+1)'}\right]_{z=-1} = (-1)^{-a} = (e^{\pi i})^{-a} = e^{-\pi ai}.$$

$$\therefore \quad \int_\varepsilon^r \frac{x^{-a}}{x+1}dx + \int_0^{2\pi} \frac{(re^{i\theta})^{-a}}{re^{i\theta}+1}rie^{i\theta}d\theta + \int_r^\varepsilon \frac{(xe^{2\pi i})^{-a}}{xe^{2\pi i}+1}e^{2\pi i}dx$$
$$+ \int_{2\pi}^0 \frac{(\varepsilon e^{i\theta})^{-a}}{\varepsilon e^{i\theta}+1}\varepsilon ie^{i\theta}d\theta = 2\pi i e^{-\pi ai}.$$

ところで，

$$|2\text{つめの積分}| \leq \int_0^{2\pi} \frac{r^{1-a}}{r-1}d\theta$$
$$= \frac{2\pi r^{1-a}}{r-1} \to 0 \quad (r \to \infty),$$

$$3\text{つめの積分}=-\int_\varepsilon^r \frac{x^{-a}e^{-2\pi ai}}{x+1}dx$$
$$=-e^{-2\pi ai}\int_\varepsilon^r \frac{x^{-a}}{x+1}dx=-e^{-2\pi ai}\times(1\text{つめの積分})$$
$$|4\text{つめの積分}|\leq \int_0^{2\pi} \frac{\varepsilon^{1-a}}{1-\varepsilon}d\theta$$
$$=\frac{2\pi\varepsilon^{1-a}}{1-\varepsilon}\to 0 \quad (\varepsilon\to 0 \ (1-a>0)),$$

であるから, $r\to\infty$, $\varepsilon\to 0$ のとき
$$\int_0^\infty \frac{x^{-a}}{x+1}dx+0-e^{-2\pi ai}\int_0^\infty \frac{x^{-a}}{x+1}dx+0=2\pi i e^{-\pi ai}.$$
$$\therefore \quad (1-e^{-2\pi ai})\int_0^\infty \frac{x^{-a}}{x+1}dx=2\pi i e^{-\pi ai}.$$
$$\therefore \quad \int_0^\infty \frac{x^{-a}}{x+1}dx=\frac{2\pi i e^{-\pi ai}}{1-e^{-2\pi ai}}=\frac{2\pi i}{e^{\pi ai}-e^{-\pi ai}}=\frac{\pi}{(e^{\pi ai}-e^{-\pi ai})/2i}$$
$$=\frac{\pi}{\sin \pi a}. \quad \blacksquare$$

5° 三角関数を含む定積分

$\sin\theta$ と $\cos\theta$ の有理関数 $F(\sin\theta, \cos\theta)$ の積分
$$I:=\int_0^{2\pi} F(\sin\theta, \cos\theta)d\theta$$
の値は, 留数定理を用いると容易に求められる.

$C : z=e^{i\theta} \ (0\leq\theta\leq 2\pi)$ とおくと,

(14) $\quad \sin\theta=\dfrac{z-z^{-1}}{2i}, \quad \cos\theta=\dfrac{z+z^{-1}}{2}, \quad d\theta=\dfrac{dz}{iz}$

だから,
$$I=\int_C F\left(\frac{z-z^{-1}}{2i}, \frac{z+z^{-1}}{2}\right)\frac{1}{iz}dz$$
となり, 被積分関数は z の有理関数である. C は正方向をもち, 中心が原点の単位円である.

もし, C 上に特異点がない場合は, 留数定理により,
$$I=2\pi i\{R(z_1)+R(z_2)+\cdots+R(z_k)\} \quad (z_j \text{ は } C \text{ の内部にある特異点})$$
である.

―― 例 11 ――

$$I := \int_0^{2\pi} \frac{d\theta}{1+a\sin\theta} = \frac{2\pi}{\sqrt{1-a^2}} \quad (-1 < a < 1)$$

を示そう．

$a=0$ の場合は明らかに成り立つ等式であるから，$a \neq 0$ と仮定する．(14) から，

$$I = \int_C \frac{2/a}{z^2 + (2i/a)z - 1} dz \quad (C : |z| = 1).$$

特異点は，分母$=0$ から，$z = z_1, z_2$：

$$z_1 = \frac{-1+\sqrt{1-a^2}}{a}i, \quad z_2 = \frac{-1-\sqrt{1-a^2}}{a}i.$$

$|a| < 1$ であるから，

$$|z_2| = \frac{1+\sqrt{1-a^2}}{|a|} > \frac{1}{|a|} > 1.$$

また，(2次方程式の解と係数の関係から) $z_1 \cdot z_2 = -1$．

∴ $|z_1||z_2| = 1$．∴ $|z_1| < 1$．

したがって，C 上には特異点がなく，C 内にある特異点は z_1 だけである．

∴ $I = 2\pi i R(z_1)$

$$= 2\pi i \left[\frac{2/a}{(z^2+(2i/a)z-1)'} \right]_{z=z_1}$$

$$= 2\pi i \cdot \frac{1}{i\sqrt{1-a^2}}$$

$$= \frac{2\pi}{\sqrt{1-a^2}}. \blacksquare$$

図 6-9

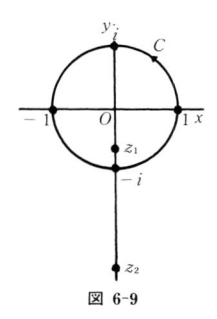

練習問題

§6-1 留 数

6-1 次の関数の特異点と主要部を求めよ．また，特異点の種類は何か，留数はいくらか．

(a) $ze^{1/z}$ (b) $\dfrac{z^2}{1+z}$ (c) $\dfrac{\sin z}{z}$ (d) $\dfrac{\cos z}{z}$ (e) $\dfrac{1}{(2-z)^3}$

6-2 次の関数の特異点 z_0 とその位数 m，および留数 $R(z_0)$ を求めよ．

(a) $\dfrac{1-\cosh z}{z^3}$ (b) $\dfrac{1-e^{2z}}{z^4}$ (c) $\dfrac{e^{2z}}{(z-1)^2}$

6-3 $z=0$ における留数を求めよ．

(a) $\dfrac{1}{z+z^2}$ (b) $z\cos\dfrac{1}{z}$ (c) $\dfrac{z-\sin z}{z}$ (d) $\dfrac{\cot z}{z^2}$

(e) $\dfrac{\sinh z}{z^4(1-z^2)}$

6-4 C を正方向をもつ円 $|z|=3$ とするとき，次の積分の値を求めよ．

(a) $\displaystyle\int_C \dfrac{e^{-z}}{z^2}dz$ (b) $\displaystyle\int_C z^2 e^{1/z}dz$ (c) $\displaystyle\int_C \dfrac{z+1}{z^2-2z}dz$

6-5 関数 $f(z)$ は有限個の特異点をもつとする．C は正の向きをもち，原点を中心とする円で，特異点をすべて内部に含むものとする．このとき，ローランの定理によれば，$f(z)$ は C の外部のすべての点に対して収束するべき級数展開

$$f(z)=\sum_{n=0}^{\infty}a_n z^n + \sum_{n=1}^{\infty}\dfrac{b_n}{z^n}$$

をもつ．$1/z$ の係数 b_1 は

$$b_1=\dfrac{1}{2\pi i}\int_C f(z)\,dz$$

である．次の問に答えよ．

(a) $z=0$ は $f(z)$ の特異点であるかもしれないし，そうでないかもしれないから，一般に，b_1 は $z=0$ における留数ではない．しかし，b_1 は，すべての特異点における留数の和に等しい．なぜか．

(b) 例8の積分

$$\int_C \dfrac{5z-2}{z(z-1)}dz \quad (C:|z|=2 \text{ (正方向)})$$

に(a)を適用して，積分の値を求めよ．

$\left(\text{ヒント}: \dfrac{5z-2}{z(z-1)} = \left(\dfrac{5}{z} - \dfrac{2}{z^2}\right)\dfrac{1}{1-1/z}\right)$

6-6 前問の方法で，次の積分の値を求めよ．C は正方向をもつ円：$|z|=2$ とする．

(a) $\displaystyle\int_C \dfrac{z^5}{1-z^3}dz$ (b) $\displaystyle\int_C \dfrac{dz}{1+z^2}$ (c) $\displaystyle\int_C \dfrac{dz}{z}$

§6-2　留数の求め方

6-7 次の関数の極とその位数を求めよ．また，留数はいくらか．

(a) $\dfrac{z^2+2}{z+1}$ (b) $\left(\dfrac{z}{2z+1}\right)^3$ (c) $\coth z$

(d) $\dfrac{e^z}{z^2+\pi^2}$ (e) $\dfrac{z}{\cos z}$ (f) $\dfrac{z^{1/4}}{z+1}$ ($|z|>0$, $0<\arg z<2\pi$)

6-8 $z=0$ は $f(z)=\operatorname{cosec} z$ の1位の極であることを次の方法で示せ．

(a) $\operatorname{cosec} z$ のローラン級数展開を用いて（練習問題 5-31 参照）．
(b) 公式(4)を用いて．

6-9 正の方向をもつ円 C が次の場合，積分

$$\int_C \dfrac{3z^3+2}{(z-1)(z^2+9)}dz$$

の値を求めよ．

(a) $C : |z-2|=2$ (b) $C : |z|=4$

6-10 正の方向をもつ円 C が次の場合，積分

$$\int_C \dfrac{dz}{z^3(z+4)}$$

の値を求めよ．

(a) $C : |z|=2$ (b) $C : |z+2|=3$

6-11 C を正方向をもつ円 $|z|=2$ とするとき，次の積分の値を求めよ．

(a) $\displaystyle\int_C \tan z\, dz$ (b) $\displaystyle\int_C \dfrac{dz}{\sinh 2z}$

6-12 C は正方向をもつ長方形で，辺は直線 $x=\pm 2$, $y=0$, $y=1$ であるとするとき，

$$\int_C \dfrac{dz}{(z^2-1)^2+3} = \dfrac{\pi}{2\sqrt{2}}$$

であることを示せ．

6-13 $f(z)$ は単連結領域 D で正則であり，z_0 は $f(z)$ のただ1つの零点で位数は m であるとする．C は正方向をもち，z_0 を囲むジョルダン曲線で D 内にあるとき

$$\frac{1}{2\pi i}\int_C \frac{f'(z)}{f(z)}dz = m$$

であることを示せ．

$f'(z)/f(z)$ は $f(z)$ の**対数微分**とよばれるもので，$\log f(z)$ の（任意の分枝の）導関数である．

§6-3 実関数の定積分

6-14 次の積分の値を求めよ．

(a) $\displaystyle\int_0^\infty \frac{dx}{x^4+1}$　　(b) $\displaystyle\int_0^\infty \frac{x^2}{x^6+1}dx$　　(c) $\displaystyle\int_0^\infty \frac{dx}{(x^2+1)^2}$

(d) $\displaystyle\int_0^\infty \frac{x^2}{(x^2+9)(x^2+4)}dx$　　(e) $\displaystyle\int_{-\infty}^\infty \frac{x^2}{(x^2+9)(x^2+4)^2}dx$

(f) $\displaystyle\int_{-\infty}^\infty \frac{x^2}{(x^2+1)^2}dx$　　(g) $\displaystyle\int_{-\infty}^\infty \frac{dx}{x^2+2x+2}$

(h) $\displaystyle\int_{-\infty}^\infty \frac{x}{(x^2+1)(x^2+2x+2)}dx$

6-15 次の積分の値を求めよ．

(a) $\displaystyle\int_{-\infty}^\infty \frac{\cos x}{(x^2+a^2)(x^2+b^2)}dx$ $(a>b>0)$　　(b) $\displaystyle\int_0^\infty \frac{\cos ax}{x^2+1}dx$ $(a\geqq 0)$

(c) $\displaystyle\int_0^\infty \frac{\cos ax}{(x^2+b^2)^2}dx$ $(a>0, b>0)$　　(d) $\displaystyle\int_0^\infty \frac{x\sin 2x}{x^2+3}dx$

(e) $\displaystyle\int_{-\infty}^\infty \frac{x\sin ax}{x^4+4}dx$ $(a>0)$　　(f) $\displaystyle\int_{-\infty}^\infty \frac{x^3\sin ax}{x^4+4}dx$ $(a>0)$

(g) $\displaystyle\int_{-\infty}^\infty \frac{x\sin x}{(x^2+1)(x^2+4)}dx$　　(h) $\displaystyle\int_{-\infty}^\infty \frac{x^3\sin x}{(x^2+1)(x^2+4)}dx$

(i) $\displaystyle\int_{-\infty}^\infty \frac{\sin x}{x^2+4x+5}dx$　　(j) $\displaystyle\int_{-\infty}^\infty \frac{(x+1)\cos x}{x^2+4x+5}dx$

(k) $\displaystyle\int_{-\infty}^\infty \frac{\cos x}{(x+a)^2+b^2}dx$ $(b>0)$

6-16 図 6-10 の路に沿って積分し，留数定理を用いてから，$r\to\infty$ とすることにより，次の積分の値を求めよ．

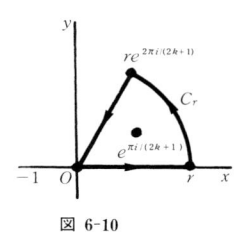

図 6-10

$$\int_0^\infty \frac{dx}{x^{2k+1}+1} \quad (k=1, 2, \cdots)$$

（ヒント：例 8）

6-17 図 6-8 の積分路を用いて，次の積分の値を導け．

(a) $\displaystyle\int_0^\infty \frac{x^{-1/2}}{x^2+1}dx = \frac{\pi}{\sqrt{2}}$

(b) $\displaystyle\int_0^\infty \frac{x^a}{(x^2+1)^2}dx = \frac{(1-a)\pi}{4\cos(a\pi/2)} \quad (-1<a<3)$

6-18 次の積分の値を導け．

(a) $\displaystyle\int_0^\infty \frac{\ln x}{x^2+1}dx = 0$ 　(b) $\displaystyle\int_0^\infty \frac{\ln x}{(x^2+1)^2}dx = -\frac{\pi}{4}$

（注）本書では，実数 x の自然対数を $\ln x$ と表す．また，複素数 z の対数を $\log z$ で，その主値を $\mathrm{Log}\, z$ で表す（§3-3 を参照）．

（ヒント：複素数 $z=re^{i\theta}$ の対数 $\log z$ の分枝を，$z>0$, $z<0$ で 1 価正則なものとして，たとえば，

$$\log z = \ln r + i\theta \quad \left(r>0,\ -\frac{\pi}{2}<\theta<\frac{3}{2}\pi\right)$$

ととり，

$$\frac{\log z}{z^2+1}, \quad \frac{\log z}{(z^2+1)^2}$$

をそれぞれ図 6-7 の路に沿って積分する．）

6-19 次の積分の値を求めよ．

(a) $\displaystyle\int_0^{2\pi} \frac{d\theta}{5+4\sin\theta}$ 　(b) $\displaystyle\int_{-\pi}^{\pi} \frac{d\theta}{1+\sin^2\theta}$ 　(c) $\displaystyle\int_0^{2\pi} \frac{\cos 3\theta}{5-4\cos\theta}d\theta$

(d) $\displaystyle\int_0^{2\pi} \frac{\cos^2 3\theta}{5-4\cos 2\theta}d\theta$ 　(e) $\displaystyle\int_0^{2\pi} \frac{d\theta}{1+a\cos\theta} \quad (-1<a<1)$

(f) $\displaystyle\int_0^{2\pi} \frac{\cos 2\theta}{1-2a\cos\theta+a^2}d\theta \quad (-1<a<1)$

(g) $\displaystyle\int_0^{2\pi} \frac{d\theta}{(a+\cos\theta)^2} \quad (a>1)$ 　(h) $\displaystyle\int_0^{\pi} \sin^{2n}\theta\, d\theta \quad (n=1, 2, \cdots)$

6-20 図 6-11 の長方形 C に沿って $\exp(-z^2)$ を積分してから，$a\to +\infty$ とすることによって

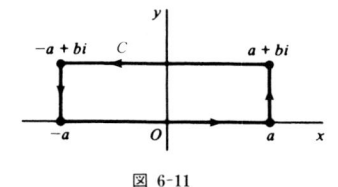

図 6-11

$$\int_0^\infty \exp(-x^2)\cos(2bx)\,dx = \frac{\sqrt{\pi}}{2}\exp(-b^2) \quad (b>0)$$

が成り立つことを示せ．

$$\int_0^\infty \exp(-x^2)\,dx = \frac{\sqrt{\pi}}{2}$$

は既知として用いてよい．

6-21 2つの実変数 p,q の関数

$$B(p,q) := \int_0^1 t^{p-1}(1-t)^{q-1}\,dt \quad (p>0,\ q>0)$$

は**ベータ関数**とよばれる．

変数変換 $t=1/(x+1)$ をしてから，例10の結果を用いて

$$B(p,1-p) = \frac{\pi}{\sin p\pi} \quad (0<p<1)$$

であることを示せ．

6-22 $\displaystyle\int_0^\infty \exp(-x^2)\,dx = \frac{\sqrt{\pi}}{2}$

を既知として，**フレネル積分**

$$\int_0^\infty \cos(x^2)\,dx = \int_0^\infty \sin(x^2)\,dx = \frac{\pi}{2\sqrt{2}}$$

を導け（この積分は光の屈折理論に重要である）．
（ヒント：まず，$\exp(iz^2)$ を，図6-12の扇形に沿って積分する．次に，ジョルダンの不等式(11)を用いて，円弧 C_r の部分の積分の値が，$r\to\infty$ のとき 0 に収束することを示せ．）

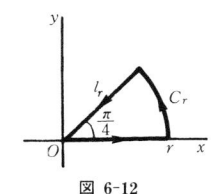

図 6-12

6-23 $\displaystyle\int_0^\infty \frac{\sin^2 x}{x^2}\,dx = \frac{\pi}{2}$

であることを示せ．
（ヒント：$2\sin^2 x = \mathrm{Re}(1-e^{i2x})$ に注意し，$f(z) = (1-e^{i2z})/z^2$ を図6-7の路に沿って積分する．）

第7章
初等関数による写像

複素変数関数を写像または変換と解釈することができる．§2-1 で，特定な曲線や集合がどんな形にうつされるかを考えることによって，複素変数関数の性質を幾何学的に表すことができることを見た．この章では，さらに，いろいろな形の曲線や集合が初等関数によってどんな像になるかをもう少し詳しく調べる．

§7-1 1次分数変換

a, b, c, d を複素定数とする関数（変換）

(1) $\quad w = \dfrac{az+b}{cz+d} \quad (ad - bc \neq 0)$

は，**1次分数変換**または**メービウス変換**とよばれる．

この変換の性質を，簡単な形の場合から順に考えてみよう．

1° 1 次 関 数

$a \neq 0,\ c = 0$ の場合，(1) は

(2) $\quad w = Bz + C$

の形である．これは**1次関数**である．$C = 0$ の場合は**線形変換**である．

この関数を変換と見なすと，変換(2)によって，z 平面上の図形は w 平面上の相似な図形にうつされる．

（注） $C \neq 0$ のとき，(2)は線形変換ではない．

―― 例 1 ――

[a]　線形変換

(3)　　　$w = (1+i)z$

は，$|w| = \sqrt{2}|z|$ より，z 平面の図形を $\sqrt{2}$ 倍の大きさにうつす．また，

$$\arg w = \arg(1+i) + \arg z = \pi/4 + \arg z$$

だから，図形の向きを $\pi/4$ だけ回転させることになる．

[b]　線形変換(3)に定数項を加えた変換

$$w = (1+i)z + (2-i)$$

は，z 平面上の図形を変換(3)の後，実軸の正方向に 2，虚軸の負方向に 1 だけ平行移動させる変換である（図 7-1）．■

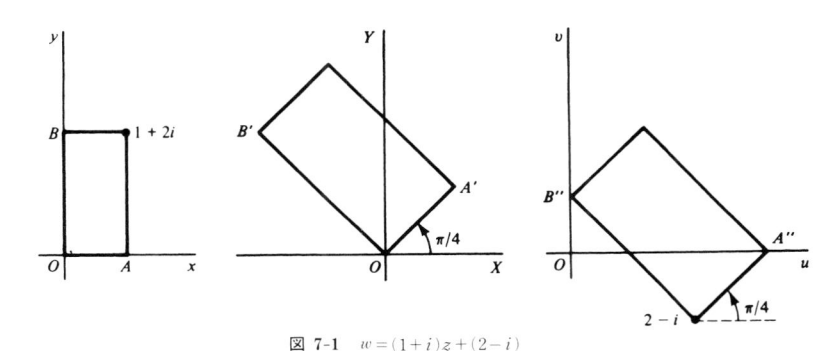

図 7-1　$w = (1+i)z + (2-i)$

2°　関 数 $1/z$

$a = d\ (=0)$，$b = c\ (\neq 0)$ の場合，(1)は

(4)　　　$w = \dfrac{1}{z}$

の形である．

$\arg w = -\arg z$ より，まず点 z を実軸に関して対称な位置にある点 $\bar{z}$ にうつす．

次に，$|w| = 1/|\bar{z}|$，すなわち，$|w| \cdot |\bar{z}| = 1$ だから，点 z の像 w は，$\bar{z}$ の単位円 $|z| = 1$ に関する**反転**になっている（図 7-2）．

$z = 0$ の像は ∞，$z = \infty$ の像は 0 と見なすと，変換(4)は，拡張された z 平面と拡張された w 平面とを 1 対 1 に対応させる変換である．

図 7-2　$w=1/z$

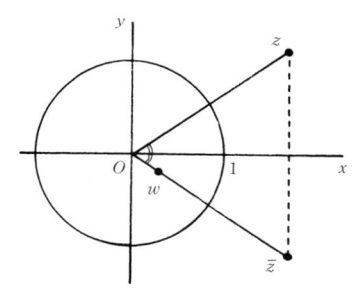

$z=x+iy$ ($\neq 0$) と z の像 $w=u+iv$ との関係は，(4)から

(5) $\qquad u=\dfrac{x}{x^2+y^2}, \qquad v=\dfrac{-y}{x^2+y^2}$

(6) $\qquad x=\dfrac{u}{u^2+v^2}, \qquad y=\dfrac{-v}{u^2+v^2}$

と表される．

実数 $\alpha, \beta, \gamma, \delta$ が $\beta^2+\gamma^2>4\alpha\delta$ を満たすとき，方程式

(7) $\qquad \alpha(x^2+y^2)+\beta x+\gamma y+\delta=0$

は xy 平面，すなわち z 平面上の円 ($\alpha\neq 0$ のとき)，直線 ($\alpha=0$ のとき) を表す．

この方程式(7)の x, y に(6)を代入すると

(8) $\qquad \delta(u^2+v^2)+\beta u-\gamma v+\alpha=0$

になる．したがって，(8)は w 平面上の円または直線を表す．

このようにして，変換(4)は z 平面上の円，直線を w 平面上の円，直線にうつすことがわかった．

―― 例 2 ――

直線 $x=c_1$ ($\neq 0$) の像は円

$$\left(u-\dfrac{1}{2c_1}\right)^2+v^2=\left(\dfrac{1}{2c_1}\right)^2$$

である．

また，直線 $y=c_2$ ($\neq 0$) の像は円

第7章 初等関数による写像   181

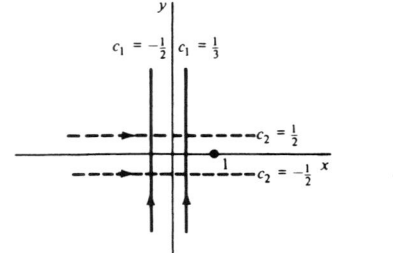

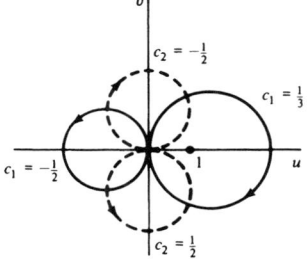

$$u^2 + \left(v + \frac{1}{2c_2}\right)^2 = \left(\frac{1}{2c_2}\right)^2$$

である(図7-3). ∎

付録の図4, 5を参照せよ.

3° 1次分数変換

はじめの変換(1)に戻ろう.

$c=0$ のとき, $z=\infty$ の像は $w=\infty$ と定義し, また $c\neq 0$ のときは, $z=\infty$ の像は $w=a/c$, $z=-d/c$ の像は $w=\infty$ と定義すると, 1次分数変換は, 拡張された z 平面と拡張された w 平面を1対1に対応させる変換である.

関数(1)は $c=0$ のとき1次関数である. $c\neq 0$ のときは

(9) $\qquad w = \dfrac{a}{c} + \dfrac{bc-ad}{c}\dfrac{1}{cz+d}$

の形に書ける. これは変換(2)と逆数変換(4)の合成変換である. したがって, (1)は円, 直線を円, 直線にうつす.

さらに, (9)は

(10) $\qquad Azw + Bz + Cw + D = 0 \quad (AD - BC \neq 0)$

の形に書ける. これは z についても, w についてもそれぞれ1次式である.

異なる3点 z_1, z_2, z_3 を異なる3点 w_1, w_2, w_3 にそれぞれうつす1次分数変換はつねに存在し, それは

(11) $$\frac{(w-w_1)(w_2-w_3)}{(w-w_3)(w_2-w_1)}=\frac{(z-z_1)(z_2-z_3)}{(z-z_3)(z_2-z_1)}$$

である．

なぜならば，(11)を

(12) $(z-z_3)(w-w_1)(z_2-z_1)(w_2-w_3)$
$$=(z-z_1)(w-w_3)(z_2-z_3)(w_2-w_1)$$

と書き直して，$z=z_1$ とおけば，右辺$=0$ だから $w=w_1$ であり，他の点についても同様であるからである．

―― 例 3 ――

$z_1=-1$ を $w_1=-i$ に，$z_2=0$ を $w_2=1$ に，$z_3=1$ を $w_3=i$ に対応させる1次分数変換は，(12)から
$$w=\frac{i-z}{i+z}$$
である． ∎

無限遠点が対応する場合は，たとえば $w_2=\infty$ のときは，(11)の左辺で w_2 を $1/w_2$ で置き換えて，
$$左辺=\frac{(w-w_1)(1/w_2-w_3)}{(w-w_3)(1/w_2-w_1)}=\frac{(w-w_1)(1-w_2 w_3)}{(w-w_3)(1-w_1 w_2)}$$
と変形した後で，$w_2=0$ とおけばよい．

このとき，(11)は
$$\frac{w-w_1}{w-w_3}=\frac{(z-z_1)(z_2-z_3)}{(z-z_3)(z_2-z_1)}$$
である．

―― 例 4 ――

$z_1=1$ に $w_1=i$ を，$z_2=0$ に $w_2=\infty$ を，$z_3=-1$ に $w_3=1$ を対応させる1次分数変換は
$$w=\frac{(1+i)z+(i-1)}{2z}$$
である． ∎

第7章 初等関数による写像　183

図 7-4　$w = -\dfrac{z-i}{z-\bar{i}}$

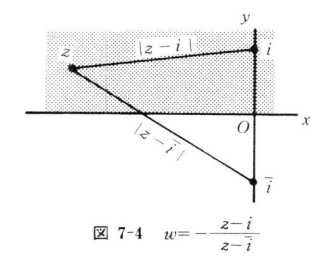

―― 例 5 ――

例3の1次分数変換は，拡張された z 平面と拡張された w 平面とを1対1に対応させる変換であるが，これはまた，z 平面の上半分 $\mathrm{Im}\, z \geqq 0$ と w 平面の単位円 $|w| \leqq 1$ とを1対1に対応させる変換である．これを見てみよう．

まず，$z = \infty$ は $w = -1$ に対応する．

$$w = -\frac{z-i}{z-\bar{i}} = e^{\pi i}\frac{z-i}{z-\bar{i}}$$

と変形すると，図 7-4 からわかるように，z が実軸上にあるとき $|w|=1$ である．すなわち，z 平面の実軸は w 平面の円 $|w|=1$ にうつる．

$\mathrm{Im}\, z > 0$ のとき $|w| < 1$ であるから，z 平面の上半分にある点は w 平面の円の内部 $|w| < 1$ にうつることになる（図 7-5）．■

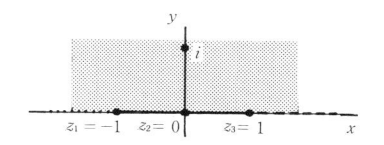

図 7-5　$w = -\dfrac{z-i}{z-\bar{i}}$

この例5からもわかるように，1次分数変換

$$w = e^{ia}\frac{z-z_0}{z-\bar{z_0}} \quad (\mathrm{Im}\, z_0 > 0,\ a \text{ は実数})$$

は，半平面 $\mathrm{Im}\, z > 0$ を円の内部 $|w| < 1$ に，半平面の境界（実軸）$\mathrm{Im}\, z = 0$ を円の境界（円周）$|w|=1$ にうつす1対1の変換である（§8-3の例4で応用される）．

§7-2 べ き 関 数

1° 関数 z^2

関数（変換）

(1) $\qquad w = z^2$

の幾何学的性質は，極座標で表すとわかりやすい．

$z = re^{i\theta}$, $w = \rho e^{i\varphi}$ とおくと

$$\rho e^{i\varphi} = r^2 e^{i2\theta}$$

だから，$\rho = r^2$, $\varphi = 2\theta$. すなわち，$|w| = |z|^2$, $\arg w = 2 \arg z$ である．

―― 例 1 ――

変換(1)は，z 平面の第1象限 $r \geq 0$, $0 \leq \theta \leq \pi/2$ と w 平面の上半平面 $\rho \geq 0$, $0 \leq \varphi \leq \pi$ を1対1に対応させる．

また，この変換は z 平面の上半平面 $r \geq 0$, $0 \leq \theta \leq \pi$ を w 平面全体にうつす．しかし，これは1対1ではない．なぜならば，z 平面の実軸の正の部分と負の部分がともに w 平面の正の実軸にうつるからである．

円 $r = r_0$ は円 $\rho = r_0^2$ にうつる．4半分円 $r \leq r_0$, $0 \leq \theta \leq \pi/2$ は半円板 $\rho \leq r_0^2$, $0 \leq \varphi \leq \pi$ に1対1にうつされる（図 7-6）．■

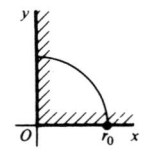

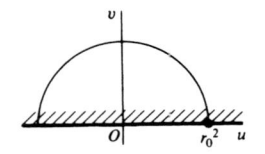

図 7-6 $w = z^2$

$z = x + iy$, $w = u + iv$ とおくと，方程式(1)から，x, y, u, v の関係は

(2) $\qquad u = x^2 - y^2$, $\quad v = 2xy$

である．この直交座標系の関係を用いたほうが便利なことがある．

―― 例 2 ――

変換 $w = z^2$ によって，双曲線 $x^2 - y^2 = c_1 (>0)$ の各分枝は，それぞれ w

図 7-7 $w=z^2$

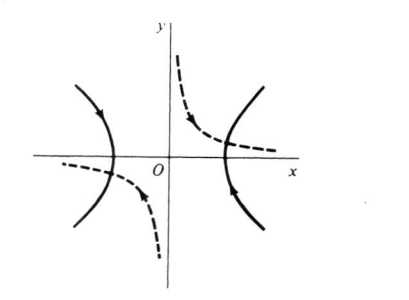

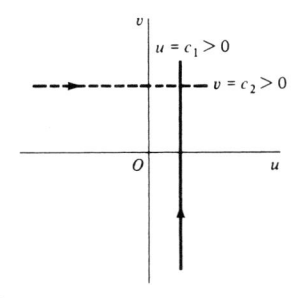

平面の直線 $u=c_1$ の上に1対1にうつされる．

これを見るために，まず(2)の第1式から，点 (x, y) が双曲線のどちらの分枝の上にあっても，$u=c_1$ であることに注意する．

もし，点 (x, y) が右の分枝，すなわち，$x>0$ の分枝にあるとすると，$x=\sqrt{y^2+c_1}$（>0）を(2)の第2式に代入して，$v=2y\sqrt{y^2+c_1}$ である．よって，右の分枝の像はパラメータ y を用いて

$$u=c_1, \quad v=2y\sqrt{y^2+c_1} \quad (-\infty<y<\infty)$$

と表される．

点 (x, y) が右の分枝上を上に向かって移動するとき，y が増加するから v の値も増加する．よって，右の分枝は直線 $u=c_1$ に1対1にうつされる．

同様にして，双曲線の左の分枝は直線

$$u=c_1, \quad v=-2y\sqrt{y^2+c_1} \quad (-\infty<y<\infty)$$

に対応する．

点が左の分枝上を下におりてくるとき v は増加するから，図7-7のように直線 $u=c_1$ に1対1に対応する．

双曲線 $2xy=c_2$（>0）の各分枝はともに直線 $v=c_2$ に1対1にうつされる．∎

付録の図1～3を参照せよ．

変換

(3) $\qquad w=z^n \quad (n=1, 2, \cdots)$

も $w=z^2$ と同様に考えることができる．

$z = re^{i\theta}$, $w = \rho e^{i\varphi}$ とおくと，$\rho = r^n$，$\varphi = n\theta$ である．

―― 例 3 ――

変換(3)によって，集合 $r \geq 0$, $0 \leq \theta \leq \pi/n$ は w 平面の上半平面 $\rho \geq 0$, $0 \leq \varphi \leq \pi$ に1対1にうつされる．

円 $r = r_0$ は w 平面の円 $\rho = r_0^n$ にうつされる．

集合 $r \leq r_0$, $0 \leq \theta \leq 2\pi/n$ は円板 $\rho \leq r_0^n$ にうつされる． ∎

2° 関数 $z^{1/2}$

関数 $w = z^{1/2}$ の値は z ($\neq 0$) に対して2つずつある (§1-4 を参照)．
$z = re^{i\Theta}$ ($-\pi < \Theta \leq \pi$) とおくと
$$z^{1/2} = \sqrt{r}\, e^{i(\Theta + 2k\pi)/2} \quad (k = 0, 1)$$
だから，2つの値は主値である $\sqrt{r}\, e^{i\Theta/2}$ と $-\sqrt{r}\, e^{i\Theta/2}$ である．
$w = \rho e^{i\varphi}$ とおくと，
$\quad\quad k=0$ に対しては $\quad \rho = \sqrt{r}$, $\varphi = \Theta/2$;
$\quad\quad k=1$ に対しては $\quad \rho = \sqrt{r}$, $\varphi = (\Theta + 2\pi)/2$
である．

―― 例 4 ――

変換 $w = \sqrt{r}\, e^{i\Theta/2}$ は，z 平面上の集合 $r > 0$, $-\pi < \Theta \leq \pi$ を w 平面の右半平面 $\rho > 0$, $-\pi/2 < \varphi \leq \pi/2$ に1対1にうつす．

変換 $w = \sqrt{r}\, e^{i(\Theta+2\pi)/2}$ ($= -\sqrt{r}\, e^{i\Theta/2}$) は z 平面の同じ領域を w 平面の左半平面 $\rho > 0$, $\pi/2 < \varphi \leq 3\pi/2$ に1対1にうつす (図7-8)． ∎

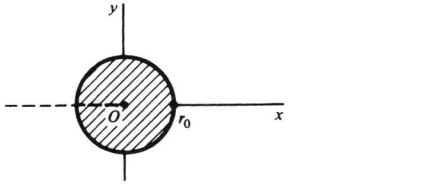

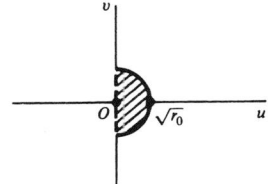

図 7-8 $w = \sqrt{r} \exp \frac{i\theta}{2}$ ($r > 0$, $-\pi < \theta \leq \pi$)

$w=z^{1/2}$ を $z=w^2$ と書き直せば，変換 $w=z^{1/2}$ の性質を調べるのに，変換 $w=z^2$ の性質を利用することができる．

たとえば，図7-7において，z と w を入れ替えてみると，z 平面の直線が w 平面の双曲線にうつることになる．

双曲線の1つの分枝をとると，その分枝の点と直線上の点は1対1に対応する．

§7-3 その他の初等関数

1° 変換 $w=e^z$

$z=x+iy$, $w=\rho e^{i\varphi}$ とおくと，変換 $w=e^z$ は

(1)　　　$\rho=e^x$,　$\varphi=y$

である．

---- 例 1 ----

直線 $x=c_1$ 上の点 $z=c_1+iy$ の像は，w 平面の点 $\rho=e^{c_1}$, $\varphi=y$ である．点 z が直線 $x=c_1$ 上を上方に動いていくとき，すなわち，y が大きくなるとき，偏角 $\varphi\,(=y)$ は増加するからその点の像は反時計まわりに円 $\rho=e^{c_1}$ 上を動く（図7-9）．

この円上の各点は直線 $x=c_1$ 上に 2π おきに並んだ無限個の点に対応する（図3-1，3-2を参照）．

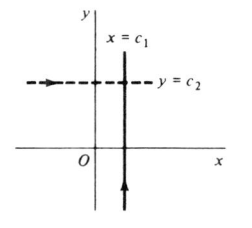

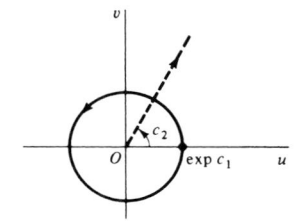

図 7-9　$w=\exp z$

直線 $y=c_2$ 上の点 $z=x+ic_2$ の像は，w 平面の点 $\rho=e^x$, $\varphi=c_2$ である．直線 $y=c_2$ 上の点 z が右に動いていくと，すなわち，x が大きくなると，絶対値 $\rho\,(=e^x)$ が増加するから，その像は直線 $\varphi=c_2$ 上を原点から次第に遠

図 7-10 $w = \exp z$

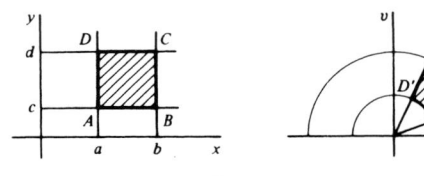

ざかるように動く（図7-9）．

　c_1, c_2 の値を変えると，図7-10のように，斜線部分が対応する．また，付録の図8のように対応することもわかる．∎

---- 例 2 ----

　水平線 $y = c_2$ の像が直線 $\varphi = c_2$ であるから，

　帯状領域 $0 < y < \pi$（$-\infty < x < \infty$）の像は上半平面 $\rho > 0$, $0 < \varphi < \pi$ である．

　2つの領域の境界の対応の仕方は付録の図6に示してある．$z = 0$ の像は $w = 1$, $z = \pi i$ の像は $w = -1$ である．

　帯状領域 $0 < y < \pi$（$-\infty < x < \infty$）が上半平面にうつることは，線分 $x = c_1$, $0 < y < \pi$ が半円 $\rho = e^{c_1}$, $0 < \varphi < \pi$ にうつることからもわかる．∎

---- 例 3 ----

　帯状領域 $\alpha < y \leqq \alpha + 2\pi$（$\alpha$は任意の実数）は原点を除く w 平面全体と1対1に対応する．

　方程式(1)によって，点 $x = \ln \rho$, $y = \varphi$ が点 $w = \rho e^{i\varphi}$ に対応する（図7-11）．∎

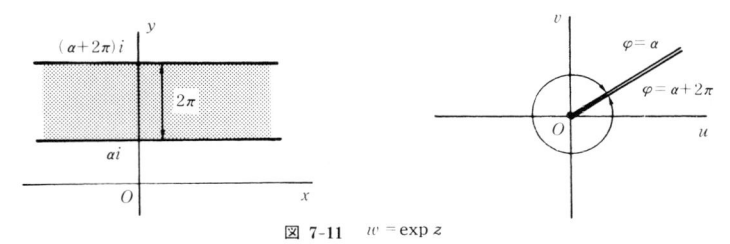

図 7-11 $w = \exp z$

　また，付録の図6〜8を参照せよ．

2° 変換 $w = \log z$

上の例3から，点 $w = \rho e^{i\varphi}$ ($\rho > 0$, $\alpha < \varphi \leq \alpha + 2\pi$) を点 z に戻す変換（関数）は

$$z = \ln \rho + i\varphi \quad (\rho > 0,\ \alpha < \varphi \leq \alpha + 2\pi),$$

すなわち，

(2) $\quad z = \log w \quad (|w| > 0,\ \alpha < \arg w \leq \alpha + 2\pi)$

である．$\alpha = -\pi$ の場合は $z = \mathrm{Log}\, w$，すなわち，$\log w$ の主枝（主値）を表す．よって，

$$\mathrm{Log}(e^z) = z \quad (-\pi < \mathrm{Im}\, z \leq \pi)$$

が成り立つ（§3-3の(9)）．

関係式(2)で，z と w を入れ替えると，対数変換になる．

---- 例 4 ----

対数変換

(3) $\quad w = \log z \quad (|z| > 0,\ \alpha < \arg z < \alpha + 2\pi)$

は $\log z$ の1つの分枝である．

この変換(3)は，分枝截線 $\theta = \alpha$ の入った z 平面を w 平面の帯状領域 $\alpha < v < \alpha + 2\pi$ の上に1対1にうつす（図7-12）．■

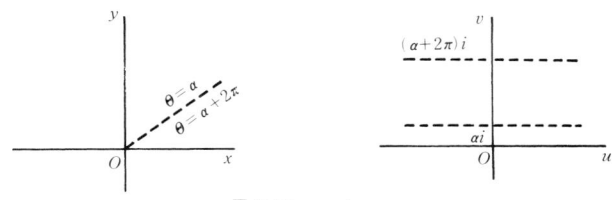

図 7-12 $w = \log z$

図 7-11 と 7-12 は z と w が入れ替わった関係にある．

---- 例 5 ----

対数関数の主枝

$$w = \mathrm{Log}\,\frac{z-1}{z+1}$$

は，z 平面の上半平面 $y>0$ を w 平面の帯状領域 $0<v<\pi$ の上にうつすことを示そう（付録の図19）．

$$Z = \frac{z-1}{z+1}$$

とおいて，

$$w = \text{Log } Z, \quad Z = \frac{z-1}{z+1}$$

なる合成関数の形にして順に考えていこう．

まず，$Z=(z-1)/(z+1)$ は上半平面 $y\geqq 0$ を上半平面 $Y\geqq 0$ ($Z=X+iY$) にうつすことを示そう．

1次分数変換は直線を円または直線にうつす（§7-1 の 3°）が，$z=$ 実数 は $Z=$ 実数 にうつるから，実軸は実軸にうつる．また，

$$Y = \text{Im } Z = \text{Im}\left\{\frac{(z-1)(\bar{z}+1)}{(z+1)(\bar{z}+1)}\right\} = \frac{2y}{|z+1|^2} \quad (z \neq -1)$$

より，$y>0$ と $Y>0$ が対応する．

次に，

$$w = \text{Log } Z = \ln|Z| + i \text{Arg } Z \quad (-\pi < \text{Arg } Z < \pi)$$

は，練習問題 7-25 によって，上半平面 $Y>0$ を帯状領域 $0<v<\pi$ にうつす．

この変換は，§8-3 の例1に応用されている．■

3° 変換 $w = \sin z$

$\sin z$ を実部，虚部に分けると，

$$\sin z = \sin x \cosh y + i \cos x \sinh y$$

である（§3-2 の (9)）から，変換 $w = \sin z$ の実部，虚部は x, y によって

(4) $\quad u = \sin x \cosh y, \quad v = \cos x \sinh y$

である．これから，変換 $w = \sin z$ のいろいろな幾何学的性質が導かれる．

―― 例 6 ――

変換 $w = \sin z$ は，帯状の集合

$$-\frac{\pi}{2} \leqq x \leqq \frac{\pi}{2}, \quad y \geqq 0$$

図 7-13 $w = \sin z$

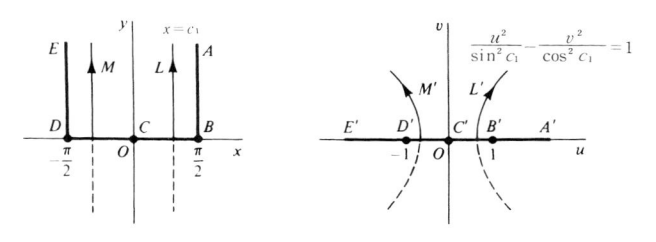

を w 平面の上半平面 $v \geqq 0$ の上に1対1にうつすことを段階に分けて示そう（図 7-13）.

[a] 直線 BA は $x = \pi/2$, $y \geqq 0$ であるから, (4)によって, 半直線
$$u = \cosh y \quad (\geqq 1), \quad v = 0$$
にうつされる.

$y \, (\geqq 0)$ が増加するとき $\cosh y$ も増加するから, 直線 BA 上の点が, B から A の方向に動くと, その点の像は u 軸上を B' から A' のほうに動く. したがって, 半直線 $x = \pi/2$, $y \geqq 0$ は u 軸上の $u \geqq 1$ に1対1にうつされる.

[b] x 軸上の線分 DB 上にある点は $(x, 0)$ $(-\pi/2 \leqq x \leqq \pi/2)$ であるから, この像は(4)によって
$$u = \sin x, \quad v = 0.$$
すなわち, u 軸上の線分 $-1 \leqq u \leqq 1$ にうつされる.

DB 上の点 $(x, 0)$ が D $(x = -\pi/2$ のとき$)$ から B $(x = \pi/2$ のとき$)$ に向かって動くと, この点の像は $D'(u = -1)$ から $B'(u = 1)$ に向かって動く $(-\pi/2 \leqq x \leqq \pi/2$ で $\sin x$ は x の増加関数であるから$)$.

[c] 直線 DE 上の点は $(-\pi/2, y)$ $(y \geqq 0)$ であるから, その像は $(-\cosh y, 0)$ である. したがって, DE 上の点が $D(x = -\pi/2$ のとき$)$ から E の方向に動くと, その像は D' $(u = -1)$ から E' の方向（u 軸の負の方向）に動く.

このようにして, 境界が u 軸と1対1に対応することがわかった.

[d] 内部の点の対応について考えよう.

直線 $L: x = c_1$ $(0 < c_1 < \pi/2)$ の上の点は, (4)によって,
$$u = \sin c_1 \cosh y, \quad v = \cos c_1 \sinh y \quad (-\infty < y < \infty)$$
にうつされる. $\cosh^2 y - \sinh^2 y = 1$ であるから

$$\frac{u^2}{\sin^2 c_1} - \frac{v^2}{\cos^2 c_1} = 1.$$

これは $w = \pm\sqrt{\sin^2 c_1 + \cos^2 c_1} = \pm 1$ を焦点とする双曲線である．

$0 < c_1 < \pi/2$ より $u > 0$ だから，この双曲線の右の分枝 L' が z 平面上の直線 L に対応する．

L の（x 軸の）下のほうの部分である破線（$y < 0$ の部分）は，L' の下のほうの破線（$v < 0$ の部分）に対応する．

直線 M（$x = c_1$, $-\pi/2 < c_1 < 0$）の像も L の像と同じ双曲線であるが，$u = \sin c_1 \cosh y < 0$ だから，直線 M はこの双曲線の左の分枝 M' にうつされる．

[e]　y 軸の正の部分は，$x = 0$（$y > 0$）だから，(4) より
$$u = 0, \quad v = \sinh y \ (> 0)$$
である．

y 軸上の点が原点 C（$= O$）から上に動くとき，すなわち，y が増加するとき，$v = \sinh y$ も増加するから，v 軸の正の部分に 1 対 1 にうつされる．■

―― 例 7 ――

線分 $-\pi \leq x \leq \pi$, $y = c_2$（> 0）の像が楕円であることを示そう．(4) から
$$u = \sin x \cosh c_2, \quad v = \cos x \sinh c_2 \quad (-\pi \leq x \leq \pi).$$
$\sin^2 x + \cos^2 x = 1$ より
$$\frac{u^2}{\cosh^2 c_2} + \frac{v^2}{\sinh^2 c_2} = 1$$
が像である．これは，$w = \pm\sqrt{\cosh^2 c_2 - \sinh^2 c_2} = \pm 1$ を焦点とする楕円である．

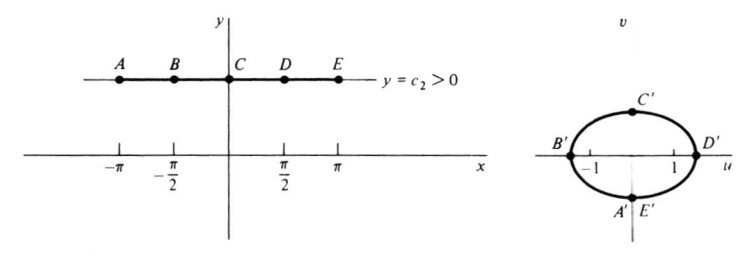

図 7-14　$w = \sin z$

図 7-15　$w = \sin z$

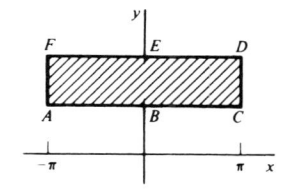

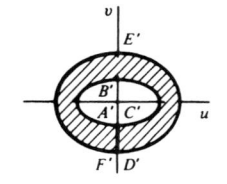

　線分が x 軸から遠ざかるとき c_2 が大きくなるから，その線分は大きい楕円にうつされる（図7-14, 7-15）．

　2点 $A(-\pi, c_2)$, $E(\pi, c_2)$ の像は同じ点 $(-\sinh c_2, 0)$（図7-14 の A', E'）にうつされる．

　図7-15の線分 FA と DC は同じ線分 $A'F' (= C'D')$ にうつされる．■

　他の図形のうつり方については，付録の図9〜11を参照せよ．

練 習 問 題

§7-1　1次分数変換

7-1　変換 $w = iz$ は z 平面をどれだけ回転させるか．また，帯状領域 $0 < x < 1$ の像を求めよ．

7-2　変換 $w = iz + i$ による半平面 $x > 0$ の像は何か．

7-3　帯状領域 $x > 0$, $0 < y < 2$ の変換 $w = iz + 1$ による像を求めよ．

7-4　帯状領域 $0 < y < 1/2c$ の変換 $w = 1/z$ による像を求めよ．

7-5　領域 $x > 1$, $y > 0$ の変換 $w = 1/z$ による像を求めよ．

7-6　変換 $w = i/z$ の幾何学的意味は何か．この変換は，円，直線を円，直線にうつすことを示せ．

7-7　帯状領域 $x > 0$, $0 < y < 1$ の変換 $w = i/z$ による像を求めよ．

7-8　$z_1 = 2$, $z_2 = i$, $z_3 = -2$ をそれぞれ $w_1 = 1$, $w_2 = i$, $w_3 = -1$ にうつす1次分数変換を求めよ．

7-9　$z_1 = \infty$, $z_2 = i$, $z_3 = 0$ をそれぞれ $w_1 = 0$, $w_2 = i$, $w_3 = \infty$ にうつす1次分数変換を求めよ．

7-10　異なる3点 z_1, z_2, z_3 をそれぞれ $0, 1, \infty$ にうつすメービウス変換を求めよ．

7-11 $f(z_0)=z_0$ なる点 z_0 を変換 $f(z)$ の**不動点**という．恒等変換 $w=z$ 以外の1次分数変換の不動点はあっても2つまでであることを示せ．

7-12 次の変換の不動点を求めよ．
  (a) $w=(z-1)/(z+1)$ (b) $w=(6z-9)/z$

7-13 例 3.5 の変換 $w=(i-z)/(i+z)$ は，点 $z=x$ を
$$w=\frac{1-x^2}{1+x^2}+i\frac{2x}{1+x^2}$$
にうつすことと，図7-5（付録の図13）のように対応させることを示せ．

§7-2 べき関数

7-14 扇形の集合 $r\leq 1$, $0\leq\theta\leq\pi/4$ は，次の変換によってどんな図形にうつされるか．
  (a) $w=z^2$ (b) $w=z^3$ (c) $w=z^4$

7-15 w 平面における直線 $u=1$, $u=2$, $v=1$, $v=2$ で囲まれる正方形の領域に，変換 $w=z^2$ でうつされる z 平面の領域を求めよ．

7-16 付録の図2のように，z 平面の斜線部分が w 平面の斜線部分にうつされることを示せ．

7-17 変換 $w=z^2$ について，次を示せ．
  (a) 直線 $x=c_1$ (>0) を放物線 $v^2=-4c_1^2(u-c_1^2)$ の上に1対1にうつす．
  (b) 直線 $y=c_2$ (>0) を放物線 $v^2=4c_2^2(u+c_2^2)$ の上に1対1にうつす．
  ((a), (b) いずれの放物線の焦点も $w=0$ であることに注意せよ．)

7-18 関数 $w=z^{1/2}$ の主枝 $w=\sqrt{r}e^{i\Theta/2}$ ($-\pi<\Theta\leq\pi$) は，集合 $\{(x,y):0\leq x\leq -y^2/4+1\}$ を三角形の集合 $\{(u,v):-u\leq v\leq u,\ 0\leq u\leq 1\}$ にうつすことを示せ．

7-19 関数 $w=z^{1/2}$ の分枝 $w=\sqrt{r}e^{i\theta/2}$ ($0<\theta<2\pi$) は，2つの放物線
$$y^2=4a^2(x+a^2),\qquad y^2=4b^2(x+b^2)\qquad (0<a<b)$$
で囲まれる領域を，帯状領域 $a<v<b$ の上に1対1にうつすことを示せ．

§7-3 その他の初等関数

7-20 直線 $ay=x$ ($a\neq 0$) は，変換 $w=e^z=\rho e^{i\varphi}$ によって，うずまき線 $\rho=e^{a\varphi}$ にうつされることを示せ．

7-21 図7-10の対応の仕方を詳しく述べよ．

7-22 付録の図7の対応の仕方を詳しく述べよ．

7-23 変換 $w=e^z$ によって，帯状集合 $x\geqq 0$, $0\leqq y\leqq \pi$ はどんな図形にうつされるか．

7-24 対数関数の1つの分枝
$$w=\log z=\ln r+i\theta \quad (r>0,\ \alpha<\theta<\alpha+2\pi)$$
は図7-12のように対応させることを示せ．

7-25 対数関数の主枝（主値）
$$w=\mathrm{Log}\, z=\ln r+i\theta \quad (r>0,\ -\pi<\theta<\pi)$$
は，右半平面 $x>0$ と帯状領域 $-\pi/2<v<\pi/2$ を1対1に，また，上半平面 $y>0$ と帯状領域 $0<v<\pi$ を1対1に対応させることを示せ．

7-26 直線 $x=c_1$ $(\pi/2<c_1<\pi)$ は，変換 $w=\sin z$ によって，双曲線
$$\frac{u^2}{\sin^2 c_1}-\frac{v^2}{\cos^2 c_1}=1$$
の右の分枝にうつされることを示せ．

　直線の上半分は双曲線の上半分と1対1に対応し，直線の下半分は双曲線の下半分に1対1に対応することに注意せよ．

7-27 長方形 $0\leqq x\leqq \pi/2$, $0\leqq y\leqq 1$ の周 $ABDEA$ は，変換 $w=\sin z$ によって，図7-16のように $A'B'D'E'A'$ にうつることを示せ．弧 $D'E'$ は楕円
$$\frac{u^2}{\cosh^2 1}+\frac{v^2}{\sinh^2 1}=1$$
の4半分である．

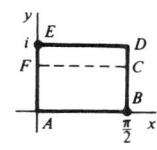

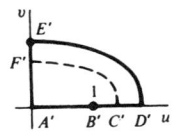

図 7-16　$w=\sin z$

7-28 図7-16において，線分 FC の変換 $w=\sin z$ による像が，楕円の4半分 $F'C'$ であることを示せ．このことから，長方形 $ABDE$ とその像 $A'B'D'E'$ は1対1に対応する．

7-29 付録の図11の対応を説明せよ．

7-30 付録の図16の対応を説明せよ．

第8章
等角写像とその応用

この章では，等角写像の概念，および調和関数との関係を調べる．また，それらの応用として，物理的な問題から生じる偏微分方程式の境界値問題をいくつか解いてみる．

§8-1 等 角 写 像

複素平面上にある2つの曲線 C_1, C_2 の変換 $w=f(z)$ による像を曲線 Γ_1, Γ_2 とする．

C_1, C_2 の交点 z_0 における交角，すなわち，それらの接線の交角を α とするとき，Γ_1 と Γ_2 の交点 $w_0(=f(z_0))$ における(接線の)交角も α であるとき(図 8-1)，$w=f(z)$ は点 z_0 において**等角である**という．

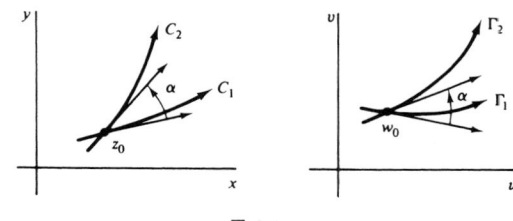

図 8-1

領域 D の各点で $w=f(z)$ が等角であるとき，$w=f(z)$ は D における**等角写像**であるという．

―― 例 1 ――

関数 $w=e^z$ は複素平面全体で等角写像である．図7-9 からわかるように，

直線 $x=c_1$ の像は円，直線 $y=c_2$ は直線にうつる．それぞれの交点における交角はともに 90° である． ∎

―― 例 2 ――

$w=z^2$ は $z\neq 0$ において等角写像である．図 7-7 において，w 平面の直線の原像はそれぞれ z 平面上の双曲線である．

直線 $u=c_1$, $v=c_2$ は直交する．また，それらの原像である双曲線も交点において直交する． ∎

例 1 で $(e^z)'=e^z\neq 0$ であることに，また，例 2 では $z\neq 0$ において $(z^2)'=2z\neq 0$, $z=0$ において $(z^2)'=0$ であることに注意する．

実は，$f'(z)\neq 0$ は $w=f(z)$ が等角写像であるための十分条件である．

―― 定理 ――

領域 D で正則な関数 $w=f(z)$ が，D の各点で $f'(z)\neq 0$ ならば，$w=f(z)$ は D における等角写像である．

証明 D の内部にある曲線 C を $z=z(t)$ $(a\leq t\leq b)$ とし，C の像である $w=f(z(t))$ $(a\leq t\leq b)$ を Γ とする．

まず，$z_0=z(t_0)$ とおいて，$w=f(z(t))$ を $t=t_0$ で微分すると，
$$w'(t_0)=f'(z(t_0))z'(t_0)=f'(z_0)z'(t_0)$$
だから，

(1) $\qquad \arg w'(t_0)=\arg f'(z_0)+\arg z'(t_0)$.

ここで，$z'(t_0)=x'(t_0)+iy'(t_0)$ より
$$\arg z'(t_0)=\tan^{-1}\frac{y'(t_0)}{x'(t_0)}=\left[\tan^{-1}\frac{dy}{dx}\right]_{t=t_0}$$
だから，$\arg z'(t_0)$ は，曲線 C の点 z_0 $(=z(t_0))$ における接線の傾き dy/dx の角度 θ を表す（図 8-2）．

同様に，$\arg w'(t_0)$ は，Γ の点 w_0 $(=f(z_0))$ における接線の傾きの角度 φ を表す．

$\arg f'(z_0)=\psi_0$ とおくと，(1) は

(2) $\qquad \varphi=\psi_0+\theta$

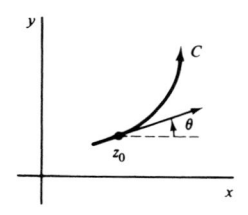

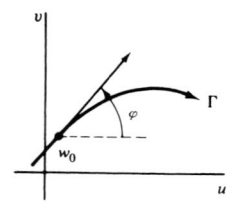

図 8-2 $\varphi = \psi_0 + \theta$

と書ける．$f'(z_0) \neq 0$ より $\psi_0 =$ 定数 である．

次に，点 z_0 で交わる 2 つの曲線 C_1, C_2 の点 z_0 における接線の傾きの角度をそれぞれ θ_1, θ_2 とする．C_1, C_2 の像 Γ_1, Γ_2 の点 $w_0 (= f(z_0))$ における接線の傾きの角度をそれぞれ φ_1, φ_2 とすると，(2) より

$$\varphi_2 - \varphi_1 = (\psi_0 + \theta_2) - (\psi_0 + \theta_1)$$
$$= \theta_2 - \theta_1.$$

よって，z_0 において $w = f(z)$ は等角である．z_0 は D の任意の点でよいから，$w = f(z)$ は領域 D における等角写像である．■

上の証明において，原像における角度 θ が変換の後で角度 φ に変わるが，その差 $\psi_0 (= \arg f'(z_0))$ を z_0 における**回転角**という．

$f(z) = iz$ の場合，$\arg f'(z) = \arg i = \pi/2$ だから，任意の点で回転角は $\pi/2$ である．例 1 で，点 $z = x + iy$ における回転角は y である．また，例 2 では，点 $z = re^{i\theta}$ における回転角は θ である．

―― 例 3 ――――――――――――――――――――――――

$z = 0$ において変換
$$w = 1 + z^2$$
は等角でない．

$z = re^{i\theta}$ とおくと
$$w = 1 + \rho e^{i\varphi} \quad (\rho = r^2,\ \varphi = 2\theta)$$

であるから，点 $z = 0$ を通る直線 $\theta = \alpha$ は，点 $w = 1$ を通り角度が $\varphi = 2\alpha$ の直線にうつされる．したがって，$z = 0$ を通る 2 直線は，点 $w = 1$ を通り交角が 2 倍の 2 直線にうつされる．

$z \neq 0$ においては $w' = 2z \neq 0$ だから等角である. ∎

上の例2,3のように,一般に,$f'(z_0)=0$ であるような点 z_0 では,$w=f(z)$ は等角ではなく,m 倍の角度にうつされる.ここに,m は,$f^{(m)}(z_0) \neq 0$ であるような最小の自然数である.(詳しくは,練習問題 8-6 を参照せよ.)

変換 $w = \bar{z}$ は,実軸に関して対称な点にうつすから,2曲線 C_1, C_2 の交角とその像 Γ_1, Γ_2 の交角は等しい(図8-3).しかし,この場合,角度の向きが反対であるから,正確には等角写像とはいわない.

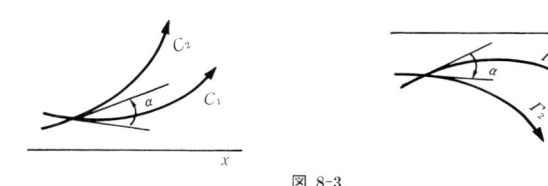

図 8-3

§8-2 調 和 関 数

1° 共役調和関数

調和関数と,共役調和関数についてすでに §2-6 で,その定義と正則性などについて述べたが,ここではもう少し具体的に詳しく考えることにしよう.

―― 例 1 ――――――――――

関数
$$u(x, y) = y^3 - 3x^2 y$$
は,xy 平面全体で定義される調和関数である($u_{xx} = -6y$, $u_{yy} = 6y$ であるから,$u_{xx} + u_{yy} = 0$).

$u(x, y)$ と調和共役な関数 $v(x, y)$ を求めよう.
$$u_x = -6xy \quad (u_y = 3y^2 - 3x^2)$$
であることと,u, v がコーシー・リーマンの方程式 $u_x = v_y$ を満たすこと(調和共役関数の定義)から,
$$v_y(x, y) = -6xy.$$
$$\therefore \quad v(x, y) = -3xy^2 + \varphi(x) \quad (\varphi(x) \text{ は } x \text{ の任意の関数}).$$

$$\therefore \quad v_x(x, y) = -3y^2 + \varphi'(x).$$

コーシー・リーマンの方程式のもう1つの式 $u_y = -v_x$ より,
$$3y^2 - 3x^2 = -\{-3y^2 + \varphi'(x)\}. \quad \therefore \quad \varphi'(x) = 3x^2.$$
$$\therefore \quad \varphi(x) = x^3 + c \quad (c = 実定数).$$

よって, $u(x, y)$ の共役調和関数 $v(x, y)$ は
$$v(x, y) = x^3 - 3xy^2 + c \quad (c = 実定数).$$

このとき,
$$\begin{aligned} f(z) &= u(x, y) + iv(x, y) \\ &= (y^3 - 3x^2y) + i(x^3 - 3xy^2 + c) = i(z^3 + c) \end{aligned}$$

は xy 平面($=z$ 平面)全体で正則な関数である. ∎

v が u の調和共役であっても, u は, 一般には, v の調和共役ではないことに注意する(練習問題 8-8 を参照).次の例でそれを見てみよう.

---- 例 2 ----

正則関数 $f(z) = z^2$ の実部, 虚部
$$u(x, y) = x^2 - y^2, \quad v(x, y) = 2xy$$
について, §2-6 の定理 4 から, v は u の共役調和関数である.

しかし, u は v の共役調和関数ではない. なぜならば,
$$g(z) = 2xy + i(x^2 - y^2)$$
とおくと, $\mathrm{Re}\, g(z)$ と $\mathrm{Im}\, g(z)$ はコーシー・リーマンの方程式を満たさないからである. ∎

共役調和関数を求めるには, 例 1 の方法を適用すればよい. 一般に, 単連結な領域 D における調和関数 $u(x, y)$ の共役調和関数 $v(x, y)$ は

(1) $$v(x, y) = \int_{(x_0, y_0)}^{(x, y)} -u_Y(X, Y)\, dX + u_X(X, Y)\, dY$$

$((x_0, y_0)$ は D の任意の点)

である.点 (x_0, y_0) と点 (x, y) を結ぶ積分路は, D の内部にあれば何でもよい.

したがって, (x_0, y_0) と (x, y_0) を結ぶ線分, (x, y_0) と (x, y) を結ぶ線分が

D に含まれる場合には，(1) は

(2) $\quad v(x, y) = -\int_{x_0}^{x} u_Y(X, y_0)\,dX + \int_{y_0}^{y} u_X(x, Y)\,dY$

$\qquad\qquad\qquad\qquad\qquad\qquad ((x_0, y_0)$ は D の任意の点$)$

になる．

―― 例 3 ――――――――――――――――――――――――

(2) を応用して，例 1 の場合の共役調和関数を求めよう．

$u(x, y) = y^3 - 3x^2 y$ であるから，$u_x(x, y) = -6xy$，$u_y(x, y) = 3y^2 - 3x^2$．$u(x, y)$ が多項式だから，D は xy 平面全体と見てよいから，(2) より

$$\begin{aligned}
v(x, y) &= -\int_{x_0}^{x}(3y_0{}^2 - 3X^2)\,dX + \int_{y_0}^{y}(-6xY)\,dY \\
&= -\Big[3Xy_0{}^2 - X^3\Big]_{x_0}^{x} + \Big[-3xY^2\Big]_{y_0}^{y} \\
&= (3x_0 y_0{}^2 - x_0{}^3 - 3xy_0{}^2 + x^3) + (3xy_0{}^2 - 3xy^2) \\
&= x^3 - 3xy^2 + c \quad (c = 3x_0 y_0{}^2 - x_0{}^3).
\end{aligned}$$

x_0, y_0 は任意の実数でよいから，c も任意の実数定数である． ∎

2° 調和関数の変換

ラプラスの偏微分方程式

$$\varDelta H(x, y) = H_{xx}(x, y) + H_{yy}(x, y) = 0$$

を満足する関数，すなわち，調和関数 $H(x, y)$ が，さらにある特定な境界条件を満たすように $H(x, y)$ の形を定める問題は，応用数学や物理の分野でよく現れる問題である．たとえば，ディリクレ問題やノイマン問題はその代表例である．

―― 例 4 ――――――――――――――――――――――――

関数

$$H(x, y) = e^{-y} \sin x$$

は，帯状領域 $0 < x < \pi$，$y > 0$ におけるディリクレ問題

$$\begin{cases} H_{xx}(x,y) + H_{yy}(x,y) = 0 & (0 < x < \pi, \ y > 0), \\ H(0,y) = 0, \quad H(\pi, y) = 0 & (y > 0), \\ H(x,0) = \sin x, \quad \lim_{y \to \infty} H(x,y) = 0 & (0 < x < \pi) \end{cases}$$

の解であることは，代入して直接確かめることができる．

$$-ie^{iz} = e^{-y}\sin x - ie^{-y}\cos x$$

であるから，$H(x,y)$ は整関数 $-ie^{iz}$ の実部である．または，$H(x,y)$ は整関数 e^{iz} の虚部である．∎

この例 4 のように，境界値問題の解が，正則関数の実部または虚部であることから見出されることは，しばしばあることである．

しかし，もとの問題の形のままではなく，より簡単な形に変形して考えたほうがわかりやすいこともある．そのためには，次の定理が有用である．

定理 1

正則関数
$$w = f(z) = u(x,y) + iv(x,y)$$
は，z 平面の領域 D_z を w 平面の領域 D_w の上にうつすとする．このとき，D_w 上で定義された調和関数 $h(u,v)$ に対して，
$$H(x,y) = h(u(x,y), \ v(x,y))$$
は D_z における調和関数である．

証明 $f(z)$ は正則であるから，u と v はコーシー・リーマンの方程式を満たす．よって，$u_x v_x + u_y v_y = 0$．また，$h(u,v)$ は調和関数であるから 2 階の偏導関数が連続であり，したがって，$h_{uv} = h_{vu}$ である．

$$\therefore \ H_{xx} = h_{uu} \cdot u_x^2 + 2h_{uv} \cdot u_x v_x + h_{vv} \cdot v_x^2,$$
$$H_{yy} = h_{uu} \cdot u_y^2 + 2h_{uv} u_y v_y + h_{vv} v_y^2.$$
$$\therefore \ H_{xx} + H_{yy} = (h_{uu} + h_{vv})(u_x^2 + u_y^2).$$

よって，$h_{uu} + h_{vv} = 0$ のとき，$H_{xx} + H_{yy} = 0$ である．∎

例 5

領域 $D_w = \{(u,v) : v > 0\}$ において，関数 $h(u,v) = e^{-v}\sin u$ は調和関

数である（例4）．

正則関数 $w=z^2$ $(=u(x,y)-iv(x,y), u(x,y)=x^2-y^2, v(x,y)=2xy)$ は領域 $D_z=\{(x,y):x>0, y>0\}$ を D_w の上にうつす（§7-2 の図 7-6）．

したがって，関数
$$H(x,y)=h(u(x,y), v(x,y))=e^{-2xy}\sin(x^2-y^2)$$
は D_z における調和関数である．

$H_{xx}+H_{yy}=0$ であることは，直接計算しても確かめられる．■

―― 例 6 ――

関数 $h(u,v)=\operatorname{Im} w=v$ は帯状領域 $D_w : -\pi/2<v<\pi/2$ で調和関数である．また，変換 $w=\operatorname{Log} z$ は右半平面 $D_z : x>0$ を D_w 上にうつす（練習問題 7-25）．

$$w=\operatorname{Log} z = \ln\sqrt{x^2+y^2}+i\tan^{-1}\frac{y}{x} \quad (=u+iv, \ -\pi/2<v<\pi/2)$$

と書けば，関数
$$H(x,y)=h(u(x,y), v(x,y))=v(x,y)=\tan^{-1}\frac{y}{x}$$
は D_z で調和関数である．

$H_{xx}+H_{yy}=0$ であることは，直接計算しても確かめられる．■

3°　境界条件の変換

境界条件によっては，その境界値が等角写像による変換の後で不変であるものがある．

―― 例 7 ――

関数
$$w=iz^2=-2xy+i(x^2-y^2) \quad (=u(x,y)+iv(x,y))$$
は $z\neq 0$ において等角写像である．

この関数は，半直線 $y=x\ (>0)$ を負の実軸 $(v=0, u<0)$ の上にうつし，正の実軸 $(y=0, x>0)$ を正の虚軸 $(u=0, v>0)$ の上にうつす．

関数

$$h(u, v) = v + 2$$
は負の実軸 ($v=0$, $u<0$) 上で
$$h = h(u, 0) = 2$$
であり，正の虚軸 ($u=0$, $v>0$) 上では法線方向 (v 軸と垂直な方向，すなわち，u 軸と平行な方向) の微分係数 $\partial h/\partial n$ は
$$\partial h/\partial n = h_u = \left[\frac{\partial}{\partial u}(v+2)\right]_{u=0} = 0$$
である．

$h(u, v)$ と $w = iz^2$ の合成関数
$$H(x, y) = h(u(x, y), v(x, y)) = x^2 - y^2 + 2$$
は，半直線 $y = x$ (>0) 上で
$$H = H(x, x) = 2,$$
正の実軸 ($y=0$, $x>0$) における法線方向 (x 軸と垂直な方向，すなわち，y 軸と平行な方向) の微分係数 $\partial H/\partial N$ は
$$\partial H/\partial N = H_y = \left[\frac{\partial}{\partial y}(x^2-y^2+2)\right]_{y=0} = 0$$
である (図 8-4)．

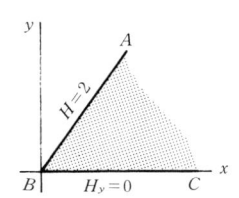

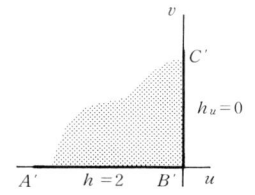

図 8-4

すなわち，等角写像 $w = iz^2$ でうつりあう境界上において，関数 H, h の値が等しく，法線方向の微分係数 $\partial H/\partial N$, $\partial h/\partial n$ の値が等しい． ∎

この例から知られるように，境界条件の変換に対して，一般に次の定理が成り立つことがわかっている．

定理 2

xy 平面のなめらかな曲線 C 上で
$$w = f(z) = u(x, y) + iv(x, y)$$

は等角写像であり，C の像を Γ とする．関数 $h(u,v)$ が条件

$$\Gamma \text{ 上で} \quad h=h_0 \quad \text{または} \quad \frac{dh}{dn}=0$$

($h_0=$実定数，dh/dn は Γ における法線方向(すなわち，Γ と垂直な方向)の導関数)

を満たすとき，関数 $H(x,y)=h(u(x,y),v(x,y))$ はこれらに対応する条件

$$C \text{ 上で} \quad H=h_0 \quad \text{または} \quad \frac{dH}{dN}=0$$

(dH/dN は C 上における法線方向(すなわち，C と垂直な方向)の導関数)

を満たす．

§8-3 境界値問題

今まで述べてきたいろいろな変換の性質や，等角写像について，これらを応用して解ける偏微分方程式の境界値問題の例をいくつかあげよう．

—— 例 1 ——

境界値問題

(1)　　　$T_{xx}(x,y)+T_{yy}(x,y)=0 \quad (-\infty<x<\infty,\ y>0)$

(2)　　　$T(x,0)=\begin{cases} 1 & (|x|<1) \\ 0 & (|x|>1) \end{cases}$

(3)　　　$T(x,y)$ は有界

の解が

(4)　　　$T=\dfrac{1}{\pi}\tan^{-1}\dfrac{2y}{x^2+y^2-1} \quad \left(0\leqq \tan^{-1}\dfrac{2y}{x^2+y^2-1} \leqq \pi\right)$

であることを示そう．(4)が正解であることは(1),(2),(3)に代入してすぐ確かめられる．

境界値問題(1),(2),(3)は，xy 平面の上半平面における，いわゆるディリクレ問題である．条件(2)が境界における温度分布（それぞれの区間で，つ

ねに一定) であるとするとき，上半平面ではどんな温度分布になっているかを調べる問題である．

結果は，点 (x, y) における温度 T は (4) で定められる，ということである．段階に分けよう．

[a] 半平面で考えるよりも，温度分布が，もっとわかりやすいような領域に変換したほうがよい．

たとえば，図 8-5 の右のような帯状の集合で，上端で $T=1$，下端で $T=0$ となっていれば，中間の部分では $0<T<1$ であり，しかも上端または下端からの距離に比例した温度になるだろう．

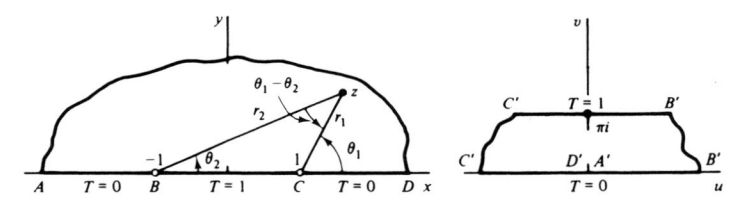

図 8-5 $w = \log \dfrac{z-1}{z+1}$ $\left(\dfrac{r_1}{r_2}>0,\ -\dfrac{\pi}{2}<\theta_1-\theta_2<\dfrac{3\pi}{2}\right)$

そこで，もとの問題では，$z=\pm 1$ で温度が急変すること，および半平面を帯状領域にうつす性質をもたねばならないことから，適当な変換として

(5) $\qquad w = \operatorname{Log} \dfrac{z-1}{z+1} = \ln \dfrac{r_1}{r_2} + i(\theta_1 - \theta_2)$

$$\left(\dfrac{r_1}{r_2}>0,\ -\dfrac{\pi}{2}<\theta_1-\theta_2<\dfrac{\pi}{2}\right)$$

がある (§7-3 の例 5)．ここに，$z-1=r_1 e^{i\theta_1}$, $z+1=r_2 e^{i\theta_2}$, $-\pi/2<\theta_1<3\pi/2$, $-\pi/2<\theta_2<3\pi/2$ である．

[b] 変換 (5) は，$z=\pm 1$ を除けば，正則でありしかも等角写像である．したがって，変換の前と後で，調和関数であることと境界値が不変であること (§8-2 の定理 1, 2) から，uv 平面で有界で，調和関数であり，境界条件

(6) $\qquad T = \begin{cases} 1 & (v=\pi) \\ 0 & (v=0) \end{cases}$

を満たす関数 $T = T(u, v)$ を，まず求めてから，変換 (5) で xy 平面に戻して $T = T(x, y)$ を求めれば，もとの問題 (1), (2), (3) の解になるはずである．

[c] 境界条件(6)を満足する有界な調和関数として
$$T = \frac{1}{\pi} v$$
が考えられる．これは正則関数 w/π の虚部である．(5)から
$$w = u + iv = \ln\left|\frac{z-1}{z+1}\right| + i\arg\left(\frac{z-1}{z+1}\right).$$
$$\therefore \quad v = \arg\left(\frac{z-1}{z+1}\right) = \arg\left(\frac{(z-1)(\bar{z}+1)}{(z+1)(\bar{z}+1)}\right)$$
$$= \arg\left(\frac{x^2+y^2-1+i2y}{(x+1)^2+y^2}\right).$$
$$\therefore \quad v = \tan^{-1}\frac{2y}{x^2+y^2-1}.$$
$\arg\dfrac{z-1}{z+1} = \theta_1 - \theta_2$ であり，図 8-5 からわかるように，$0 \leqq \theta_1 - \theta_2 \leqq \pi$ であるから
$$0 \leqq \tan^{-1}\frac{2y}{x^2+y^2-1} \leqq \pi.$$
$$\therefore \quad T = \frac{1}{\pi}\tan^{-1}\frac{2y}{x^2+y^2-1}. \quad\blacksquare$$

この例 1 において，温度が一定 c $(0<c<1)$ であるような点 (x,y) は，$T(x,y) = c$ を満たす曲線である（練習問題 8-13）．このような曲線を**等温曲線**という．帯状領域 $0<v<\pi$ における等温曲線は，明らかに $v=c$ なる水平な直線である．

等温曲線が単純な形であり，それを表す式も簡単な形で求められるように，変換を選ぶことがポイントである．

—— **例 2** ——————————————————————

境界値問題

(7) $\quad T_{xx}(x,y) + T_{yy}(x,y) = 0 \quad \left(-\dfrac{\pi}{2} < x < \dfrac{\pi}{2},\ y>0\right)$

(8) $\quad T\left(-\dfrac{\pi}{2}, y\right) = T\left(\dfrac{\pi}{2}, y\right) = 0 \quad (y>0)$

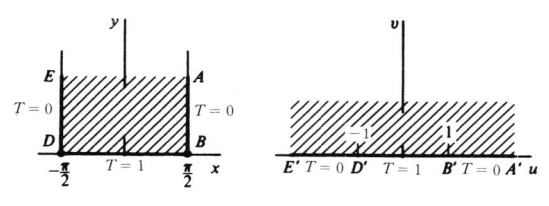

図 8-6

(9) $\quad T(x,0) = 1 \quad \left(-\dfrac{\pi}{2} < x < \dfrac{\pi}{2}\right)$

(10) $\quad T(x,y)$ は有界

の解が

(11) $\quad T = \dfrac{2}{\pi}\tan^{-1}\left(\dfrac{\cos x}{\sinh y}\right) \quad \left(0 \leq \tan^{-1}\dfrac{\cos x}{\sinh y} \leq \dfrac{\pi}{2}\right)$

であることを示そう．

帯状領域

$$-\dfrac{\pi}{2} < x < \dfrac{\pi}{2}, \quad y > 0$$

は，変換 $w = \sin z$ によって，上半平面 $v > 0$ にうつされる．

§8-2 の定理 2 によれば，$w = \sin z$ で変換された境界条件は u 軸上で

(12) $\quad T = \begin{cases} 1 & (|u|<1) \\ 0 & (|u|>1) \end{cases}$

である．

有界な調和関数で (12) を満たす解は，例 1 の (4) から

$$T = \dfrac{1}{\pi}\tan^{-1}\dfrac{2v}{u^2+v^2-1} \quad \left(0 \leq \tan^{-1}\dfrac{2v}{u^2+v^2-1} \leq \pi\right)$$

である．ここで，$w = \sin z = u + iv$ ($u = \sin x \cosh y$, $v = \cos x \sinh y$) であるから，

$$T = \dfrac{1}{\pi}\tan^{-1}\left(\dfrac{2\cos x \sinh y}{\sin^2 x \cosh^2 y + \cos^2 x \sinh^2 y - 1}\right).$$

これを整理して (11) を得る（練習問題 8-14）． ■

この例 2 の等温曲線については練習問題 8-15 を参照せよ．

例 1, 2 の境界値問題は，この方法とは別に，変数分離法とよばれる方法でも解くことができる．しかし，求めた解は複雑な形の無限級数で表されるために，ここで得た形に帰着するのはやや困難である．

次に，変数分離法を適用できない例をあげよう．

―― 例 3 ――

境界値問題

(13) $\quad T_{xx}(x, y) + T_{yy}(x, y) = 0 \quad (x > 0, \ y > 0)$

(14) $\quad T_y(x, 0) = 0 \quad (0 < x < 1)$

(15) $\quad T(x, 0) = 1 \quad (x > 1)$

(16) $\quad T(0, y) = 0 \quad (y > 0)$

(17) $\quad T(x, y)$ は有界

の解が

(18) $\quad T(x, y) = \dfrac{2}{\pi} \sin^{-1} \dfrac{1}{2}(\sqrt{(x+1)^2 + y^2} - \sqrt{(x-1)^2 + y^2})$

であることを示そう．

§7-3 の 3°，または付録の図 10 からわかるように，変換

(19) $\quad z = \sin w$

は帯状集合 $0 \leqq u \leqq \pi/2, \ v \geqq 0$ と 4 半分平面 $x \geqq 0, \ y \geqq 0$ を 1 対 1 に対応させる．対応の仕方は図 8-7 のとおりである．正則関数 (19) は $w = \pi/2$ を除けば等角写像である．

変換 (19) の逆変換 $w = \sin^{-1} z$ によって，境界条件 (14), (15), (16) は，それぞれ

$\quad T_v = 0 \quad (0 < u < \pi/2),$

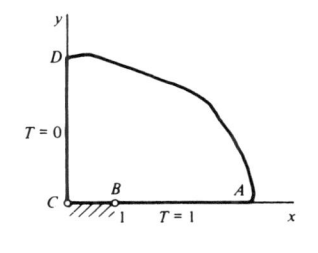

図 8-7

$$T = \begin{cases} 1 & (u = \pi/2) \\ 0 & (u = 0) \end{cases}$$

に変換される.

例1と同じ形の

(20) $\quad T = \dfrac{2}{\pi} u$

はこれらの条件を満たす有界な調和関数である.これは整関数 $2w/\pi$ の実部である.

x, y, u, v の関係は (19) (§3-2 の (9)) から,

(21) $\quad x = \sin u \cosh v, \quad y = \cos u \sinh v.$

これらから v を消去して $x^2/\sin^2 u - y^2/\cos^2 u = 1$, すなわち,

(22) $\quad \sqrt{(x+1)^2 + y^2} - \sqrt{(x-1)^2 + y^2} = 2 \sin u.$

これを (20) に代入すれば,解 (18) が得られる.

$u = c$ ($0 \leq c \leq \pi/2$) とおくと,双曲線 (22) は等温曲線である.

線分 $0 < x < 1$, $y = 0$ においては,解は

$$T(x, 0) = \dfrac{2}{\pi} \sin^{-1} x$$

である. ■

境界条件 (15), (16) は,それぞれの境界における温度である.条件 (14) は区間 $0 < x < 1$ において,y 軸方向に温度の出入りがないことを表す.

条件 (14) の $T_y = 0$ と $T_v = 0$ は,§8-2 の定理2の $dH/dN = 0$, $dh/dn = 0$ にそれぞれ相当するものである.

整関数 $2w/\pi$ の実部が (20) の $T = 2u/\pi$ であるから,(20) の共役調和関数は $F = 2v/\pi$ である.2つの関数 T, F のグラフは直線であり,明らかに直交している.F は熱の流れを表す.

z 平面における熱の流れ曲線は (21) において,$v = $ 定数 とおいて u を消去した方程式

$$\dfrac{x^2}{\cosh^2 v} + \dfrac{y^2}{\sinh^2 v} = 1$$

である.これは楕円であり,等温曲線である双曲線 (22) と直交する.

例 4

境界値問題

(23) $\begin{cases} V_{xx}(x,y) + V_{yy}(x,y) = 0 \\ V(x,y) = \begin{cases} 0 & (y = \sqrt{1-x^2}) \\ 1 & (y = -\sqrt{1-x^2}) \end{cases} \\ V(x,y) \text{ は有界} \end{cases}$

の解が

(24) $\quad V = \dfrac{1}{\pi} \tan^{-1} \dfrac{1-x^2-y^2}{2y} \quad \left(0 \leq \tan^{-1} \dfrac{1-x^2-y^2}{2y} \leq \pi\right)$

であることを示そう．

円板 $x^2 + y^2 \leq 1$ は変換

(25) $\quad z = (i-w)/(i+w)$

によって上半平面 $v \geq 0$ と 1 対 1 に対応する．(§7-1 の例 5，練習問題 7-13)．境界条件は図 8-8 の左のように与えられているが，これは

$$V(u, 0) = \begin{cases} 0 & (u > 0) \\ 1 & (u < 0) \end{cases}$$

に対応する．

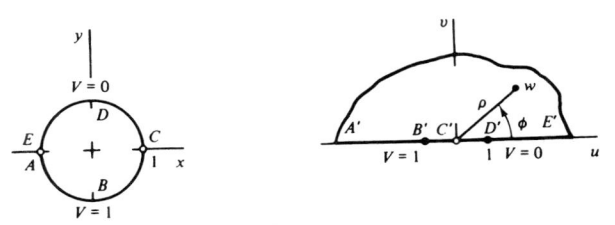

図 8-8

u 軸の正の部分で $V = 0$，負の部分で $V = 1$ であるから，原点を通る直線上では $V = $ 一定 の値であり，その値は u 軸との角度 $\varphi = \tan^{-1}(v/u)$ に比例するであろう（例 1 [a] の T の定め方を参照）．よって，$V = \varphi/\pi$，すなわち，

(26) $\quad V = \dfrac{1}{\pi} \tan^{-1} \dfrac{v}{u} \quad (w = u + iv = \rho e^{i\varphi})$

とおけばよい．

これは関数
$$\frac{1}{\pi}\operatorname{Log} w = \frac{1}{\pi}\ln\rho + i\frac{\varphi}{\pi} \quad (\rho>0,\ 0\leqq\varphi\leqq\pi)$$
の虚部である．この関数は正則でありまた等角写像でもある．

変換(25)を
$$w = i\frac{1-z}{1+z} \quad (=u+iv)$$
と書き直し，u と v を求め(26)に代入すれば(24)になる．■

―― 例 5 ――

xy 平面上に円板があり，平面上を右に向かって流体が動いている（図 8-9）．流れが x 軸に関して対称である場合，流れ方を調べるためには，上半分だけを考えればよい．

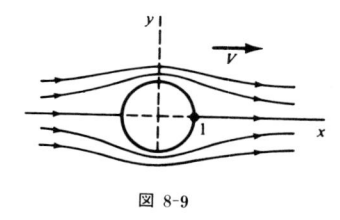

図 8-9

流体の動き（流線）を見るために，障害物である円板がなければ一様に流れるであろうから，変換
$$w = z + \frac{1}{z}$$
によって，円板を除く上半平面を w 平面の上半平面全体にうつしてみる（付録の図 17）．

w 平面においては障害物がないから流れは一様である．よって，その複素ポテンシャルは $F=Aw$（$A=$正定数）である．よって，z 平面では
$$F = A\left(z + \frac{1}{z}\right).$$
速度 $V = \overline{F'(z)}$ は
$$V = A\left(1 - \frac{1}{\bar{z}^2}\right).$$
円板から遠いところ，すなわち，$|z|$ が大きいときは $V \fallingdotseq A$ であるから，速

度はほぼ一定であり，流れ方は x 軸にほぼ平行である．

流線は，F の虚部 $=c$（定数）より
$$A\left(r-\frac{1}{r}\right)\sin\theta=c.$$
$c=0$ の場合は，円周と x 軸である． ∎

練 習 問 題

§8-1 等 角 写 像

8-1 変換 $w=1/z$ による点 $z=1$, $z=i$ における回転角はそれぞれいくらか．

8-2 変換 $w=1/z$ によって，直線 $y=x-1$, $y=0$ は，それぞれ円 $u^2+v^2-u-v=0$, 直線 $v=0$ にうつされることを示せ．また，それらのグラフを描き，点 $z=1$ において等角にうつっていることを示せ．

8-3 変換 $w=z^n$ ($n=1,2,\cdots$) による点 $z_0=r_0 e^{i\theta_0}$ における回転角を求めよ．

8-4 変換 $w=\sin z$ は点 $z=(2n+1)\pi/2$ ($n=0,\pm 1,\pm 2,\cdots$) を除いた領域で等角写像であることを示せ．
（このことは，付録の図 9, 10, 11 の中の線分のうつり方に合うことに注意せよ．）

8-5 曲線 $C: z=z(t)$ ($a\leqq t\leqq b$) は領域 D 内のなめらかな曲線であり，変換 $w=f(z)$ は D における等角写像であるとする．このとき，$w=f(z)$ による C の像 Γ もなめらかな曲線であることを示せ．

8-6 関数 $w=f(z)$ は点 z_0 で正則であり，ある自然数 m に対して
$$f'(z_0)=f''(z_0)=\cdots=f^{(m-1)}(z_0)=0, \quad f^{(m)}(z_0)\neq 0$$
であるとする．

(a) z_0 におけるテーラー級数を利用して，z_0 の適当な近傍で
$$f(z)-w_0=(z-z_0)^m\frac{f^{(m)}(z_0)}{m!}\{1+g(z)\}$$
の形に書けることを示せ．ただし，$w_0=f(z_0)$, $g(z)$ は z_0 で連続であり $g(z_0)=0$ である．

(b) 図 8-2 のように，変換 $w=f(z)$ によるなめらかな曲線 C の像を Γ とする．図の中の θ と φ は
$$\theta=\lim_{z\to z_0}\arg(z-z_0), \quad \varphi=\lim_{z\to z_0}\arg\{f(z)-w_0\} \quad (z\in C)$$
であることに注意して，また (a) を用いて

$$\varphi = m\theta + \arg f^{(m)}(z_0)$$
が成り立つことを示せ．

(c) 図 8-1 にあるように，z_0 を通るなめらかな 2 つの曲線 C_1, C_2 の交角を α とする．このとき，$w_0 = f(z_0)$ における Γ_1, Γ_2（C_1, C_2 の像）の交角は $m\alpha$ であることを示せ．

§8-2 調和関数

8-7 次の関数 $u(x, y)$ が調和関数であることを示せ．また共役調和関数 $v(x, y)$ を求めよ．

(a) $u(x, y) = 2x(1-y)$ (b) $u(x, y) = 2x - x^3 + 3xy^2$
(c) $u(x, y) = \sinh x \sin y$

8-8 領域 D で，v が u の共役調和関数であり，また u が v の共役調和関数であるとき，u と v は定値関数であることを示せ．

8-9 $u(x, y) = x^3 - 3xy^2$ が調和関数であることを示し，u の共役調和関数 $v(x, y)$ を求めよ．

また，u, v を実部，虚部とする複素変数 z の正則関数を求めよ．

8-10 付録の図 6 にあるように，変換 $w = e^z$ は帯状領域 $0 < y < \pi$ を上半平面 $v > 0$ の上にうつす．関数 $h(u, v) = \mathrm{Re}(w^2) = u^2 - v^2$ は上半平面 $v > 0$ で調和関数である．

定理 1 を適用して，関数 $H(x, y) = e^{2x} \cos 2y$ が帯状領域 $0 < y < \pi$ で調和関数であることを示せ．

また，定理 1 を用いないで，直接，調和関数であることを示せ．

8-11 y 軸上の線分 $C: x = 0,\ 0 \leq y \leq \pi$ は，変換 $w = e^z$ によって，半円 $C': u^2 + v^2 = 1,\ v \geq 0$ の上にうつされる（付録の図 7）．また，関数
$$h(u, v) = \mathrm{Re}\!\left(2 - w + \frac{1}{w}\right) = 2 - u + \frac{u}{u^2 + v^2}$$
は $w = 0$ を除いた領域で調和関数であり，C' では $h = 2$ である．

定理 2 における H をつくり，C 上で $H = 2$ であることを直接確かめよ．

8-12 変換 $w = z^2$ は，z 平面の正の x 軸，正の y 軸，原点を w 平面の u 軸（$v = 0$）上にうつす（図 7-6）．調和関数
$$h(u, v) = \mathrm{Re}(e^{-w}) = e^{-u} \cos v$$
について，u 軸に沿う法線方向の導関数 h_v（$= dh/dn$）の値が 0 であることを示せ．

定理 2 における $f(z)$ が $f(z) = z^2$ である場合に，$H(x, y)$ をつくり，直

接, z 平面の座標軸のそれぞれに沿う $H(x,y)$ の法線方向の導関数 H_x, H_y ($=dH/dN$) の値が 0 であることを示せ.

§8-3 境界値問題

8-13 例1において, 等温曲線 $T(x,y)=c$ $(0<c<1)$ は
$$x^2+\{y-\cot(\pi c)\}^2=\mathrm{cosec}^2(\pi c)$$
であることを示せ. これは $(\pm 1, 0)$ を通り, 中心が y 軸上にある円である.

8-14 例2において, (11)を求める計算を説明せよ.

8-15 例2において, 等温曲線 $T(x,y)=c$ $(0<c<1)$ は
$$\cos x = \tan\frac{\pi c}{2}\cdot\sinh y$$
であることを示せ. これは2点 $(\pm\pi/2, 0)$ を通ることに注意.

8-16 次の境界値問題の解を求めよ.

(a) $T_{xx}(x,y)+T_{yy}(x,y)=0$ $(y>0, -\infty<x<\infty)$
$T(x,0)=\begin{cases}0 & (x<-1)\\ 1 & (x>1)\end{cases}$
$T_y(x,0)=0$ $(-1<x<1)$
$T(x,y)$ は有界

図 8-10

(b) $T_{xx}(x,y)+T_{yy}(x,y)=0$ $(x>0, y>0)$
$T(0,y)=0$ $(y>1)$
$T(x,0)=1$ $(x>1)$
$T_x(0,y)=0$ $(0\leq y<1)$
$T_y(x,0)=0$ $(0\leq x<1)$
$T(x,y)$ は有界

図 8-11

(c) $H_{xx}(x,y)+H_{yy}(x,y)=0$ $(0<x<\pi/2, y>0)$
$H(x,0)=0$ $(0<x<\pi/2)$
$H(0,y)=1$, $H(\pi/2,y)=0$ $(y>0)$
$0\leq H(x,y)\leq 1$

図 8-12

8-17 次の境界値問題の解を求めよ.

(a) $V_{xx}(x,y)+V_{yy}(x,y)=0$
$V(x,y)=0$ $(y=\sqrt{1-x^2})$
$V(x,0)=1$ $(-1<x<1)$
$V(x,y)$ は有界

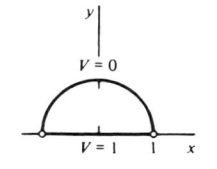

図 8-13

(b) $V_{xx}(x,y) + V_{yy}(x,y) = 0$
$V(x,0) = \begin{cases} 0 & (|x|>1) \\ 1 & (|x|<1) \end{cases}$
$V(x,y)$ は有界

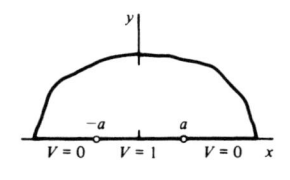

図 8-14

(c) $V_{xx}(x,y) + V_{yy}(x,y) = 0$
$V(x,0) = 0 \quad (|x|>1)$
$V(x,y) = 1 \quad (y=\sqrt{1-x^2})$
$V(x,y)$ は有界

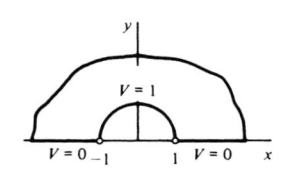

図 8-15

8-18 境界値問題
$\begin{cases} V_{xx}(x,y) + V_{yy}(x,y) = 0 & (0<x<a,\ 0<y<b) \\ V(x,0) = 0, \quad V(x,b) = 1 & (0<x<a) \\ V(0,y) = V(a,y) = 0 & (0<y<b) \end{cases}$

は変数分離法で解ける.その解が

$$V(x,y) = \frac{4}{\pi} \sum_{n=1}^{\infty} \frac{\sinh\{(2n-1)\pi y/a\}}{(2n-1)\sinh\{(2n-1)\pi b/a\}} \sin\frac{(2n-1)\pi x}{a}$$

であることを既知として,次の境界値問題の解を求めよ($z=x+iy=re^{i\theta}$ である).

$\begin{cases} V_{xx}(x,y) + V_{yy}(x,y) = 0 & (1<r<r_0,\ 0<\theta<\pi) \\ V(x,y) = 0 & (r=1,\ r_0\ (0<\theta<\pi)\ ;\ 1<r<r_0\ (\theta=0)) \\ V(x,y) = 1 & (1<r<r_0,\ \theta=\pi) \end{cases}$

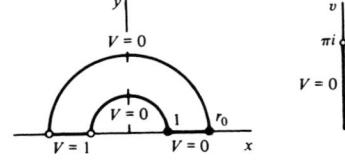

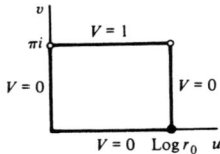

図 8-16 $\quad w = \log z \quad \left(r>0,\ -\frac{\pi}{2}<\theta<\frac{3\pi}{2}\right)$

8-19 複素ポテンシャル $F = A(z^2 + z^{-2})$ ($|z| \geq 1$, $0 \leq \arg z \leq \pi/2$) に対して,流れの速度 V と流線の方程式を求めよ.

第9章
解析接続とリーマン面

これまで，章の流れに本質的には必要でなかったものをはぶいてきた．しかし，これらの中には理論的に重要であり，複素変数関数論の入門コースとしてもぜひ知っておきたいものもある．そのようなトピックスをいくつか，この章で扱うことにしよう．

§9-1 解 析 接 続

ある領域全体における正則関数の性質が，その領域に含まれる一部の集合における性質から決定されることをまず見てみよう．次に，正則関数の定義域を拡張する問題について考える．

1° 一致の定理

練習問題 2-20 から，関数 $f(z)$ が点 z_0 で正則であり $f(z_0) \neq 0$ であるならば，z_0 の適当な近傍で $f(z) \neq 0$ である．また，§5-4 の定理 5 によれば，正則関数 $f(z)$ が恒等的に 0 でないならば，$f(z)$ の零点(すなわち，$f(z)=0$ となる点 z)は孤立している．

したがって，関数 $f(z)$ が点 z_0 で正則ならば，適当な近傍 $|z-z_0|<\varepsilon$ で，
[a]　$f(z) \equiv 0$ である，
[b]　z_0 でのみ $f(z_0)=0$，
[c]　つねに $f(z) \neq 0$，
のどれかである．

点 z_0 が無限集合の集積点 (§1-5) であり，この集合の各点で $f(z)=0$ で

あると仮定しよう．このとき，z_0 のどんな近傍も z_0 以外の $f(z)$ の零点を含むから，もし $f(z)$ が z_0 で正則であるならば，z_0 の適当な近傍全体で $f(z) \equiv 0$ である（[b], [c] の場合でないから [a] である）．

とくに，$f(z)$ が z_0 を含む領域で正則であり，z_0 を通る弧の上で $f(z) = 0$ であるならば，$f(z)$ はその領域全体で $f(z) \equiv 0$ である．このようにして，次の定理が成り立つことがわかる．

定理 1

関数 $f(z)$ が領域 D で正則で，D 内のある小領域の各点 z で，または，D の内部に含まれる弧上で $f(z) = 0$ ならば，D 全体で $f(z) = 0$ である．

この定理 1 における関数 $f(z)$ を，2 つの正則関数の差 $f_1(z) - f_2(z)$ と見なせば，D 内の小領域または弧上で $f_1(z) - f_2(z) = 0$，すなわち，$f_1(z) = f_2(z)$ であれば，D 全体で $f_1(z) = f_2(z)$ である．したがって，次の定理 2 が成り立つ．

定理 2（一致の定理）

領域 D で正則な関数 $f_1(z)$, $f_2(z)$ が，D 内の小領域または弧上において $f_1(z) = f_2(z)$ ならば，D 全体で $f_1(z) = f_2(z)$ である．

例 1

関数 e^z は，実軸または実軸の線分上で値 e^x をとるただ 1 つの整関数である．また，e^{-z} も整関数であるから，関数 $e^z e^{-z} - 1$ は整関数でありしかも実軸上における値は 0 である．

したがって，一致の定理によって，任意の z に対して $e^z e^{-z} - 1 = 0$ である．

このことから，任意の複素数 z に対して等式 $e^{-z} = 1/e^z$ が成り立つことがわかる（§3-1 を参照）．

（定理 1 または 2 における D は，この場合，全平面であり，実軸（または実軸上の線分）が D 内の弧に相当する．）∎

第9章 解析接続とリーマン面　219

この例1のように，一般に，実変数の場合の等式，すなわち関数関係は複素数の場合にも（一致の定理によって）そのまま成り立つが，ここではとくに，関数の多項式の場合について述べておこう．

定理 3（関数関係の不変性）

$P(w_1, w_2, \cdots, w_n)$ を n 個の複素変数 $w_1, w_2, \cdots, w_n$ の多項式とし，また，$f_1(z), f_2(z), \cdots, f_n(z)$ を実軸上の線分 $a<x<b$ を含む領域 D における正則関数とする．

このとき，関数 $f_k(z)$ $(k=1, 2, \cdots, n)$ が等式

(1) $\qquad P(f_1(x), f_2(x), \cdots, f_n(x))=0 \quad (a<x<b)$

を満足するならば，等式

(2) $\qquad P(f_1(z), f_2(z), \cdots, f_n(z))=0 \quad (D \text{ 全体で})$

が成り立つ．

証明 (2)の左辺は，D における正則関数 $f_1(z), f_2(z), \cdots, f_n(z)$ と多項式 P（これは整関数である）との合成関数だから，D において正則である．

また，(1)から，(2)の左辺は D 内の弧（線分 $a<x<b$ のこと）の上で0であるから，一致の定理（定理1または2）によって，(2)が D 全体で成り立つことになる．∎

例1においては，$P(w_1, w_2)=w_1 w_2-1$, $f_1(z)=e^z$, $f_2(z)=e^{-z}$ である．もう1つ例をあげよう．

例 2

w_1, w_2 の多項式を

$$P(w_1, w_2)=w_1^2+w_2^2-1,$$
$$f_1(z)=\sin z, \quad f_2(z)=\cos z$$

とおく．実軸上では

$$P(f_1(x), f_2(x))=\sin^2 x+\cos^2 x-1=0$$

であるから，定理3により，複素平面全体で

$$P(f_1(z), f_2(z))=\sin^2 z+\cos^2 z-1=0,$$

すなわち，$\sin^2 z + \cos^2 z = 1$ が成り立つ（§3-2 を参照）． ■

定理 4

関数 $f(z)$ は領域 D で正則であるとする．このとき，
 $f(z) \not\equiv$ 定数 (D 全体で) $\Longleftrightarrow f(z) \not\equiv$ 定数 (D 内の任意の部分領域で)

証明 D 内の部分領域 D' で $f(z) = c$ (=定数) とする．
関数 $f(z)$ と定値関数である c は D における正則関数であり，D' において $f(z) = c$ である．よって，定理 2 から，D 全体において $f(z) = c$ である．しかし，これは定理の仮定に反する．したがって，$f(z)$ はどんな領域 $D'(\subset D)$ においても一定値をとることはない． ■

2° 解析接続

2つの領域 D_1, D_2 が共通部分をもつとき，D_1 と D_2 の共通部分 $D_1 \cap D_2$ と和集合 $D_1 \cup D_2$ はともに領域である（図 9-1 を参照）．

$f_1(z)$ が D_1 で正則な関数であるとき，$D_1 \cap D_2$ で $f_1(z)$ と同じ値をとり，しかも D_2 で正則であるような関数 $f_2(z)$ が存在する場合，関数 $f_2(z)$ を $f_1(z)$ の D_2 への**解析接続**であるという．

D_2 への解析接続 $f_2(z)$ は，定理 2 によって，一意的に定まる．しかし，D_2 で正則な関数 $f_2(z)$ の領域 D_3 への解析接続 $f_3(z)$ が存在して，$D_1 \cap D_3 \neq \phi$ であるとき，必ずしも $D_1 \cap D_3$ において $f_3(z) = f_1(z)$ ではない．

D_1 における正則関数を何回か解析接続して D_1 に戻ると，もとと異なる値になることがあるのである（例 5）．

$f_2(z)$ が $f_1(z)$ の D_1 から D_2 への解析接続であるとき，関数

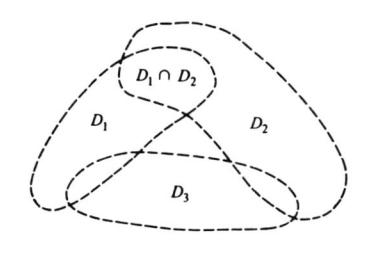

図 9-1

$$F(z) = \begin{cases} f_1(z) & (z \in D_1) \\ f_2(z) & (z \in D_2) \end{cases}$$

は $D_1 \cup D_2$ で正則である．関数 $F(z)$ は $f_1(z)$ と $f_2(z)$ の両方の $D_1 \cup D_2$ への解析接続である．このような関係があるとき，$f_1(z), f_2(z)$ は $F(z)$ の**要素**とよばれる．

―― 例 3 ――――――――――――――――――――――――

べき級数で定義される関数

$$f_1(z) = \sum_{n=0}^{\infty} z^n$$

は，$|z|<1$ のとき収束し，$|z|\geqq 1$ のとき発散するから，$|z|<1$ でのみ定義される関数で

$$f_1(z) = \frac{1}{1-z} \quad (|z|<1)$$

である．

関数

$$f_2(z) = \frac{1}{1-z} \quad (z \neq 1)$$

は，複素平面から $z=1$ を除いた領域 D で定義される正則関数である．

円板 $|z|<1$ で $f_2(z) = f_1(z)$ であるから，$f_2(z)$ は $f_1(z)$ の D への解析接続である．

また，$f_2(z)$ は $f_1(z)$ のただ 1 つの解析接続である．$f_1(z)$ は $f_2(z)$ の要素である． ∎

―― 例 4 ――――――――――――――――――――――――

練習問題 4-1 における積分

$$f_1(z) = \int_0^{\infty} e^{-zt} dt$$

は $\operatorname{Re} z > 0$ のときに存在し，その値は $1/z$ であるから，

$$f_1(z) = \frac{1}{z} \quad (\operatorname{Re} z > 0)$$

である．領域 $\operatorname{Re} z > 0$ は図 9-2 で D_1 と記してある部分である．$f_1(z)$ は D_1 で正則な関数である．

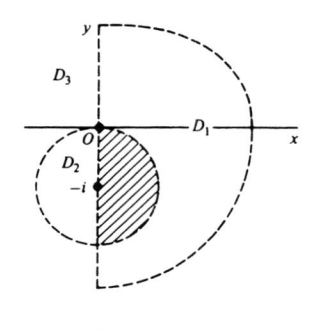

図 9-2

無限等比級数で定義される関数
$$f_2(z) = i \sum_{n=0}^{\infty} \left(\frac{z+i}{i}\right)^n \quad (|z+i|<1)$$
は収束円内で意味があり，
$$f_2(z) = i \cdot \frac{1}{1-(z+i)/i} = \frac{1}{z} \quad (|z+i|<1)$$
である．図 9-2 に，領域 $|z+i|<1$ を D_2 で表してある．

　$D_1 \cap D_2$（斜線部分）ではともに値 $1/z$ をとるから，$f_2(z) = f_1(z)$ である．したがって，$f_2(z)$ は $f_1(z)$ の D_2 への解析接続であり，$f_1(z)$ は $f_2(z)$ の D_1 への解析接続である．

　関数 $F(z) = 1/z$ $(z \neq 0)$ は，$f_1(z)$ と $f_2(z)$ の原点を除いた複素平面への解析接続である．$f_1(z), f_2(z)$ は $F(z)$ の要素である．なお，$f_1(z)$ の積分は 1 のラプラス変換である．∎

―― 例 5 ――――――――――――――――――――――
　関数 $z^{1/2}$ の 1 つの分枝を
$$f_1(z) = \sqrt{r}\, e^{i\theta/2} \quad (r>0,\ 0<\theta<\pi)$$
として，これを負の実軸をこえて下半平面へ解析接続したものは，
$$f_2(z) = \sqrt{r}\, e^{i\theta/2} \quad \left(r>0,\ \frac{\pi}{2}<\theta<2\pi\right)$$
である．

　正の実軸をこえて第 1 象限に $f_2(z)$ を解析接続したものは

$$f_3(z) = \sqrt{r}\, e^{i\theta/2} \quad \left(r>0,\ \pi<\theta<\frac{5\pi}{2}\right)$$
である.

第1象限では $f_3(z) = -f_1(z)$ であるから，$f_3(z) \neq f_1(z)$ である.

$f_1(z)$ の解析接続である $f_3(z)$ の第1象限における値は，もとの関数 $f_1(z)$ のとる値と異なることに注意する．∎

初等関数の中には $f(\bar{z}) = \overline{f(z)}$ なる性質をもつものともたないものがあることを第3章で学んだ．

───── **例 6** ─────

任意の複素数 z に対して
$$\bar{z}^2 + 1 = \overline{z^2+1}, \quad e^{\bar{z}} = \overline{e^z}, \quad \sin \bar{z} = \overline{\sin z}$$
が成り立つことは，両辺の実部，虚部を考えればわかる．

すなわち，関数 $z^2+1, e^z, \sin z$ は，実軸に関する z の鏡像が，実軸に関する $f(z)$ の鏡像に対応するという性質をもつ．

しかし，$iz, z^2+i, e^{iz}, (1+i)\sin z$ はこのような性質をもたない．∎

次の定理は，例6の性質をもつもっと一般の関数に関するものである．

───── **定理 5（鏡像の原理）** ─────

領域 D は，実軸上の線分を含み，実軸に関して対称な形をしているとする．関数 $f(z)$ が D で正則であり，この線分上の点 x で $f(x)$ が実数であるならば，D の任意の点 z に対して，

(3) $\quad f(\bar{z}) = \overline{f(z)}$

が成り立つ．逆に，(3)が成り立つならば，$f(x)$ は実数である．

証明 関係式(3)は

(4) $\quad \overline{f(\bar{z})} = f(z)$

と同値である．$f(z) = u(x, y) + iv(x, y)$ とおくと，

(5) $\quad \overline{f(\bar{z})} = u(x, -y) - iv(x, -y)$

であるから，$z = x + i0$ に対しては，(5), (4)から

$$u(x,0)-iv(x,0)=u(x,0)+iv(x,0).$$
よって，$v(x,0)=0$ となり，$f(x)$ は実数である．これで定理の後半(逆のほう)が証明できた．

定理の前半を証明しよう．

まず，$f(z)$ が D で正則であることから，$\overline{f(\bar{z})}$ が D で正則であることを示そう．
$$F(z)=\overline{f(\bar{z})}=U(x,y)+iV(x,y)$$
とおくと，(5)から

(6)　　　$U(x,y)=u(x,t),\quad V(x,y)=-v(x,t)\quad (t=-y)$

である．

$f(x+it)=u(x,t)+iv(x,t)$ は $x+it$ の正則関数であるから，$u(x,t)$ と $v(x,t)$ は D で連続な1階偏導関数をもち(§4-7の定理3)，コーシー・リーマンの方程式

(7)　　　$u_x=v_t,\quad u_t=-v_x$

を満足する．

等式(6)から
$$U_x=u_x,\ V_y=-v_t\frac{dt}{dy}=v_t\ ;\ U_y=u_t\frac{dt}{dy}=-u_t,\ V_x=-v_x$$
である．これらと(7)よりコーシー・リーマンの方程式 $U_x=V_y,\ U_y=-V_x$ が成り立ち，U, V の偏導関数は u, v の偏導関数で表されるから D で連続である．よって，関数 $F(z)=\overline{f(\bar{z})}$ は D で正則である．

次に，$f(x)=u(x,0)+iv(x,0)$ は実数だから，$v(x,0)=0$ であり，したがって，$f(x)=u(x,0)$ である．よって，
$$F(x)=U(x,0)+iV(x,0)=u(x,0)-iv(x,0)=u(x,0)$$
$$=f(x).$$
すなわち，D 内の実軸の線分上の点 z に対して，$F(z)=\overline{f(\bar{z})}=f(z)$ である．

$F(z)=\overline{f(\bar{z})}$ と $f(z)$ は D で正則であるから，定理2によって，D の任意の点 z において $F(z)=f(z)$ が成立，すなわち，(4)が成立する．■

§9-2 最大値の原理・リュウビルの定理

1° 最大値の原理

関数 $f(z)$ は，定点 z_0 の近傍 $|z-z_0|<\varepsilon$ で正則であるとする．C が正方向をもつ円 $|z-z_0|=\rho\ (<\varepsilon)$ であるとき，コーシーの積分公式により

$$(1) \qquad f(z_0) = \frac{1}{2\pi i} \int_C \frac{f(z)}{z-z_0} dz.$$

C をパラメータ θ を用いて $z = z_0 + \rho e^{i\theta}\ (0 \leqq \theta \leqq 2\pi)$ と表すと，(1)は

$$(2) \qquad f(z_0) = \frac{1}{2\pi} \int_0^{2\pi} f(z_0 + \rho e^{i\theta}) d\theta \quad (0<\rho<\varepsilon).$$

この式(2)は，『円の中心における関数の値は，円上の値の算術平均に等しい』ことを示していることに注意しよう．

等式(2)から

$$(3) \qquad |f(z_0)| \leqq \frac{1}{2\pi} \int_0^{2\pi} |f(z_0 + \rho e^{i\theta})| d\theta \quad (0<\rho<\varepsilon).$$

いっぽう，

$$(4) \qquad |f(z)| \leqq |f(z_0)| \quad (|z-z_0|<\varepsilon)$$

を仮定すると，

$$(5) \qquad \frac{1}{2\pi} \int_0^{2\pi} |f(z_0+\rho e^{i\theta})| d\theta \leqq \frac{1}{2\pi} |f(z_0)| \int_0^{2\pi} d\theta$$
$$= |f(z_0)| \quad (0<\rho<\varepsilon)$$

だから，(3),(5)より

$$|f(z_0)| = \frac{1}{2\pi} \int_0^{2\pi} |f(z_0+\rho e^{i\theta})| d\theta.$$

$$\therefore \quad \int_0^{2\pi} \{|f(z_0+\rho e^{i\theta})| - |f(z_0)|\} d\theta = 0 \quad (0<\rho<\varepsilon).$$

$$\therefore \quad |f(z_0+\rho e^{i\theta})| = |f(z_0)| \quad (0<\rho<\varepsilon,\ 0 \leqq \theta \leqq 2\pi).$$

(なぜならば，被積分関数 $|f(z_0+\rho e^{i\theta})| - |f(z_0)|$ は θ について連続であり，また(4)から 0 または負であるからである．)

z で表せば

$$|f(z)| = |f(z_0)| \quad (|z-z_0|<\varepsilon).$$

したがって，練習問題 2-34 によって，$f(z)$ は近傍 $|z-z_0|<\varepsilon$ で定数であ

る．以上をまとめて，次の定理を得る．

定理 1

関数 $f(z)$ が z_0 の近傍で正則で，$|f(z)| \leq |f(z_0)|$ ならば，$f(z) =$ 定数である．すなわち，$f(z) \not\equiv$ 定数 ならば，この近傍内の少なくとも1つの点 z に対して

(6) $\quad |f(z)| > |f(z_0)|$

が成り立つ．

この定理を用いて，次の重要な結果を導くことができる．

定理 2（最大値の原理）

関数 $f(z)$ が領域 D で正則であり，定数でないならば，$|f(z)|$ は D で最大値をとらない．

すなわち，D の任意の点 z に対して $|f(z)| \leq |f(z_0)|$ が成り立つような点 z_0 が D に存在しない．

証明 いま，D の点 z_0 で $|f(z_0)|$ が最大値であると仮定しよう．このとき，D 内の近傍 $|z - z_0| < \varepsilon$ の任意の点 z に対して $|f(z)| \leq |f(z_0)|$ である．

しかし，これは，正則関数 $f(z)$ がこの近傍でも定数でないこと (§9-1 の定理 4) から (6) が成り立つこと，に反する．

よって，$|f(z)| \leq |f(z_0)|$ は成り立たない． ∎

関数 $f(z)$ が有界閉集合 R の任意の内点で正則，かつ R 全体で連続であるならば，関数 $|f(z)|$ は R で連続であるから最大値をとる (§2-3 の例 3)．

すなわち，R の任意の z に対して $|f(z)| \leq M$ (R の少なくとも1つの点で $=$ が成立) となる定数 $M (\geq 0)$ がある．

$f(z)$ が定値関数であるときは，すべての $z (\in R)$ に対して $f(z) = M$ である．しかし，$f(z)$ が定値関数でなければ，最大値の原理によって，R の内点では $|f(z)| \neq M$ である．このようにして次の結果が得られる．

---- 定理 3 ----

$f(z)$ は有界閉集合 R で連続，R の内部で正則かつ定値関数でないとする．このとき，$|f(z)|$ は R の内部の点においてでなく R の境界上の点で最大値をとる．

この定理 3 は，$\operatorname{Re} f(z)$ の最大値，最小値に応用できる．

---- 定理 4 ----

$f(z)$ は有界閉集合 R で連続，R の内部で正則かつ定値関数でないとする．このとき，$\operatorname{Re} f(z)$ は R の内部の点においてでなく R の境界上の点で最大値をとる．

証明 関数 $\exp\{f(z)\}$ は R で連続，R の内部で正則かつ定値関数でないから，$|\exp\{f(z)\}|=\exp\{\operatorname{Re} f(z)\}$ は境界上で最大値をとる．

指数関数 $\exp\{\operatorname{Re} f(z)\}$ の増減の仕方は，指数である $\operatorname{Re} f(z)$ の増減の仕方と同じであるから，$\operatorname{Re} f(z)$ も境界で最大になる． ∎

$|f(z)|$，$\operatorname{Re} f(z)$ の最小値については，練習問題 9-8〜9-11 で扱う．

2° リュウビルの定理と代数学の基本定理

正の向きをもつ円 $C:|z-z_0|=R$ の上と内部で $f(z)$ が正則であるときコーシーの微積分公式

$$(7) \qquad f^{(n)}(z_0)=\frac{n!}{2\pi i}\int_C \frac{f(z)}{(z-z_0)^{n+1}}dz \quad (n=1,2,\cdots)$$

が成り立つ (§ 4-7 の (7))．

一般に，C 上での $|f(z)|$ の値の最大値は C の半径 R に依存するから，これを M_R とすると，(7) より

$$(8) \qquad |f^{(n)}(z_0)|\leqq \frac{n!M_R}{R^n} \quad (n=1,2,\cdots)$$

が成り立つことがわかる．(8) は**コーシーの不等式**とよばれる．

とくに，$n=1$ の場合は

(9) $\quad |f'(z_0)| \leq \dfrac{M_R}{R}$

となる．(9)から，『定値関数でない整関数は有界でない』ことを述べた次の定理が導かれる．

定理 5（リュウビルの定理）

複素平面全体で有界な整関数 $f(z)$ は定値関数である．

証明 $f(z)$ は整関数であるから，(9) の z_0 と R は任意に選べる．また，$f(z)$ は有界であるから，すべての z に対して

$$|f(z)| \leq M$$

となる定数 M がある．当然(9)の M_R について，$M_R \leq M$ であるから，(9)は

(10) $\quad |f'(z_0)| \leq \dfrac{M}{R}$

と書ける．ところで，R は任意に大きくとれるから，(10) から $f'(z_0)=0$ である．z_0 は任意の点であるから，平面全体で $f'(z)=0$ である．したがって，$f(z)=$const. である（§2-6 の定理2）． ∎

この定理から次の定理が導かれる．

定理 6（代数学の基本定理）

n 次 $(n \geq 1)$ の多項式

$$P(z) = a_0 + a_1 z + a_2 z^2 + \cdots + a_n z^n \quad (a_n \neq 0)$$

は少なくとも1つの零点をもつ．

すなわち，$P(z_0)=0$ となる z_0 が少なくとも1つはある．

証明 $P(z)$ が1つも零点をもたない，すなわち，$P(z) \neq 0$ と仮定して，矛盾を導こう．関数

$$f(z) = \dfrac{1}{P(z)}$$

は整関数でありまた全平面上で有界である．

有界性は次のようにしてわかる．まず，練習問題 9-13 から，$|z|>R_0(>0)$ なる z に対して

$$|f(z)|=\frac{1}{|P(z)|}<\frac{2}{|a_n||z|^n}<\frac{2}{|a_n|R_0^n}$$

が成り立つ．すなわち，閉円板 $|z|\leq R_0$ の外部で $f(z)$ は有界である．

いっぽう，閉円板 $|z|\leq R_0$ においては $f(z)$ は連続であるから $f(z)$ は有界である．よって，全平面で $f(z)$ は有界である．

したがって，リュウビルの定理により，$f(z)$ は定値関数であるから，$P(z)$ も定値関数である．しかし，実際には多項式 $P(z)$ は定値関数でない．このようにして矛盾に達した．よって，$P(z)$ は零点をもつ． ∎

純粋に代数学の方法だけでこの定理を証明するのは非常に難しい．別証はすでに §4-4 の 4° に，コーシー・グルサの定理を応用したものがある．また，練習問題 9-20 を参照せよ．

§9-3 偏角の原理

この節の主題は定理 2 の偏角の原理であるが，それの準備として，まず次の定理を証明しよう．これは練習問題 6-13 の一般化，すなわち，零点だけではなく特異点ももつ関数についてのものである．

定理 1

C を区分的になめらかなジョルダン曲線で正方向をもつとする．関数 $f(z)$ は C の内部にある高々有限個の極を除いた C の内部と C の上で正則であり，また C の上に零点をもたず，C の内部には高々有限個の零点をもつものとする．

N を C の内部にある $f(z)$ のすべての零点の個数，P を C の内部にある $f(z)$ のすべての極の個数とするとき，等式

(1) $$\frac{1}{2\pi i}\int_C \frac{f'(z)}{f(z)}dz=N-P$$

が成り立つ．

ただし，位数 m_0 の零点の個数は m_0 個と数え，位数 m_p の極の個数は m_p 個と数えるものとする．

証明 $N-P$ が，関数 $f'(z)/f(z)$ の特異点における留数の和であることを示せばよい．$f'(z)/f(z)$ の特異点は C の内部にある $f(z)$ の零点と極である．

z_0 が $f(z)$ の位数 m_0 の零点であるとすると，z_0 の近傍で $f(z)$ は
$$f(z)=(z-z_0)^{m_0}g(z) \quad (g(z) \text{ は } z_0 \text{ で正則で，} g(z_0) \neq 0)$$
の形に表される．

∴ $f'(z)=m_0(z-z_0)^{m_0-1}g(z)+(z-z_0)^{m_0}g'(z)$．

∴ $\dfrac{f'(z)}{f(z)}=\dfrac{m_0}{z-z_0}+\dfrac{g'(z)}{g(z)}$．

$g'(z)/g(z)$ は z_0 で正則であるから，z_0 は $f'(z)/f(z)$ の1位の極であって，その留数は $1/(z-z_0)$ の係数の m_0 である．よって，$f(z)$ の零点における留数の和は N である．

z_p が $f(z)$ の位数 m_p の極であるとすると，z_p の近傍で $f(z)$ は
$$f(z)=\dfrac{1}{(z-z_p)^{m_p}}h(z) \quad (h(z) \text{ は } z_p \text{ で正則で，} h(z_p) \neq 0)$$
の形に表される．

∴ $f'(z)=-m_p(z-z_p)^{-m_p-1}h(z)+(z-z_p)^{-m_p}h'(z)$．

∴ $\dfrac{f'(z)}{f(z)}=-\dfrac{m_p}{z-z_p}+\dfrac{h'(z)}{h(z)}$．

$h'(z)/h(z)$ は z_p で正則であるから，z_p は $f'(z)/f(z)$ の1位の極であり，z_p における留数は $1/(z-z_p)$ の係数の $-m_p$ である．したがって，$f(z)$ の極における留数の和は $-P$ である．よって，(1)が成り立つ． ∎

曲線 C は正方向をもった区分的になめらかなジョルダン曲線とし，C の内部の極を除き，$f(z)$ は C の上と内部で正則とする．また，C 上には $f(z)$ の零点がないとする．

このとき，$f(z)$ が連続関数であることから，変換 $w=f(z)$ による C の像 Γ は，w 平面上の閉じた区分的になめらかな曲線である（図9-3）．

点 z が，図9-3のように，C 上を正方向に1周すると，その像 w は Γ 上を図9-3のように（または反対の向きに）動く．

$f(z)$ が C 上に零点をもたないという仮定であるから，Γ は w 平面の原点を通らない．

図 9-3　$w = f(z)$

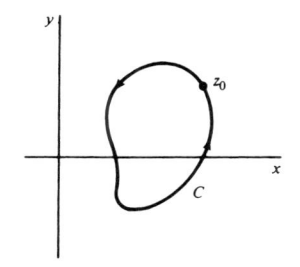

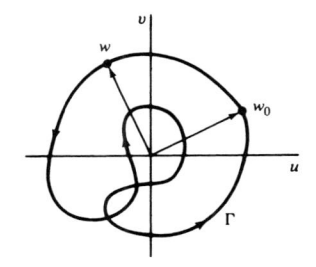

点 z がある点 z_0 から C 上を1周して z_0 に戻るとき，点 z の像 w は点 w_0 $(=f(z_0))$ から出発し $\varGamma$ 上を動いて再び点 w_0 に戻る．w_0 は出発点でもあり終点でもある．

出発点の w_0 の偏角を $\arg w_0 = \varphi_0$，終点と見た w_0 の偏角を φ_1 とすると，$\varphi_1 - \varphi_0$ は 2π の整数倍である．すなわち，w 平面の原点のまわりを回った回数の 2π 倍である．

したがって，

(2)　　　$\varDelta_C \arg f(z) = \varphi_1 - \varphi_0$

とおくと，これは 2π の整数倍であるから

$$\frac{1}{2\pi} \varDelta_C \arg f(z)$$

は，w が $\varGamma$ 上を始点から終点（＝始点）に戻るとき，w 平面の原点を回った回数，したがって，整数である．これが +1 ならば反時計まわり（正の方向）に1周回り，−1 なら時計まわり（負の方向）に1周回ったことになる．

$\varGamma$ が原点を回らないときはつねに $\varDelta_C \arg f(z) = 0$ である．したがって，図 9-3 の場合は，$\varDelta_C \arg f(z) = 0$ である．

—— 例 1 ——

正方向をもつ円 $C：|z|=1$，関数 $w = f(z) = z^2$ に対して，

$$\varDelta_C \arg f(z) = 4\pi$$

であることを示そう．

$\arg f(z) = 2 \arg z$ だから，点 z が C 上を正方向に1周するとき，すなわち，$0 \leqq \arg z \leqq 2\pi$ のとき，$\arg f(z)$ は 0 から 4π まで変わる．

したがって，$\Delta_C \arg f(z) = 4\pi$ である．

z が $z=0$ を正方向に1周するとき，点 w は原点のまわりを2周することになる．∎

ところで，$\Delta_C \arg f(z)$ の値は，C の内部にある $f(z)$ の零点と極の個数で決定されることがわかる．これを述べたのが次の偏角の原理とよばれる定理であり，これは定理1の応用である．

定理 2（偏角の原理）

C を区分的になめらかなジョルダン曲線で正方向をもつとする．C の内部にある極を除いて，$f(z)$ は C の上と内部で正則，C の上には零点をもたないとする．

N を C の内部にある $f(z)$ のすべての零点の個数，P を C の内部にある $f(z)$ のすべての極の個数とするとき，等式

(3) $\quad \dfrac{1}{2\pi} \Delta_C \arg f(z) = N - P$

が成り立つ．

ただし，位数 m_0 の零点の個数は m_0 個，位数 m_p の極の個数は m_p 個と数えるものとする．

証明 曲線 C の方程式を $z = z(t)$ $(a \leq t \leq b)$ とすると，曲線 Γ の方程式は $w = w(t) = f(z(t))$ $(a \leq t \leq b)$ である．合成関数の微分法により

$$w'(t) = f'(z(t)) \cdot z'(t)$$

であるから，

$$\int_a^b \frac{f'(z(t))}{f(z(t))} z'(t)\, dt = \int_a^b \frac{w'(t)}{w(t)} dt.$$

$$\therefore \quad \int_C \frac{f'(z)}{f(z)} dz = \int_\Gamma \frac{dw}{w}.$$

よって，(1)は

(4) $\quad \dfrac{1}{2\pi i} \displaystyle\int_\Gamma \dfrac{dw}{w} = N - P$

となる．

曲線 Γ は原点を通らないから，Γ 上の点は $w = \rho e^{i\varphi}$ $(\rho \neq 0)$ の形で表さ

れる．そこで，いま Γ をパラメータ τ を用いて
$$w = w(\tau) = \rho(\tau) e^{i\varphi(\tau)} \quad (c \leqq \tau \leqq d)$$
と表すことにすると
$$w'(\tau) = \rho'(\tau) e^{i\varphi(\tau)} + \rho(\tau) e^{i\varphi(\tau)} \varphi'(\tau).$$
$$\therefore \int_\Gamma \frac{dw}{w} = \int_c^d \frac{w'(\tau)}{w(\tau)} d\tau = \int_c^d \frac{\rho'(\tau)}{\rho(\tau)} d\tau + i\int_c^d \varphi'(\tau) d\tau$$
$$= [\ln \rho(\tau)]_c^d + i[\varphi(\tau)]_c^d$$
$$= \ln \rho(d) - \ln \rho(c) + i\{\varphi(d) - \varphi(c)\}.$$
ここに，Γ は閉じた曲線だから $\rho(d) = \rho(c)$ であり，また
$$\varphi(d) - \varphi(c) = \varphi_1 - \varphi_0 = \Delta_C \arg f(z) \quad ((2)から)$$
である．
$$\therefore \int_\Gamma \frac{dw}{w} = i\Delta_C \arg f(z).$$
これと (4) から (3) が得られる．∎

—— 例 2 ——

[a] 正方向をもつ円 C を $|z|=1$ とする．関数 $f(z) = z^2$ は C の内部で正則だから極をもたない，また $z=0$ は2位の零点である．
$$\therefore P = 0, \quad N = 2.$$
$$\therefore \frac{1}{2\pi}\Delta_C \arg f(z) = 2. \quad \therefore \Delta_C \arg f(z) = 4\pi.$$

[b] C は [a] と同じものとして，$f(z) = (2z^3+1)/z^4$ のとき，$f(z)$ は C の内部に零点を3個，極を4個（実は位数4の極である）もつ．
$$\therefore N = 3, \quad P = 4.$$
$$\therefore \Delta_C \arg f(z) = 2\pi(3-4) = -2\pi. \quad ∎$$

この偏角の原理の結果として，零点の個数に関するルーシェの定理を証明しよう．

—— 定理 3（ルーシェの定理）——

C を区分的になめらかなジョルダン曲線とし，$f(z)$ と $g(z)$ は C の上と内部で正則な関数とする．

> このとき，C 上の各点 z において $|f(z)|>|g(z)|$ が成り立つならば，$f(z)$ と $f(z)+g(z)$ は C の内部に同じ個数の零点をもつ．
> ただし，m 位の零点の個数は m 個と数えるものとする．

証明 C 上で $|f(z)|>|g(z)|\geqq 0$，したがって，$|f(z)+g(z)|\geqq|f(z)|-|g(z)|>0$ だから，$f(z)$ と $f(z)+g(z)$ は C 上で零点をもたない．

$f(z)$ と $g(z)$ は C の内部で正則，すなわち，極をもたないから，偏角の原理によって，

$$\frac{1}{2\pi}\Delta_C \arg f(z) = N_f,$$

$$\frac{1}{2\pi}\Delta_C \arg \{f(z)+g(z)\} = N_{f+g}$$

である．

ここに，N_f, N_{f+g} は C の内部にある $f(z), f(z)+g(z)$ の零点の個数であり，証明したいことは，$N_f = N_{f+g}$ である．

$$\Delta_C \arg \{f(z)+g(z)\} = \Delta_C \arg \left\{f(z)\left(1+\frac{g(z)}{f(z)}\right)\right\}$$

$$= \Delta_C \arg f(z) + \Delta_C \arg \left(1+\frac{g(z)}{f(z)}\right)$$

において，$\Delta_C \arg \{1+g(z)/f(z)\} = 0$ である．

なぜならば，変換 $w=1+g(z)/f(z)$ による C の像 Γ は，C 上において $|w-1|=|g(z)/f(z)|<1$ であることから，円 $|w-1|=1$ の内部にあり，したがって，Γ は $w=0$ のまわりを 1 回も回らないからである．

よって，$\Delta_C \arg \{f(z)+g(z)\} = \Delta_C \arg f(z)$ であるから，$N_f = N_{f+g}$ が成り立つ． ∎

—— 例 3 ——

ルーシェの定理を応用して，方程式 $z^7-4z^3+z-1=0$ の根（=解）のうち円 $|z|=1$ の内部にあるものの個数を調べよう．

$f(z)=-4z^3$, $g(z)=z^7+z-1$ とおく．$|z|=1$ のとき $|f(z)|=4$, $|g(z)|\leqq|z|^7+|z|+1=3$ であるから，ルーシェの定理の条件 $|f(z)|>|g(z)|$ を満足する．

$f(z)$ は円 $|z|=1$ の内部に 3 個の零点（実は位数 3 である）をもつから，

$f(z)+g(z)$ も円 $|z|=1$ の内部に 3 個の零点をもつ．

よって，方程式 $z^7-4z^3+z-1=0$ は円 $|z|=1$ の内部に 3 つの根をもつ． ∎

§9-4 リーマン面

リーマン面とは，多価関数に対してその定義域である複素平面を何枚か特別な方法でつなぎ合わせ，その多価関数を新たにそこで定義された 1 価関数であるように解釈する場合の定義域のことである．

リーマン面が構成されれば，そこでは 1 価関数であるから，1 価関数の理論が適用できることになる．

いくつかの代表的な多価関数について，それらのリーマン面のつくり方を考えてみよう．

—— 例 1（$\log z$ のリーマン面）——————————————
$$w=\log z := \ln r+i\theta$$
は無限多価関数である．無数にある $\log z$ の値には，虚部の値に 2π の整数倍の違いがある．

複素平面を無限枚用意して，それに $\cdots, R_{-2}, R_{-1}, R_0, R_1, R_2, \cdots$ のように番号をつける．

R_0 上の z に対しては $0 \leqq \arg z < 2\pi$,
R_1 上の z に対しては $2\pi \leqq \arg z < 4\pi$,
R_2 上の z に対しては $4\pi \leqq \arg z < 6\pi$,
　　　　……

のように偏角を定める．同様に，

$\cdots, R_{-2}, R_{-1}$ 上の z に対しては，
$\cdots, -4\pi \leqq \arg z < -2\pi, \quad -2\pi \leqq \arg z < 0$

のように定める．

R_k 上における $\log z\,(=u+iv)$ の値は
$$\log z = \ln z + i\theta \quad (2k\pi \leqq \theta < 2(k+1)\pi)$$
であるから，

$R_0, R_1, R_2, \cdots$ は w 平面の帯状領域
$$0 \leq v < 2\pi, \quad 2\pi \leq v < 4\pi, \quad 4\pi \leq v < 6\pi, \quad \cdots$$
の上にそれぞれ1対1にうつされる.

同様に,

$\cdots, R_{-2}, R_{-1}$ は w 平面の帯状領域
$$\cdots, \quad -4\pi \leq v < -2\pi, \quad -2\pi \leq v < 0$$
の上に1対1にうつされる(図9-4).

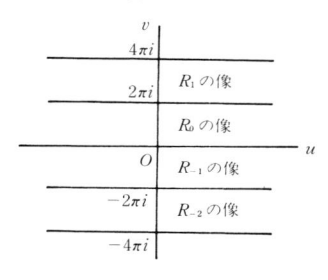

図 9-4

そこで,各平面 R_k の実軸の正の部分(分枝截線である)を切り離して,

R_0 の分枝截線の下岸を R_1 の分枝截線の上岸とつなぎ合わせ,

R_1 の分枝截線の下岸を R_2 の分枝截線の上岸とつなぎ合わせる.

R_2 と R_3, R_3 と R_4, $\cdots$ も同様につなぎ合わせる.

R_{-1} の分枝截線の下岸は R_0 の分枝截線の上岸とつなぎ合わせる.

R_{-2} と R_{-1}, R_{-3} と R_{-2}, $\cdots$ も同様につなぎ合わせる(図9-5).

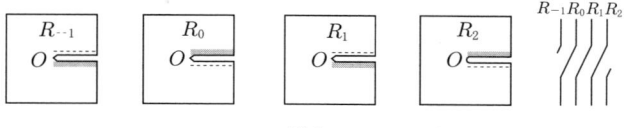

図 9-5

このようにしてつなぎ合わせた無限枚の複素平面 $R_k (k=0, \pm 1, \pm 2, \cdots)$ は連結した1つの面 R になる.

R 上で定義されると見なすと,関数 $w = \log z$ は $z (\in R)$ と w を1対1に対応させることになる.

この R を $\log z$ のリーマン面という.対数関数 $w = \log z$ は R 上で定義

された1価正則関数である． ■

この例の R のつくり方は，正の実軸に切り込みを入れたが，$\log z$ が1価になるためには，他の切り込みでもかまわない．たとえば，負の実軸でもよいし，直線 $\theta = \pi/3$ でもよい．

次に，無理関数ではもっとも簡単な関数 $z^{1/2}$ のリーマン面をつくろう．

── **例 2**（$z^{1/2}$ のリーマン面）──────────────────

$$w = z^{1/2} \quad (z = re^{i\theta})$$

は2価であり，その値は $z^{1/2} = \sqrt{r}\, e^{i\theta/2}$, $\arg w = \theta/2$ である．

$0 \leq \theta < 2\pi$ の場合，$0 \leq \arg w < \pi$ だから z 平面全体は w 平面の上半分と1対1に対応し，$2\pi \leq \theta < 4\pi$ の場合，$\pi \leq \arg w < 2\pi$ だから，z 平面全体は w 平面の下半分と1対1に対応する（§7-2 の例4を参照）．

2枚の複素平面 R_0, R_1 を用意して，それらの正の実軸に切り込みを入れ，

　R_0 の切り込みの上岸と R_1 の切り込みの下岸をつなげ，

　R_0 の切り込みの下岸と R_1 の切り込みの上岸をつなげる．

このようにすると連結した1つの面 R ができる（図 9-6）．

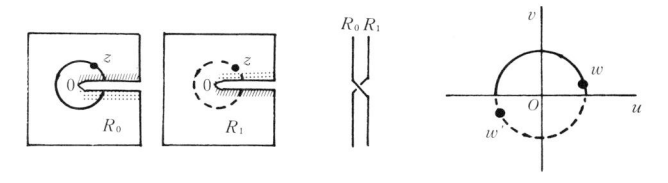

図 9-6

ただし，3次元空間で実際に R をつくることは不可能である．

R_0 上の z が円 $|z| = r_0$ 上を正方向に動くとき，正の実軸に到達したら R_1 に入り込み，さらに原点を1周して R_1 の正の実軸にきたら，次は R_0 に入り z に戻る．このとき，z の像 w は，$w = 0$ のまわりを1周する．

関数 $w = z^{1/2}$ は R 上で定義された1価正則関数である．R_0 上で定義された関数 $w = \sqrt{r}\, e^{i\theta/2}$ $(0 \leq \theta < 2\pi)$ を R に解析接続したのと同じことである．R_0 と R_1 に共通な点 $z = 0$ で $z^{1/2}$ は正則ではない．$z = 0$ は $z^{1/2}$ の**分岐点**と

よばれる．■

R_0, R_1 に入れた切り込み（分枝截線）は，正の実軸ではなく他の直線，たとえば負の実軸，直線 $\theta = \pi/4$ などでもかまわない．

関数 $w = (z-z_0)^{1/2}$ のリーマン面は，z_0 から出る半直線に沿って切り込みを入れた複素平面2枚を例2のようにつなげればよい．z_0 は分岐点である．

同じ2価関数であるが，$z^{1/2}$ よりやや複雑な $(z^2-1)^{1/2}$ のリーマン面をつくろう．その前に，準備として，変換と見なして関数 $w = (z^2-1)^{1/2}$ の性質を少し調べておこう．

指数関数と対数関数の性質により，
$$(z^2-1)^{1/2} = \exp\left\{\frac{1}{2}\log(z^2-1)\right\}$$
$$= \exp\left\{\frac{1}{2}\log(z-1) + \frac{1}{2}\log(z+1)\right\}$$
$$= (z-1)^{1/2}(z+1)^{1/2}$$

である．

領域 D_1 で定義される $(z-1)^{1/2}$ の分枝を $f_1(z)$ とし，領域 D_2 で定義される $(z+1)^{1/2}$ の分枝を $f_2(z)$ とすると，それらの積 $f(z) = f_1(z)f_2(z)$ は，領域 $D_1 \cap D_2$ で定義される $(z^2-1)^{1/2}$ の1つの分枝である．

いま，$f_1(z), f_2(z)$ を
$$f_k(z) = \sqrt{r_k}e^{i\theta_k/2} \quad (r_k > 0, \ 0 < \theta_k < 2\pi \ ; \ k=1, 2)$$
$$(r_1 = |z-1|, \ r_2 = |z+1|, \ \theta_1 = \arg(z-1), \ \theta_2 = \arg(z+1))$$
とすると，2つの積は
$$f(z) = \sqrt{r_1 r_2}e^{i(\theta_1+\theta_2)/2} \quad (r_k > 0, \ 0 < \theta_k < 2\pi \ ; \ k=1, 2)$$
である．

図 9-7 からわかるように，$f(z)$ は x 軸上の $x \geq -1$ ($r_2 \geq 0, \ \theta_2 = 0$ の場

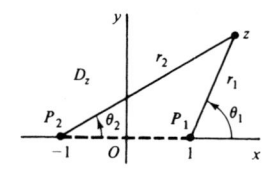

図 9-7

合）を除いて定義される．

$(z^2-1)^{1/2}$ の 1 つの分枝である $f(z)$ は
$$F(z)=\sqrt{r_1 r_2}\,e^{i(\theta_1+\theta_2)/2} \quad (r_k>0,\ 0\leq\theta_k<2\pi\,;\,k=1,2,\ r_1+r_2>2)$$
に拡張できることがわかる（$F(z)$ は実軸上の線分 P_1P_2：$-1\leq x\leq 1$ を除いて正則な関数である）．

なぜならば，関数
$$G(z)=\sqrt{r_1 r_2}\,e^{i(\theta_1+\theta_2)/2} \quad (r_k>0,\ -\pi<\theta_k<\pi\,;\,k=1,2)$$
と $F(z)$ は第 1 象限で一致し，しかも，$G(z)$ は正の実軸上で正則であるからである（関数 $G(z)$ は関数 $F(z)$ の（正の実軸をこえて第 4 象限への）解析接続である）．

点 z が線分 P_1P_2 を横切って上方から下方に動くとき，$F(z)$ の値は $i\sqrt{r_1 r_2}$ （$\theta_1=\pi$，$\theta_2=0$ の場合）から $-i\sqrt{r_1 r_2}$（$\theta_1=\pi$，$\theta_2=2\pi$ の場合）にとぶから，$F(z)$ は線分 P_1P_2 上で連続でない，したがって，P_1P_2 上で正則でない．

θ_1 と θ_2 が 0 から π まで動くとき，$\arg w=(\theta_1+\theta_2)/2$ は 0 から π まで変動するから，z 平面の上半分は w 平面の上半分にうつされる．

また，θ_1 と θ_2 が π から 2π まで動くとき，$\arg w=(\theta_1+\theta_2)/2$ は π から 2π まで変動するから，z 平面の下半分は w 平面の下半分にうつされる．

線分 P_1P_2（$-1\leq x\leq 1$）は w 平面の虚軸上の線分 $-1\leq v\leq 1$ にうつされる（図 9-8）．

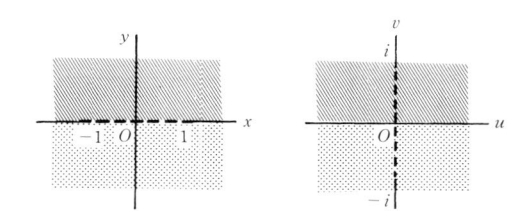

図 9-8

―― **例 3**（$(z^2-1)^{1/2}$ リーマン面）――――――――

点 z が図 9-7 の線分 P_1P_2 のまわりを 1 周してもとの位置に戻るとき，θ_1 と θ_2 はともに 2π だけ増える．したがって，θ_1 と θ_2 を合わせて 4π 増えるから，$\arg w=(\theta_1+\theta_2)/2$ は 2π だけ変わる．よって，$(z^2-1)^{1/2}$ の値は変わら

ない．

　また，z が点 $z=1$ または $z=-1$ のまわりを 2 周するときは，θ_1 または θ_2 が 4π 増えるから，$(z^2-1)^{1/2}$ の値は変わらない．

　ところが，z が $z=1$ または $z=-1$ のまわりを 1 周だけするときは，θ_1 または θ_2 が 2π だけ増えるから，$\arg w=(\theta_1+\theta_2)/2$ は π だけ変わる．よって，$(z^2-1)^{1/2}$ の値の符号が変わることになる．

　したがって，$z=\pm 1$ のまわりを 1 周するときの出発点の z と終点の z を別な点と考えないと，$(z^2-1)^{1/2}$ を 1 価関数と見なせないことになる．

　すなわち，線分 P_1P_2 に切り込みを入れた複素平面を 2 枚用意して，P_1P_2 を横切ってこえるときには他の面に入るようにしてやれば，出発点と終点をはっきり別の点と見ることができることになる．

　そこで，2 枚の複素平面 R_0, R_1 を用意して，それらに，線分 P_1P_2 に沿って切り込みを入れる(図 9-9)．

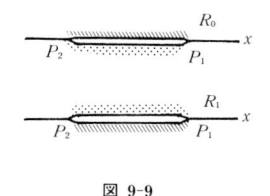

図 9-9

　　R_0 の P_1P_2 の上岸を R_1 の P_1P_2 の下岸と，

　　R_0 の P_1P_2 の下岸を R_1 の P_1P_2 の上岸と

つなげることによって得られる連結した面を R とすると，R が $(z^2-1)^{1/2}$ のリーマン面である．∎

　この例の R_0, R_1 はともに w 平面全体と 1 対 1 に対応する．R_0 と R_1 からつくられた R 上で，$w=(z^2-1)^{1/2}$ は 1 価正則である．

　$z=\pm 1$ はともに分岐点である．R を 3 次元空間でつくることはできない．

　最後に，例 3 の場合よりもう 1 つ分岐点を多くもつ 2 価関数について考えよう．

―― **例 4 ($\{z(z^2-1)\}^{1/2}$ のリーマン面)** ――――――――――

2 価関数
$$w = f(z) = \{z(z^2-1)\}^{1/2} = \sqrt{rr_1r_2}\, e^{i(\theta+\theta_1+\theta_2)/2}$$
$$(z = re^{i\theta},\ z-1 = r_1 e^{i\theta_1},\ z+1 = r_2 e^{i\theta_2})$$
について，$z = 0, \pm 1$ は分岐点である．

点 z が，$z=0$ または $z=1$ または $z=-1$ のまわりを 1 周するとき，θ, θ_1, θ_2 のどれかが 2π だけ変わるから，$\arg w = (\theta+\theta_1+\theta_2)/2$ は π だけ変わる．

したがって，関数の値の符号が変わるから，出発点の z と終点の z を別な点と考えなければ，$f(z)$ は 1 価関数でない．

また，点 z が 3 点 $z=0, \pm 1$ を囲む曲線上を 1 周すると，$\theta, \theta_1, \theta_2$ はともに 2π ずつ，したがって，合わせて 6π 増えるから，$\arg w = (\theta+\theta_1+\theta_2)/2$ は 3π だけ増える．よって，この場合も関数の値の符号が変わる．

以上のことから，実軸上の半直線 $x \geq 1$ に切り込み L_1 を入れ，2 点 $z=-1$, $z=0$ の間に切り込み L_2 を入れなければならない（図 9-10）．

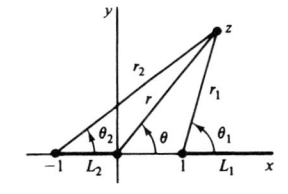

図 9-10

2 枚の複素平面 R_0, R_1 を用意して，切り込み L_1, L_2 を入れる．

R_0 の L_1, L_2 の上岸をそれぞれ R_1 の L_1, L_2 の下岸につなげ，

R_0 の L_1, L_2 の下岸を R_1 の L_1, L_2 の上岸につなげる

ことによって得られる連結した面 R が 2 価関数 $\{z(z^2-1)\}^{1/2}$ のリーマン面である． ∎

$z=0, \pm 1$ は $f(z) = \{z(z^2-1)\}^{1/2}$ の分岐点であるが，∞ も分岐点である．なぜならば，$f(1/z)$ は $z=0$ を分岐点にもつからである．

$z^{1/2}$ の分岐点は $z=0, \infty$ の 2 つである．対数関数 $\log z$ の分岐点も $z=0$,

∞ の 2 つである．

$(z^2-1)^{1/2}$ の分岐点は $z=\pm 1, \infty$ の 3 つである．

リーマン面をつくるときの切り込みは，それぞれの複素平面に，分岐点と分岐点を結ぶように入れる．

練 習 問 題

§9-1 解析接続

9-1 $\sin z, \cos z, \sinh z, \cosh z, e^z$ が整関数であることを既知として，次の等式が，x が実数の場合に成り立つことから，すべての複素数 z に対して成り立つことを示せ．

(a) $\sinh z + \cosh z = e^z$ 　　(b) $\sin 2z = 2 \sin z \cos z$

(c) $\cosh^2 z - \sinh^2 z = 1$ 　　(d) $\sin\left(\dfrac{\pi}{2}-z\right) = \cos z$

9-2 関数
$$f_2(z) = \frac{1}{z^2+1} \quad (z \neq \pm i)$$
は，関数
$$f_1(z) = \sum_{n=0}^{\infty} (-1)^n z^{2n} \quad (|z|<1)$$
の領域 D への解析接続であることを示せ．

ただし，D は複素平面から点 $z=\pm i$ を除いた領域である．

9-3 関数 $f_2(z) = 1/z^2$ $(z \neq 0)$ は，関数
$$f_1(z) = \sum_{n=0}^{\infty} (n+1)(z+1)^n \quad (|z+1|<1)$$
の領域 D への解析接続であることを示せ．

D は複素平面から $z=0$ を除いた領域である．

9-4 対数関数の主枝 $f_1(z) = \mathrm{Log}\, z$ を負の実軸をこえて上半平面から下半平面へ解析接続せよ．

この解析接続 $f_2(z)$ は，下半平面において $f_1(z)=\mathrm{Log}\, z$（の値）と異なることに注意せよ．

9-5 関数
$$f_1(z) = \int_0^{\infty} t e^{-zt} dt \quad (\mathrm{Re}\, z > 0)$$
の領域 D への解析接続 $f_2(z)$ を求めよ．

D は複素平面から $z=0$ を除いた領域である．

9-6 関数 $f_2(z)=1/(z^2+1)$ は，関数
$$f_1(z)=\int_0^\infty e^{-zt}\sin t\,dt \quad (\mathrm{Re}\,z>0)$$
の領域 D への解析接続であることを示せ．

D は複素平面から $z=\pm i$ を除いた領域である．

9-7 鏡像の原理（定理5）における条件 "$f(x)$ が実数" を "$f(x)$ が純虚数" に置き換えると，結果は $f(\bar{z})=-\overline{f(z)}$ になることを示せ．

§9-2 最大値の原理・リュウビルの定理

9-8 $f(z)$ は有界閉集合 R で連続，R の内部で正則かつ定値関数でないとする．このとき，R で $f(z)\neq 0$ であるならば，$|f(z)|$ は R の内部でなく R の境界上の点で最小値をとることを示せ．
（ヒント：$g(z)=1/f(z)$ とおいて，$g(z)$ に最大値の原理を適用せよ．）

9-9 $f(z)=(z+1)^2$，R は3点 $z=0$，$z=2$，$z=i$ を頂点とする三角形の周と内部からなる有界閉集合とする．このとき，$|f(z)|$ が最大値，最小値をとるような R の点をそれぞれ求めよ．
（ヒント：$|f(z)|$ を z と -1 を結ぶ線分の長さの2乗と見なせ．）

9-10 $f(z)=u(x,y)+iv(x,y)$ は有界閉集合 R で連続，R の内部で正則かつ定値関数でないとする．このとき，$\mathrm{Re}\,f(z)=u(x,y)$ は R の内部においてではなく R の境界上で最小値をとることを示せ．

9-11 $f(z)=e^z$，R は正方形の閉集合 $0\leq x\leq 1$，$0\leq y\leq \pi$ とする．このとき，$\mathrm{Re}\,f(z)$ が最大値，最小値をとるような R の点をそれぞれ求めよ．

9-12 整関数 $f(z)$ の実部 $\mathrm{Re}\,f(z)=u(x,y)$ が上に有界，すなわち，xy 平面上の任意の点 (x,y) に対して $u(x,y)\leq u_0$ となる定数 u_0 が存在すると仮定する．このとき，xy 平面上で $u(x,y)=\mathrm{const.}$ であることを示せ．
（ヒント：関数 $\exp\{f(z)\}$ にリュウビルの定理を適用せよ．）

9-13 n 次 $(n\geq 1)$ の多項式
$$P(z)=a_0+a_1 z+a_2 z^2+\cdots+a_n z^n \quad (a_n\neq 0)$$
について，$|z|>R_0$ なる z に対して
$$|P(z)|>\frac{|a_n||z|^n}{2}$$
が成り立つような正定数 R_0 が存在することを示せ．

9-14 $f(z)$ は整関数で，すべての z に対して $|f(z)|\leq A|z|$（A は正定数）が成り

立つとき，$f(z)=az$（a は複素定数）であることを示せ．
（ヒント：コーシーの不等式(8)を用いて，$f''(z)=0$ を導く．）

§9-3 偏角の原理

9-15 C を正方向をもつ円 $|z|=1$ とするとき，$f(z)$ が

(a) $\dfrac{2z^4-1}{z^2}$ (b) $\dfrac{z^3+2}{z}$ (c) $\dfrac{2z^3-1}{z(2z^2+1)}$

に対して，それぞれ $\Delta_C \arg f(z)$ の値を求めよ．

　また，z が C 上を正方向に1周するとき，点 $w\ (=f(z))$ は $w=0$ のまわりを何回まわるか．

9-16 関数 $f(z)$ は，区分的になめらかなジョルダン曲線 C の上と内部で正則であり，C 上に零点をもたないとする．

　変換 $w=f(z)$ による C の像 Γ が図9-11であるとき，$\Delta_C \arg f(z)$ の値を求めよ．また，C の内部にある $f(z)$ の零点の個数を求めよ．

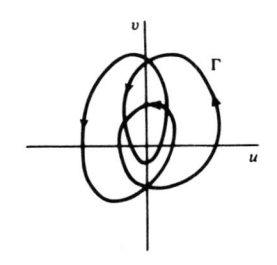

図 9-11

9-17 次の多項式の零点で $|z|<1$ にあるものの個数を求めよ．

(a) $z^6-5z^4+z^3-2z$ (b) $2z^4-2z^3+2z^2-2z+9$

9-18 方程式 $2z^5-6z^2+z+1=0$ の根のうち，$1\leqq|z|<2$ に含まれるものは何個あるか．

9-19 $|c|>e$ なる複素数 c に対して，方程式 $cz^n=e^z$ は $|z|<1$ に n 個の解をもつことを証明せよ．

9-20 ルーシェの定理を用いて，代数学の基本定理

「n 次の多項式
$$P(z)=a_0+a_1z+\cdots+a_{n-1}z^{n-1}+a_nz^n \quad (a_n\neq 0,\ n\geq 1)$$
は n 個の零点をもつ」

を証明せよ．

§9-4　リーマン面

9-21 次の関数のリーマン面をつくれ．
 (a)　$w=(z-1)^{1/3}$　(b)　$w=z^{1/4}$

9-22 負の実軸に沿って切り込みを入れて，$w=\log z$ のリーマン面をつくれ．例1のものと比較せよ．

9-23 例4の関数 $w=\{z(z^2-1)\}^{1/2}$ のリーマン面 R 上の点 z に対して w が1つ対応する．しかし，各 w に対しては，一般に R 上の3つの点が対応することを示せ．

9-24 2価関数
$$f(z)=\left(\frac{z-1}{z}\right)^{1/2}$$
のリーマン面をつくれ．

9-25 例3で得た $(z^2-1)^{1/2}$ のリーマン面 R はまた関数
$$g(z)=z+(z^2-1)^{1/2}$$
のリーマン面でもある．

R_0 上で定義される $(z^2-1)^{1/2}$ の分枝 $f_0(z)$ を
$$f_0(z)=\sqrt{r_1 r_2}\,e^{i\theta_1/2}e^{i\theta_2/2}$$
$$(0\leq \theta_k \leq 2\pi\,;\,k=1,2.\ z-1=r_1 e^{i\theta_1},\ z+1=r_2 e^{i\theta_2})$$
とする．

(a)　$g(z)$ の R_0, R_1 上の分枝 $g_0(z), g_1(z)$ は等式
$$g_0(z)=\frac{1}{g_1(z)}=z+f_0(z)$$
を満たすことを示せ．

(b)　$2z=r_1 e^{i\theta_1}+r_2 e^{i\theta_2}$ であることに注意して，$g(z)=z+(z^2-1)^{1/2}$ の分枝 $g_0(z)$ が
$$g_0(z)=\frac{1}{2}(\sqrt{r_1}\,e^{i\theta_1/2}+\sqrt{r_2}\,e^{i\theta_2/2})^2$$
と表されることを示せ．

(c)　$r_1+r_2 \geq 2,\ \cos\{(\theta_1-\theta_2)/2\}\geq 0$ に注意して，$|g_0(z)|\geq 1$ を示せ．

(d)　変換 $w=z+(z^2-1)^{1/2}$ はリーマン面 R の一部分である R_0 を $|w|\geq 1$ の上にうつし，R_1 を $|w|\leq 1$ の上にうつすことを示せ．
 また，線分 $P_1 P_2$ は円 $|w|=1$ の上にうつることを示せ．

（この変換は
$$z=\frac{1}{2}\left(w+\frac{1}{w}\right)$$
の逆変換である（§2-1 の例 4 の変換 $w=z+1/z$ と比較せよ）．）

練習問題の解答

第1章

1-3 $x+iy \neq 0$, $(x+iy)(u+iv)=x+iy \Longrightarrow xu-yv=x$, $yu+xv=y$
$\Longrightarrow u=1$, $v=0$ ($x^2+y^2 \neq 0$ に注意)

1-4 $(x+iy)+(u+iv)=0$ より $u=-x$, $v=-y$. $(x+iy)+(u+iv)=0$, $(x+iy)+(u'+iv')=0$ のとき, 差をとると $(u-u')+i(v-v')=0$.
∴ $u=u'$, $v=v'$.

1-5 (a) $\text{Im}(i(x+iy))=\text{Im}(ix-y)=x$
(b) $\text{Re}(i(x+iy))=\text{Re}(ix-y)=-y$.
(c) $\{1/(1/z)\}\cdot(1/z)=1$. ∴ $\{1/(1/z)\}\cdot(1/z)\cdot z=1\cdot z$. ∴ $1/(1/z)=z$.
(d) $(-1)z=(-1+i0)(x+iy)=-x-iy=-z$.

1-6 $(z_1 z_2)z_3=0 \Longrightarrow z_1 z_2, z_3$ のうち少なくとも1つは0
$\Longrightarrow z_1, z_2, z_3$ のうち少なくとも1つは0.

1-7 積の定義(4)より, $(1+z)^2=(1+x+iy)^2=1+2x+i2y+x^2-y^2+i2xy$
$=1+2z+z^2$.

1-10 (a) $\overline{\bar{z}+\overline{3i}}=z-3i$ (b) $\overline{i\bar{z}}=-i\bar{z}$

1-11 (a) z は実数 $\Longrightarrow z=x \Longrightarrow \bar{z}=z=x$.
$\bar{z}=z \Longrightarrow x-iy=x+iy \Longrightarrow y=0$.
(b) $z=$ 純虚数 $\Longleftrightarrow \text{Re}\,z=0 \Longleftrightarrow \text{Re}\,z=(z+\bar{z})/2=0$
((11) より) $\Longleftrightarrow \bar{z}=-z$

1-13 $|\text{Im}(1-\bar{z}+z^2)| \leq |1-\bar{z}+z^2| \leq 1+|\bar{z}|+|z|^2 < 3$

1-14 $|(z^2-3)(z^2-1)| \geq ||z|^2-3|\cdot||z|^2-1| = |2^2-3||2^2-1|=3$.

1-15 $z_1 z_2=0$ のとき $|z_1 z_2|=0 \Longrightarrow |z_1||z_2|=0$

248

$\Longrightarrow |z_1|, |z_2|$ の少なくとも1つは0.

1-20 (a) 2点 $\pm 4i$ からの距離が一定値10 ($x^2/9+y^2/25=1$).
(b) 点1からの距離と点 $-i$ からの距離が等しい z 全体 ($y=-x$).

1-21 (a) $2\pi/3$ (c) π

1-22 (a) $e^{i\pi/2}\cdot 2e^{-i\pi/3}\cdot 2e^{i\pi/6}=4e^{i\pi/3}=2\cdot 2e^{i\pi/3}=2(1+\sqrt{3}i)$
(d) $(\sqrt{2}e^{i3\pi/4})^7=8\sqrt{2}e^{i21\pi/4}=8\sqrt{2}e^{i5\pi/4}=8(-1-i)$

1-23 (a) $\pm(1+i)$ (b) $\pm(\sqrt{3}-i)/\sqrt{2}$
(d) $\pm\sqrt{2}(1+i)$, $\pm\sqrt{2}(1-i)$
(e) $\pm\sqrt{2}$, $\pm(1+\sqrt{3}i)/\sqrt{2}$, $\pm(-1+\sqrt{3}i)/\sqrt{2}$
(f) $\sqrt{2}(1+i)$, $\{-(\sqrt{3}+1)+(\sqrt{3}-1)i\}/\sqrt{2}$, $\{(\sqrt{3}-1)-(\sqrt{3}+1)i\}/\sqrt{2}$

1-24 (a) $|e^{i\theta}|=(\cos^2\theta+\sin^2\theta)^{1/2}=1$
(b) $\overline{e^{i\theta}}=\cos\theta-i\sin\theta=\cos(-\theta)+i\sin(-\theta)=e^{-i\theta}$

1-25 (a) $n\arg z_1$ (b) $-\arg z_1$

1-26 $\text{Re } z>0$ ならば $-\pi/2<\arg z<\pi/2$ に注意.

1-27 (a) $a+i=\sqrt{a^2+1}e^{i\alpha}=Ae^{i\alpha}\Longrightarrow (a+i)^{1/2}=\pm\sqrt{A}e^{i\alpha/2}$

1-28 $z^4+4=(z^4+4z^2+4)-4z^2=(z^2+2)^2-(2z)^2=(z^2+2+2z)(z^2+2-2z)$

1-29 $e^{i3\theta}=(e^{i\theta})^3$ の両辺を比較せよ.

1-31 (a) $|z_1+z_2|=|z_1|+|z_2|\Longleftrightarrow z_1\bar{z_2}+\bar{z_1}z_2=2|z_1||z_2|\Longleftrightarrow \text{Re}(z_1\bar{z_2})=|z_1||z_2|$
$\Longleftrightarrow \cos(\arg(z_1\bar{z_2}))=1\Longleftrightarrow \arg(z_1\bar{z_2})=2n\pi$,
$\arg(z_1\bar{z_2})=\arg z_1+\arg \bar{z_2}=\arg z_1-\arg z_2$.

1-32 π $((\cos\theta-1)^2+\sin^2\theta=4\Longrightarrow \cos\theta=-1)$

1-34 $c=1^{1/n}\Longrightarrow c^n=1\Longrightarrow 1-c^n=(1-c)(1+c+c^2+\cdots+c^{n-1})=0$

1-35 (b) $(-1+1/\sqrt{2})+i/\sqrt{2}$, $(-1-1/\sqrt{2})-i/\sqrt{2}$

1-36 (b), (c), (g)

1-37 (e)

1-38 (a), (g)

1-39 (a) $-\pi<\arg z\leq\pi$ ($z=0$) (b) 全平面 ($|\text{Re } z|<|z|$ は $y\neq 0$)
(c) $(x-1)^2+y^2\geq 1$ (d) $\text{Re } z^2\geq 0$

1-40 S は点1を含まない.

1-41 (a) なし (b) 0 (c) $0\leq\arg z\leq\pi/2$ ($z=0$)

1-42 $S=\{z_0, z_1, z_2, \cdots, z_n\}$ とする. z_0 と $z_1, z_2, \cdots, z_n$ との距離の最小値 R より小さい半径の円 $|z-z_0|=r(<R)$ は z_0 以外の S の点を含まないから, z_0 は S の集積点でない.

第2章

2-1 (a) $z \neq \pm i$ (b) $z \neq 0$ (c) $\operatorname{Re} z \neq 0$ (d) $|z| \neq 1$

2-2 $x \neq 0$, $y \neq 1$. $\int_0^\infty e^{-xt}dt = \left[-\frac{1}{x}e^{-xt}\right]_0^\infty = \frac{1}{x}$ ($x > 0$)（これは 1 のラプラス変換である），$\sum_{n=0}^\infty y^n = \frac{1}{1-y}$ ($|y| < 1$).

2-3 $f(z) = (x^3 - 3xy^2 + x + 1) + i(3x^2y - y^3 + y)$

2-4 $\bar{z}^2 + 2iz$ （ヒント：§1-2 の(11), (12)を使う）

2-8 (a) $1/z_0^n$ (b) 0 (c) $P(z_0)/Q(z_0)$

2-10 $|g(z)| \leq M$, $f(z) \to 0 \Longrightarrow |f(z)g(z)| \leq |f(z)||g(z)| \leq |f(z)|M \to 0$.

2-14 $P'(z) = a_1 + 2a_2z + 3a_3z^2 + \cdots + na_nz^{n-1}$

2-15 (a) $6z - 2$ (b) $-24z(1-4z^2)^2$ (c) $\dfrac{3}{(2z+1)^2}$

(d) $\dfrac{2(1+z^2)^3(3z^2-1)}{z^3}$ (e) $6iz^2 + 3i - 1$

(f) $\dfrac{(2+iz^3)^3(11iz^3-2)}{z^2}$

2-17 $f(z) = \operatorname{Re} z = x$. $\Delta w/\Delta z = \Delta x/\Delta z$. $\Delta z = \Delta x$ のとき $\Delta w/\Delta z = 1$. $\Delta z = \Delta x + i\Delta x$ のとき $\Delta w/\Delta z = (1-i)/2$.

2-18 $\Delta w/\Delta z = (\Delta x - i\Delta y)/(\Delta x + i\Delta y)$ は $\Delta y = 0$ のとき 1, $\Delta x = 0$ のとき -1.

2-19 なし（$\Delta w/\Delta z = i\Delta y/(\Delta x + i\Delta y)$ は $\Delta y = 0$ のとき 0, $\Delta x = 0$ のとき 1.）

2-20 ヒント：連続性の定義（§2-3 の(2)）で $k = 1/2$, $\varepsilon = |f(z_0)|$ とおく．§1-2 の不等式 $-(|z_1| - |z_2|) \leq |z_1 - z_2|$ を用いて，z_0 の適当な近傍で $|f(z)| > |f(z_0)|/2$ が成り立つことを示せ．

2-21 いずれもコーシー・リーマンの方程式が成り立たない．

(a) $u = x$, $v = -y \Longrightarrow u_x = 1$, $u_y = 0$, $v_x = 0$, $v_y = -1$

(b) $u = 0$, $v = 2y \Longrightarrow u_x = u_y = 0$, $v_x = 0$, $v_y = 2$

(c) $u = 2x$, $v = xy^2 \Longrightarrow u_x = 2$, $u_y = 0$, $v_x = y^2$, $v_y = 2xy$

(d) $u = e^x \cos y$, $v = -e^x \sin y \Longrightarrow u_x = e^x \cos y$, $u_y = -e^x \sin y$, $v_x = -e^x \sin y$, $v_y = -e^x \cos y$.

2-22 (a) $f' = i$, $f'' = 0$ (b) $f' = -f$, $f'' = f$ (c) $f' = 3z^2$, $f'' = 6z$

(d) $f' = -\sin x \cosh y - i \cos x \sinh y$, $f'' = -f$

2-23 (a) $f'(z) = -1/z^2$ ($z \neq 0$) (b) $f'(x+ix) = 2x$ (c) $f'(0) = 0$ （$f(z)$ を実部と虚部に分けよ．（§2-5 の例 4 を参照）．）

2-25 $u=x^3$, $v=(1-y)^3$. $u_x=v_y$ より $x^2+(1-y)^2=0$. ∴ $x=0$, $y=1$.

2-26 $z=0$ で $\Delta w/\Delta z=(\overline{\Delta z}/\Delta z)^2$. $\Delta z=\overline{\Delta z}\to 0$ のとき $\Delta w/\Delta z\to 1$. $\Delta z=\Delta x+i\Delta x \to 0$ のとき $\Delta w/\Delta z\to -1$.

2-27 (a) $\dfrac{\partial u}{\partial r}=\dfrac{\partial u}{\partial x}\dfrac{\partial x}{\partial r}+\dfrac{\partial u}{\partial y}\dfrac{\partial y}{\partial r}=u_x\cos\theta+u_y\sin\theta$,

$\dfrac{\partial u}{\partial \theta}=\dfrac{\partial u}{\partial x}\dfrac{\partial x}{\partial \theta}+\dfrac{\partial u}{\partial y}\dfrac{\partial y}{\partial \theta}=-u_x r\sin\theta+u_y r\cos\theta$.

$\dfrac{\partial v}{\partial r}=\dfrac{\partial v}{\partial x}\dfrac{\partial x}{\partial r}+\dfrac{\partial v}{\partial y}\dfrac{\partial y}{\partial r}=v_x\cos\theta+v_y\sin\theta$,

$\dfrac{\partial v}{\partial \theta}=\dfrac{\partial v}{\partial x}\dfrac{\partial x}{\partial \theta}+\dfrac{\partial v}{\partial y}\dfrac{\partial y}{\partial \theta}=-v_x r\sin\theta+v_y r\cos\theta$.

(b) $u_r=v_y\cos\theta-v_x\sin\theta=\dfrac{1}{r}(v_y r\cos\theta-v_x r\sin\theta)=\dfrac{1}{r}v_\theta$,

$u_\theta=-v_y r\sin\theta-v_x r\cos\theta=-r(v_y\sin\theta+v_x\cos\theta)=-rv_r$.

(c) (a)の2式を u_x と u_y についての連立方程式と見て解く.

2-28 $f'(z_0)=u_x+iv_x=u_r\cos\theta_0-u_\theta\dfrac{\sin\theta_0}{r_0}+i\left(v_r\cos\theta_0-v_\theta\dfrac{\sin\theta_0}{r_0}\right)$

$=u_r\cos\theta_0-(-r_0 v_r)\dfrac{\sin\theta}{r_0}+i\left(v_r\cos\theta_0-r_0 u_r\dfrac{\sin\theta_0}{r_0}\right)$

$=(\cos\theta_0-i\sin\theta_0)u_r+(\cos\theta_0-i\sin\theta_0)iv_r$

$=(\cos\theta_0-i\sin\theta_0)(u_r+iv_r)$.

2-29 $f'(z_0)=(\cos\theta_0-i\sin\theta_0)(u_r+iv_r)=\dfrac{1}{\cos\theta_0+i\sin\theta_0}\left(\dfrac{1}{r_0}v_\theta-i\dfrac{1}{r_0}u_\theta\right)$

$=\dfrac{1}{r_0(\cos\theta_0+i\sin\theta_0)}(v_\theta-iu_\theta)=\dfrac{1}{z_0}\cdot(-i)(iv_\theta+v_\theta)$

$=\dfrac{-i(u_\theta+iv_\theta)}{z_0}$

2-30 コーシー・リーマンの方程式が成り立つことを示せ.

2-31 (a) $u=xy$, $v=y \Longrightarrow u_x=y$, $u_y=x$, $v_x=0$, $v_y=1$. $(x,y)=(0,1)$ のみで微分可能.

(b) $u=e^y\cos x$, $v=e^y\sin x \Longrightarrow u_x=-e^y\sin x$, $u_y=e^y\cos x$, $v_x=e^y\cos x$, $v_y=e^y\sin x \Longrightarrow$ コーシー・リーマンの方程式が成り立たない.

2-32 (a) $0, \pm i$ (b) $1, 2$ (c) $-2, -1\pm i$

2-33 f が正則だから $u_x=v_y$, $u_y=-v_x$ …①

(a) $\bar{f}=u-iv$ が正則だから, $u_x=-v_y$, $u_y=v_x$ …②

①, ②から $u_x=u_y=v_x=v_y=0$. ∴ $u=$定数, $v=$定数.

∴ $f=$ 定数.

(b) $f=u+i0$ より $v=0$ …③

①, ③から $u_x=u_y=0$. ∴ $u=$ 定数. ∴ $f=$ 定数.

2-34 $|f(z)|=0 \Longrightarrow u^2+v^2=0$. ∴ $u=v=0$. ∴ $f=0$.
$|f(z)|=c(\neq 0) \Longrightarrow u^2+v^2=c^2$. ∴ $uu_x+vv_x=0$, $uu_y+vv_y=0$.
コーシー・リーマンの方程式を代入して, $u_xu-u_yv=0$, $u_xv+u_yu=0$. これを u_x, u_y について解くと, $u^2+v^2=c^2\neq 0$ より, $u_x=u_y=0$. ∴ $v_x=v_y=0$. ∴ $u=$ 定数, $v=$ 定数. ∴ $f=$ 定数.

2-35 練習問題 2-27 を参照.

第 3 章

3-1 (a) $=e^2e^{\pm 3\pi i}=e^2(-1)=-e^2$ (b) $=e^{1/2}e^{(\pi/4)i}=\sqrt{e}\cdot\dfrac{1+i}{\sqrt{2}}=\sqrt{\dfrac{e}{2}}(1+i)$

(c) $=e^ze^{\pi i}=e^z(-1)=-e^z$.

3-2 整関数（各項が整関数である）.

3-3 (a) $z=\text{Log }2+(2n+1)\pi i$ $(n=0,\pm 1,\pm 2,\cdots)$ $(e^{x+iy}=-2=2e^{\pi i}$
$\Longrightarrow e^x=2, e^{iy}=e^{\pi i} \Longrightarrow x=\text{Log }2, y=\pi+2n\pi)$

(b) $z=\text{Log }2+\left(\dfrac{1}{3}+2n\right)\pi i$ $(n=0,\pm 1,\pm 2,\cdots)$ $\left(e^{x+iy}=2\cdot\dfrac{1+\sqrt{3}i}{2}\right.$
$=2e^{(\pi/3)i} \Longrightarrow e^x=2, e^{iy}=e^{(\pi/3)i} \Longrightarrow x=\text{Log }2, y=\dfrac{\pi}{3}+2n\pi\Big)$

(c) $z=\dfrac{1}{2}+n\pi i$ $(n=0,\pm 1,\pm 2,\cdots)$ $\Big(e^{2(x+iy)-1}=1\cdot e^{2\pi i} \Longrightarrow e^{2x-1}=1, e^{i2y}$
$=e^{2\pi i} \Longrightarrow 2x-1=0, 2y=2\pi+2n\pi \Longrightarrow x=\dfrac{1}{2}, y=(n+1)\pi$ $(n=0,$
$\pm 1,\pm 2,\cdots)\Big)$

(d) $z=2n\pi i$ $(n=0,\pm 1,\pm 2,\cdots)$ $(e^{x+iy}=1\cdot e^{2n\pi i} \Longrightarrow e^x=1, e^{iy}=e^{2n\pi i}$
$\Longrightarrow x=0, y=2n\pi)$

3-4 (a) e^{2x}, e^{-2xy} $(|\exp(2z+i)|=|\exp\{(2x)+i(2y+1)\}|=e^{2x}$,
$|\exp(iz^2)|=|\exp\{i(x^2-y^2+i2xy)\}|=|\exp\{(-2xy)+i(x^2-y^2)\}|$
$=\exp(-2xy))$

(b) $|\exp(2z+i)+\exp(iz^2)|\leq|\exp(2z+i)|+|\exp(iz^2)|=e^{2x}+e^{-2xy}$

3-5 $|\exp z^2|=|\exp\{(x^2-y^2)+i2xy\}|=\exp(x^2-y^2)$,
$\exp|z|^2=\exp|(x^2-y^2)+i2xy|=\exp\sqrt{(x^2-y^2)^2+(2xy)^2}=\exp(x^2+y^2)$.

$$\therefore \quad \exp(x^2-y^2) \leqq \exp(x^2+y^2)$$

3-6 $|e^{-2z}|=|e^{-2x-i2y}|=e^{-2x}<1 \iff -2x<0 \iff \operatorname{Re} z=x>0$.

3-7 $\exp(\operatorname{Log} r+i\theta)=\exp(\operatorname{Log} r)\cdot\exp(i\theta)=re^{i\theta}=z$ （3-3の(7)を参照）

3-8 (a) $\overline{e^z}=\overline{e^{x+iy}}=\overline{e^x e^{iy}}=\overline{e^x}\ \overline{e^{iy}}=e^x e^{-iy}=e^{\bar{z}}$

(b) (a)から，$\overline{\exp(iz)}=\exp(\overline{iz})=\exp(-i\bar{z})$.
$\exp(i\bar{z})=\exp(-i\bar{z}) \iff e^{i2x}e^{2y}=1 \iff y=0,\ x=n\pi$ （$n=$ 整数）

3-9 (a) $e^z=e^x\cos y+ie^x\sin y=$実数 $\iff \sin y=0 \iff y=n\pi$ （$n=$ 整数）

(b) $e^z=$純虚数 $\iff \cos y=0 \iff y=\dfrac{\pi}{2}+n\pi$ （$n=0,\ \pm 1,\ \pm 2,\cdots$）

3-10 (a) 0 $\left(\lim\limits_{x\to-\infty}e^x=0,\ |e^{iy}|=1\right)$ (b) なし

3-11 z は正則でない（練習問題 2-21）．

3-12 (a) $2z\exp(z^2)$ (b) 合成関数の微分公式(p.34)を利用．

3-13 $\exp\left(\dfrac{x}{x^2+y^2}\right)\cdot\cos\dfrac{y}{x^2+y^2}$． $z \neq 0$ で調和関数．

3-14 (a) $f'(z)=u_x+iv_x=u+iv=f(z)$

(b) $\partial u/\partial x=u$ は u についての1階線形常微分方程式と同じ形．$\therefore\ u=ce^x$．ただし，c は x から見て定数であればよいから $c=\varphi(y)=y$ の関数．v についても同様．

(c) $u_{xx}=e^x\varphi(y),\ u_{yy}=e^x\varphi''(y),\ u_{xx}+u_{yy}=0$ より $\varphi+\varphi''=0$（2階線形常微分方程式）．

(d) $v_y=u_x=e^x\varphi(y)=e^x(A\cos y+B\sin y)$.
$\therefore\ v=e^x(A\sin y-B\cos y)+C_1(x)$ （$C_1(x)$ は x の関数）．
$v_x=-u_y=-e^x\varphi'(y)=-e^x(-A\sin y+B\cos y)$.
$\therefore\ v=e^x(A\sin y-B\cos y)+C_2(y)$（$C_2(y)$は y の関数）．これより，$C_1(x)=C_2(y)=0$．$\therefore\ \psi(y)=A\sin y-B\cos y$.

(e) $u(x,y)+iv(x,y)$
$=e^x(A\cos y+B\sin y)+ie^x(A\sin y-B\cos y)$.
$\therefore\ u(x,0)+iv(x,0)=Ae^x-iBe^x=e^x$. $\therefore\ A=1,\ B=0$.
$\therefore\ u=e^x\cos y,\ v=e^x\sin y$.

3-15 (1)を用いる．

3-17 (18)を用いる．

3-18 (11)を用いる．$1+\sinh^2 y=\cosh^2 y$ に注意．

3-21 (5), (6)を用いる．

3-22 練習問題 3-21 を用いる．

練習問題の解答 253

3-23 練習問題 3-8 を用いる.
3-24 例 4 と同様に考える.
 (a) $\left(2n+\dfrac{1}{2}\right)\pi \pm 4i$ $(n=0, \pm 1, \pm 2, \cdots)$
 (b) $2n\pi + i\cosh^{-1} 2$ $(=2n\pi \pm i\,\mathrm{Log}(2+\sqrt{3}))$ $(n=0, \pm 1, \pm 2, \cdots)$
3-25 §2-4 の微分公式を用いる.
3-26 $\bar{z}$ は微分可能でない（練習問題 2-18, 2-21 を参照）.
3-28 $e^{z+\pi i} = e^z e^{\pi i} = -e^z$ を用いる.
3-29 (a) $\left(2n \pm \dfrac{1}{3}\right)\pi i$ $(n=0, \pm 1, \pm 2, \cdots)$
 (b) $\left(2n+\dfrac{1}{2}\right)\pi i$ $(n=0, \pm 1, \pm 2, \cdots)$
3-30 (a) $1 - \dfrac{\pi}{2}i$ (b) $\dfrac{1}{2}\ln 2 - \dfrac{\pi}{4}i$
3-31 (a) $1 + 2n\pi i$ (b) $\left(2n+\dfrac{1}{2}\right)\pi i$
 (c) $\ln 2 + 2\left(n+\dfrac{1}{3}\right)\pi i$ （いずれも, $n=0, \pm 1, \pm 2, \cdots$）
3-32 $\mathrm{Log}\{(1+i)^2\} = \mathrm{Log}(2i) = \ln 2 + \dfrac{\pi}{2}i = 2\left(\ln\sqrt{2} + \dfrac{\pi}{4}i\right) = 2\mathrm{Log}(1+i)$.
$\mathrm{Log}\{(-1+i)^2\} = \mathrm{Log}(-2i) = \ln 2 - \dfrac{\pi}{2}i$,
$2\mathrm{Log}(-1+i) = 2\left(\ln\sqrt{2} + \dfrac{3}{4}\pi i\right) = \ln 2 + \dfrac{3}{2}\pi i$.
3-33 (a) $i = e^{(2/4)\pi i} \Longrightarrow \log(i^2) = \log(-1) = \ln|-1| + i\dfrac{4}{4}\pi = \pi i$,
$2\log i = 2\left(\ln|i| + \dfrac{2}{4}\pi i\right) = \pi i$,
 (b) $i = e^{(10/4)\pi i} \Longrightarrow \log(i^2) = \log(-1) = \ln|-1| + i\dfrac{4}{4}\pi = \pi i$
$2\log i = 2\left(\ln|i| + \dfrac{10}{4}\pi i\right) = 5\pi i$.
3-34 $z = i$ $\left(\ln r + i\theta = \dfrac{\pi}{2}i \Longrightarrow r=1, \theta = \dfrac{\pi}{2} + 2n\pi \Longrightarrow z = 1\cdot e^{(1/2+2n)\pi i}\right.$
$\left. = e^{(\pi/2)i} = i\right)$
3-35 練習問題 1-26 を参照.
3-36 (a) $\mathrm{Log}\,z$ を i だけ平行移動したもの. $y=1$ $(x \leqq 0)$ は分枝截線.
 (b) $\pm(1-i)/\sqrt{2}$ は特異点（分母 $=0$）. 半直線は分枝截線.

3-37 (a) $\exp\{(-1/4+2n)\pi\}\exp\{(i/2)\ln 2\}$
　　　(b) $\exp\{(2n+1)i\}$ 　　　$(n=0,\pm 1,\pm 2,\cdots)$

3-38 (a) $\exp(-\pi/2)$ 　(b) $-\exp(2\pi^2)$ 　(c) $\exp(\pi+i\ln 4)$
　　　(d) $\exp(\pi/2)\ (=(i^i)^{-1})$

3-39 $(-1+\sqrt{3}\,i)^{3/2}=\exp\left\{\dfrac{3}{2}\log\left(-1+\sqrt{3}\,i\right)\right\}=\exp\left[\dfrac{3}{2}\left\{\ln 2+i\left(\dfrac{2}{3}+2n\right)\pi\right\}\right]$
　　　$=2\sqrt{2}\,e^{i(3n+1)\pi}=\pm 2\sqrt{2}$

3-41 $|z^a|=|\exp(a\log z)|=|\exp\{a\ln|z|+ia\theta\}|$
　　　$=|\exp(a\ln|z|)|\cdot|\exp(ia\theta)|=\exp(\ln|z|^a)\cdot 1=|z|^a$

3-42 $c=$ 実数　$(|i^c|=|e^{c\log i}|=|e^{c(1/2+2n)\pi i}|=|\exp\{(c_1+ic_2)(1/2+2n)\pi i\}|$
　　　$=|\exp\{c_1(1/2+2n)\pi i\}|\cdot|\exp\{-c_2(1/2+2n)\pi\}|$
　　　$=\exp\{-c_2(1/2+2n)\pi\}$. n に無関係な値であるためには $c_2=0$.)

3-43 $\exp(-\mathrm{Arg}\,z)\cdot\cos(\ln|z|)+i\exp(-\mathrm{Arg}\,z)\cdot\sin(\ln|z|)$.
　　　$\Big(z^i=e^{i\mathrm{Log}z}=\exp\{i(\ln|z|+i\mathrm{Arg}\,z)\}=\exp(-\mathrm{Arg}\,z+i\ln|z|)$
　　　$=\exp(-\mathrm{Arg}\,z)\cdot\exp(i\ln|z|)$
　　　$=\exp(-\mathrm{Arg}\,z)\{\cos(\ln|z|)+i\sin(\ln|z|)\}\Big)$

3-44 $(\log c)f'(z)c^{f(z)}$
　　　$\Big((c^{f(z)})'=[\exp\{f(z)\log c\}]'=f'(z)\log c\cdot\exp\{f(z)\log c\}\Big)$

3-45 (a) $-\left(n+\dfrac{1}{2}\right)\pi+\dfrac{i}{2}\ln 3$ 　$\left(\tan^{-1}2i=\dfrac{i}{2}\log(-3)\right)$
　　　(b) $2n\pi\pm i\ln(100+\sqrt{9999})$ 　$(\cos^{-1}100=-i\log\{100+i(1-100^2)^{1/2}\}$
　　　$=-i\log(100\pm\sqrt{9999})=\pm i\{\ln(100+\sqrt{9999})+2n\pi i\}$
　　　$\because 100-\sqrt{9999}=\dfrac{(100-\sqrt{9999})(100+\sqrt{9999})}{100+\sqrt{9999}}=\dfrac{1}{100+\sqrt{9999}}$
　　　(c) $(1+2n)\pi i$ 　(d) $n\pi i$

3-46 $\left(2n+\dfrac{1}{2}\right)\pi\pm i\ln(2+\sqrt{3})$ $(n=0,\pm 1,\pm 2,\cdots)$ $\left((-3)^{1/2}=\pm\sqrt{3}\,i,\ \text{例 1 参照}\right)$

3-47 $2n\pi\pm i\ln(\sqrt{2}+1)$ 　$(n=0,\pm 1,\pm 2,\cdots)$ 　$((-1)^{1/2}=\pm i,\ \text{例 1 参照})$

第 4 章

4-1 (a) $1+\dfrac{i}{3}$ 　(b) $\dfrac{1}{\sqrt{2}}+i\left(1-\dfrac{1}{\sqrt{2}}\right)$ 　(c) $\dfrac{1}{z}$ 　($\mathrm{Re}\,z>0$) (1 のラプラス変換である)

4-2 $e^{im\theta}e^{-in\theta}=e^{i(m-n)\theta}=\cos(m-n)\theta+i\sin(m-n)\theta$ を用いる.

4-3 $\displaystyle\int_{-b}^{-a}\{u(-t)+iv(-t)\}dt=\int_{-b}^{-a}u(-t)\,dt+i\int_{-b}^{-a}v(-t)\,dt$
　　　$=\displaystyle\int_{b}^{a}u(\tau)(-d\tau)+i\int_{b}^{a}v(\tau)(-d\tau)$

$$= \int_a^b u(\tau)d\tau + i\int_a^b v(\tau)d\tau = \int_a^b w(\tau)d\tau \quad (-t=\tau \text{ とおく})$$

4-4 $|P_n(x)| \le \dfrac{1}{\pi}\int_0^\pi |x+i\sqrt{1-x^2}\cos\theta|^n d\theta = \dfrac{1}{\pi}\int_0^\pi \{x^2+(1-x^2)\cos^2\theta\}^{n/2}d\theta$

$$\le \dfrac{1}{\pi}\int_0^\pi \{x^2+(1-x^2)\cdot 1\}^{n/2}d\theta = \dfrac{1}{\pi}\int_0^\pi d\theta = 1$$

4-5 $w(-t)=w(t) \iff u(-t)=u(t),\ v(-t)=v(t).$ よって, $\displaystyle\int_{-a}^a w(t)dt$

$$=\int_{-a}^a u(t)dt+i\int_{-a}^a v(t)dt=2\int_0^a u(t)dt+2i\int_0^a v(t)dt=2\int_0^a w(t)dt.$$

$w(-t)=-w(t) \iff u(-t)=-u(t),\ v(-t)=-v(t)$ の場合も同様.

4-6 (a) $1-i \quad \left(I=\displaystyle\int_0^1 (x-x-i3x^2)(1+i)dx\right)$

  (b) $(1-i)/2 \quad \left(I=\displaystyle\int_0^1 (y-0-i3\cdot 0^2)idy+\int_0^1(1-x-i3x^2)dx\right)$

4-7 (a) $-4+2\pi i \quad \left(I=\displaystyle\int_0^\pi \left(1+\dfrac{2}{2e^{i\theta}}\right)2ie^{i\theta}d\theta\right)$

  (b) $4+2\pi i \quad \left(I=\displaystyle\int_\pi^{2\pi}\left(1+\dfrac{2}{2e^{i\theta}}\right)2ie^{i\theta}d\theta\right) \quad$ (c) $\quad 4\pi i \quad (I=\text{(a)}+\text{(b)})$

4-8 (a) $0 \quad \left(I=\displaystyle\int_\pi^{2\pi} e^{i\theta}\cdot ie^{i\theta}d\theta\right) \quad$ (b) $\quad 0 \quad \left(I=\displaystyle\int_0^2 \{(x+i0)-1\}dx\right)$

4-9 $2+3i \quad \left(I=\displaystyle\int_{-1}^0 1\cdot(1+i3x^2)dx+\int_0^1 4x^3\cdot(1+i3x^2)dx\right)$

4-10 (a) $1+e \quad \left(I=\displaystyle\int_0^1 e^{(1-i\pi)x+i\pi}(1-i\pi)dx\right)$

  (b) $1+e \quad \left(I=\displaystyle\int_\pi^0 e^{0+iy}idy+\int_0^1 e^{x+i0}dx\right)$

4-11 $|z|=1$ のとき $z=e^{i\theta}$.

$$\int_C z^m\bar z^n dz = \int_0^{2\pi}(e^{i\theta})^m(e^{-i\theta})^n ie^{i\theta}d\theta$$

$$=i\int_0^{2\pi} e^{i(m+1-n)\theta}d\theta = \begin{cases}0 & (m+1\ne n)\\ 2\pi & (m+1=n)\end{cases}$$

4-12 $i(1-e^{-2\pi})$

4-13 $0 \quad \left(=\displaystyle\int_0^1\{3(x+i0)+1\}dx+\int_0^1\{3(1+iy)+1\}idy\right.$

$\left.+\displaystyle\int_1^0\{3(x+i)+1\}dx+\int_1^0\{3(0+iy)+1\}idy\right)$

4-14 $4(e^\pi-1) \quad \left(=\displaystyle\int_0^1 e^{\pi(x-i0)}dx+\int_0^1 e^{\pi(1-iy)}idy+\int_1^0 e^{\pi(x-i)}dx+\int_1^0 e^{\pi(0-iy)}idy\right)$

4-15 $-\pi i$

4-16 $|z^2-1| \geqq ||z|^2-1|=3$, C の長さ $=\pi$. (9) で $M=1/3$, $L=\pi$ とおけ.

4-17 z が C 上にあるとき $|z| \geqq 1/\sqrt{2}$. $\therefore$ $|1/z^4| \leqq 4$. (9) で $M=4$, $L=\sqrt{2}$ とおけ.

4-18 $C: z=z(t)$ ($a \leqq t \leqq b$; $z_1=z(a)$, $z_2=z(b)$) はなめらかだから, $z'(t)$ は連続関数. よって, $z'(t)$ は $a \leqq t \leqq b$ で積分可能(実変数の関数として).

$$\int_{z_1}^{z_2} 1\,dz = \int_a^b 1 \cdot z'(t)\,dt = \int_a^b \{u'(t)+iv'(t)\}\,dt$$
$$= \Big[u(t)\Big]_a^b + i\Big[v(t)\Big]_a^b = \{u(b)+iv(b)\}-\{u(a)+iv(a)\}$$
$$= z(b)-z(a) = z_2-z_1.$$

$$\int_{z_1}^{z_2} z\,dz = \int_a^b z(t) \cdot z'(t)\,dt = \int_a^b \{u(t)+iv(t)\}\{u'(t)+iv'(t)\}\,dt$$
$$= \int_a^b (uu'-vv')\,dt + i\int_a^b (uv'+u'v)\,dt = \Big[\frac{u^2-v^2}{2}\Big]_a^b + i\Big[uv\Big]_a^b$$
$$= \frac{1}{2}\Big[\{u(b)+iv(b)\}^2 - \{u(a)+iv(a)\}^2\Big] = \frac{z_2^2-z_1^2}{2}$$

$$\left(\text{結果的には, } \int_a^b z(t)z'(t)\,dt = \Big[\frac{\{z(t)\}^2}{2}\Big]_a^b = \frac{\{z(b)\}^2-\{z(a)\}^2}{2} \text{ としてよい}\right)$$

4-19 (a) $C_0: z=z_0+Re^{i\theta}$ ($-\pi \leqq \theta \leqq \pi$). $z'(\theta)=Rie^{i\theta}$.

$\therefore$ $\int_{C_0} f(z)\,dz = \int_{-\pi}^{\pi} f(z_0+Re^{i\theta})Rie^{i\theta}\,d\theta$.

(f, $e^{i\theta}$ は区分的に連続だから積分できる.)

(b) $C: z=Re^{i\theta}$ ($-\pi \leqq \theta \leqq \pi$) $\Longrightarrow \int_C f(z)\,dz = \int_{-\pi}^{\pi} f(Re^{i\theta})Rie^{i\theta}\,d\theta$.

$C_0: z-z_0 = Re^{i\theta}$ ($-\pi \leqq \theta \leqq \pi$) $\Longrightarrow (z-z_0)' = Rie^{i\theta}$

$\Longrightarrow \int_{C_0} f(z-z_0)\,dz = \int_{-\pi}^{\pi} f(Re^{i\theta})Rie^{i\theta}\,d\theta$.

4-20 (a) $\int_{C_0} \frac{dz}{z-z_0} = \int_C \frac{dz}{z} = \int_{-\pi}^{\pi} \frac{1}{e^{i\theta}} ie^{i\theta}\,d\theta = i\int_{-\pi}^{\pi} d\theta = 2\pi i$

(b) $\int_{C_0} (z-z_0)^n\,dz = \int_C z^n\,dz = \int_{-\pi}^{\pi} R^n e^{in\theta} \cdot Rie^{i\theta}\,d\theta$

$$= R^{n+1} i \int_{-\pi}^{\pi} e^{i(n+1)\theta}\,d\theta$$

$$= R^{n+1} i \int_{-\pi}^{\pi} \{\cos(n+1)\theta + i\sin(n+1)\theta\}\,d\theta = 0.$$

(c) $\int_{C_0} (z-z_0)^{a-1}\,dz = \int_{-\pi}^{\pi} (Re^{i\theta})^{a-1} Rie^{i\theta}\,d\theta = R^a i \int_{-\pi}^{\pi} e^{ia\theta}\,d\theta$

練習問題の解答　257

$$= R^a i \int_{-\pi}^{\pi} (\cos a\theta + i \sin a\theta) d\theta = R^a i \left[\frac{1}{a} \sin a\theta - \frac{i}{a} \cos a\theta \right]_{-\pi}^{\pi}$$

$$= i \frac{2R^a}{a} \sin a\pi.$$

4-21 (a) $z=3$ を除いた複素平面　　(b) 全平面
(c) $z=-1\pm i$ (分母$=0$ となる点)を除いた複素平面
(d) $z=(n+1/2)\pi$ ($n=0, \pm 1, \pm 2, \cdots$) (分母$=\cos z=0$ となる点 (§3-2 の(15)))を除いた複素平面
(e) 実軸の $x \leqq -2$ を除いた複素平面

4-22 特異点はそれぞれ，(a) $z = \pm i/\sqrt{3}$
(b) $z = 2n\pi$ ($n=0, \pm 1, \pm 2, \cdots$)
(c) $z = 2n\pi i$ ($n=0, \pm 1, \pm 2, \cdots$).　D の中にこれらの特異点は含まれない．

4-23 $n=2$ の場合，図 4-9 のように C と C_1 を L_1 で，C と C_2 を L_2 で結ぶと (C_1, C_2 の向きが正と仮定する)

$$\int_{C+L_1-C_1-L_1+L_2-C_2-L_2} f(z)dz = 0. \quad \therefore \quad \int_{C-C_1-C_2} f(z)dz = 0.$$

$$\therefore \int_C f(z)dz = \int_{C_1} f(z)dz + \int_{C_2} f(z)dz.$$

$n \geqq 3$ の場合も同様に考える．

4-24 (半円上の積分) $= \int_0^\pi e^{i\theta/2} \cdot i e^{i\theta} d\theta = i \int_0^\pi e^{i3\theta/2} d\theta = \frac{2}{3}(-i+1).$

$(0 \leqq x \leqq 1$ の積分$) = \lim_{a \to 0} \int_a^1 \sqrt{r} \cdot 1 dr$

$$= \lim_{a \to 0} \frac{2}{3}(1-a^{3/2}) = \frac{2}{3} \quad (z = re^{i \cdot 0} = r, \ f(z) = \sqrt{r}).$$

$(-1 \leqq x \leqq 0$ の積分$) = \lim_{a \to 0} \int_1^a i\sqrt{r} \cdot (-1) dr = \lim_{a \to 0} i \int_a^1 r^{1/2} dr$

$$= \frac{2}{3} i (1-a^{3/2})$$

$$= \frac{2i}{3} \quad (z = re^{i\pi} = -r, \ f(z) = \sqrt{r} e^{i\pi/2} = i\sqrt{r}).$$

$$\therefore \int_C f(z) dz = 0.$$

$z=0$ で正則でないから，コーシー・グルサの定理を適用できない．

4-25 (a) $x^3 \sin \frac{\pi}{x} = 0$ より $\frac{\pi}{x} = n\pi$ ($n=1, 2, \cdots$)．$\therefore x = 1/n$ ($n=2, 3, \cdots$),
(b) $C_1 - C_3$ はジョルダン曲線で，$f(z)$ が正則である

$$\Longrightarrow \int_{C_1-C_3} f(z)\,dz=0$$
$$\Longrightarrow \int_{C_1} f(z)\,dz=\int_{C_3} f(z)\,dz.$$

C_2+C_3 はジョルダン曲線で, $f(z)$ が正則である

$$\Longrightarrow \int_{C_2+C_3} f(z)dz=0 \Longrightarrow \int_{C_2} f(z)dz+\int_{C_3} f(z)dz=0.$$

(c)　$C=C_1+C_2$ だから,
$$\int_C f(z)\,dz=\int_{C_1} f(z)\,dz+\int_{C_2} f(z)\,dz=\int_{C_3} f(z)\,dz-\int_{C_3} f(z)\,dz=0.$$

4-28　$\left(\dfrac{1}{n+1}z^{n+1}\right)'=z^n$, z^n も z^{n+1} も整関数であるから, 積分路 C に関係なく
$$\int_C z^n dz=\left[\dfrac{1}{n+1}z^{n+1}\right]_{z_1}^{z_2}=\dfrac{1}{n+1}(z_2{}^{n+1}-z_1{}^{n+1}).$$

4-29　被積分関数はすべて整関数.

(a)　$\left[\dfrac{1}{\pi}e^{\pi z}\right]_i^{i/2}=\dfrac{1}{\pi}(e^{i\pi/2}-e^{i\pi})=\dfrac{1}{\pi}(i+1)$,

(b)　$\left[2\sin\dfrac{z}{2}\right]_0^{\pi+2i}=2\left\{\sin\left(\dfrac{\pi}{2}+i\right)-0\right\}=2\cos i=e^{-1}+e$,

(c)　$\left[\dfrac{1}{4}(z-2)^4\right]_1^3=\dfrac{1}{4}\{1^4-(-1)^4\}=0$.

4-30　$\int_C (z-z_0)^n dz=\left[\dfrac{1}{n+1}(z-z_0)^{n+1}\right]_{z_1}^{z_1}=0 \quad (z_1\neq z_0)$

4-31　(a)　$\left[\mathrm{Log}\,r+i\theta\right]_{-2i}^{2i}=\left(\mathrm{Log}\,2+i\cdot\dfrac{\pi}{2}\right)-\left(\mathrm{Log}\,2+i\cdot\dfrac{3\pi}{2}\right)=-\pi i$,

(b)　$\int_C \dfrac{dz}{z}=(例3)-(\mathrm{a})=\pi i-(-\pi i)=2\pi i \quad ((\mathrm{a})$ は負の向きをもつ$)$.

4-32　$z^{i+1}=\exp\{(i+1)(\mathrm{Log}|z|+i\arg z)\}\;(-\pi/2<\arg z<3\pi/2)$ と分枝を定めると,
$$\int_{-1}^1 z^i dz=\left[\dfrac{1}{i+1}z^{i+1}\right]_{-1}^1$$
$$=\dfrac{1-i}{2}\Big[\exp\{(i+1)(\mathrm{Log}\,1+i0)\}-\exp\{(i+1)(\mathrm{Log}\,1+i\pi)\}\Big]$$
$$=\dfrac{1-i}{2}(1+e^{-\pi}).$$

4-33　(a)　$=2\pi i\left[e^{-z}\right]_{z=\pi i/2}=2\pi i e^{-\pi i/2}=2\pi \quad (|\pi i/2|<2)$,

(b)　$=\int_C \dfrac{\cos z/(z^2+8)}{z-0}dz=2\pi i\left[\dfrac{\cos z}{z^2+8}\right]_{z=0}=\dfrac{\pi i}{4} \quad (|\sqrt{-8}|>2)$,

(c) $\quad =\int_C \frac{z/2}{z+1/2}dz = 2\pi i\left[\frac{z}{2}\right]_{z=-1/2} = \frac{-\pi i}{2} \quad \left(\left|-\frac{1}{2}\right|<2\right),$

(d) $\quad =2\pi i\left[\left(\tan\frac{z}{2}\right)'\right]_{z=x_0} = 2\pi i\left[\frac{1}{2}\sec^2\frac{z}{2}\right]_{z=x_0} = \pi i\sec^2\frac{x_0}{2},$

(e) $\quad =\frac{2\pi i}{3!}[(\cosh z)''']_{z=0} = 0.$

4-34 (a) $\quad =\int_C \frac{(z+2i)^{-1}}{z-2i}dz = 2\pi i[(z+2i)^{-1}]_{z=2i} = \frac{\pi}{2} \quad (2i\text{ は }C\text{ 内にある}),$

(b) $\quad =\int_C \frac{(z+2i)^{-3}}{(z-2i)^3}dz = \frac{2\pi i}{2!}\left[\{(z+2i)^{-3}\}''\right]_{z=2i} = \frac{3\pi}{256},$

(c) $\quad =\int_C \frac{e^{-z}\sin z}{(z-0)^2}dz = 2\pi i\left[(e^{-z}\sin z)'\right]_{z=0} = 2\pi i \quad (0\text{ は }C\text{ 内にある}).$

4-35 (a) $\quad g(2) = \int_C \frac{2s^2-s-2}{s-2}ds = 2\pi i[2s^2-s-2]_{s=2} = 8\pi i \quad (2\text{ は }C\text{ 内にある}),$

(b) $\quad g(z) = 0 \quad (|z|>3\text{ のとき, 被積分関数は }C\text{ の上と内部で正則}).$

4-36 z が C 内にある場合: $g(z) = \frac{2\pi i}{2!}\left[(s^3+2s)''\right]_{s=z} = \pi i[6s]_{s=z} = 6\pi iz.$

z が C の外にある場合: 特異点は $s=z$ で, これは C の外にあるから, 被積分関数は C の上と内部で正則.

4-37 コーシーの積分公式(2)から $\int_C \frac{f'(z)}{z-z_0}dz = 2\pi i f'(z_0).$

(4)から $\int_C \frac{f(z)}{(z-z_0)^2}dz = 2\pi i f'(z_0).$

4-38 定理2の証明1°とまったく同じ方法を用いる.

4-39 (a) コーシーの積分公式から, $=\int_C \frac{e^{az}}{z-0}dz = 2\pi i[e^{az}]_{z=0} = 2\pi i.$

(b) $\int_C \frac{e^{az}}{z}dz = \int_{-\pi}^{\pi} \frac{\exp(ae^{i\theta})}{e^{i\theta}}ie^{i\theta}d\theta$

$= i\int_{-\pi}^{\pi}\exp(a\cos\theta + ia\sin\theta)d\theta = i\int_{-\pi}^{\pi}e^{a\cos\theta}e^{ia\sin\theta}d\theta$

$= i\int_{-\pi}^{\pi}e^{a\cos\theta}\{\cos(a\sin\theta) + i\sin(a\sin\theta)\}d\theta$

$= i\int_{-\pi}^{\pi}e^{a\cos\theta}\cos(a\sin\theta)d\theta - \int_{-\pi}^{\pi}e^{a\cos\theta}\sin(a\sin\theta)d\theta$

$= 2i\int_0^{\pi}e^{a\cos\theta}\cos(a\sin\theta)d\theta - 0$

(虚部の被積分関数は偶関数, 実部の被積分関数は奇関数)

$= 2\pi i \quad ((\text{a})\text{から}).$

$\therefore \quad \int_0^{\pi}e^{a\cos\theta}\cos(a\sin\theta)d\theta = \pi.$

4-40 (a) $(z^2-1)^n = z^{2n} - nz^{2n-1} + \dfrac{n(n-1)}{2}z^{2n-2} - \cdots + n(-1)^{n-1}z^2 + (-1)^n$

は $2n$ 次の多項式, これを n 回微分すると, 次数が n 下がるから, $P_n(z)$ は n 次の多項式.

(b) $P_n(z) = \dfrac{1}{n!2^n} \cdot \dfrac{d^n}{dz^n}f(z) = \dfrac{1}{n!2^n} \cdot \dfrac{n!}{2\pi i}\int_C \dfrac{f(s)}{(s-z)^{n+1}}ds$
$= \dfrac{1}{2^{n+1}\pi i}\int_C \dfrac{f(s)}{(s-z)^{n+1}}ds.$ $f(s) = (s^2-1)^n$ とおけばよい.

(c) 被積分関数 $= \dfrac{(s^2-1)^n}{(s-1)^{n+1}} = \dfrac{(s+1)^n(s-1)^n}{(s-1)^{n+1}} = \dfrac{(s+1)^n}{s-1}.$

$P_n(1) = \dfrac{1}{2^{n+1}\pi i}\int_C \dfrac{(s+1)^n}{s-1}ds = \dfrac{1}{2^{n+1}\pi i} \cdot 2\pi i [(s+1)^n]_{s=1} = 1.$

(d) $\dfrac{(s^2-1)^n}{(s+1)^{n+1}} = \dfrac{(s+1)^n(s-1)^n}{(s+1)^{n+1}} = \dfrac{(s-1)^n}{s+1}.$

$\therefore P_n(-1) = \dfrac{1}{2^{n+1}\pi i}\int_C \dfrac{(s-1)^n}{s-(-1)}ds$
$= \dfrac{1}{2^{n+1}\pi i} \cdot 2\pi i [(s-1)^n]_{s=-1} = \dfrac{1}{2^n} \cdot (-2)^n = (-1)^n.$

第5章

5-1 $||z_n| - |z|| \leq |z_n - z| \to 0$ (§1-2 の (21)).

5-2 $\sum_{n=1}^{\infty} z_n = S.$ $\therefore$ $S_N \to S.$ $\therefore$ $\overline{S}_N \to \overline{S}.$ $\therefore$ $\sum_{n=1}^{\infty} \bar{z}_n = \overline{S}.$

5-3 $\sum_{n=1}^{\infty} z_n = S.$ $\therefore$ $S_N \to S.$ $\therefore$ $cS_N \to cS.$ $\therefore$ $\sum_{n=1}^{\infty} cz_n = cS.$

5-4 $S_N \to S,\ T_N \to T.$ $\therefore$ $S_N + T_N \to S + T.$

5-5 $\lim_{n\to\infty} z_n = z \Longrightarrow \varepsilon = 1$ に対して十分大きな n_0 をとると, $n > n_0$ のとき $|z_n - z| < 1 \Longrightarrow |z_n| < 1 + |z|\ (=定数)(n > n_0).$

$z_1, z_2, \cdots, z_{n_0}$ は有限個 $\Longrightarrow |z_1|, |z_2|, \cdots, |z_{n_0}|$ には最大値 m がある.

$\max(1+|z|, m) = M$ とおけばよい.

5-6 $e^z = e^{1+(z-1)} = e \cdot e^{z-1} = e\sum_{n=0}^{\infty} \dfrac{(z-1)^n}{n!}$ $\left(e^z = \sum_{n=0}^{\infty} \dfrac{z^n}{n!}\ \text{の}\ z\ \text{は任意でよいから}\right).$

5-7 $\dfrac{e^{iz} - e^{-iz}}{2i} = \dfrac{1}{2i}\left(\sum_{n=0}^{\infty} \dfrac{(iz)^n}{n!} - \sum_{n=0}^{\infty} \dfrac{(-iz)^n}{n!}\right) = \dfrac{1}{2i}\sum_{n=0}^{\infty} \dfrac{(iz)^n - (-iz)^n}{n!}$

$= \dfrac{1}{2i}\left\{\dfrac{1-1}{0!} + \dfrac{(iz)-(-iz)}{1!} + \dfrac{(iz)^2 - (-iz)^2}{2!} + \dfrac{(iz)^3 - (-iz)^3}{3!}\right.$

$$+\frac{(iz)^4-(-iz)^4}{4!}+\frac{(iz)^5-(-iz)^5}{5!}+\cdots\}$$
$$=\frac{1}{2i}\left(\frac{2iz}{1!}-\frac{2iz^3}{3!}+\frac{2iz^5}{5!}-\cdots\right)=z-\frac{z^3}{3!}+\frac{z^5}{5!}-\cdots=\sum_{n=0}^{\infty}\frac{(-1)^n z^{2n+1}}{(2n+1)!}$$

5-8 $z-\pi/2=y$ とおくと,
$$\cos z=\cos\left(y+\frac{\pi}{2}\right)=-\sin y=-\sum_{n=0}^{\infty}\frac{(-1)^n y^{2n+1}}{(2n+1)!}$$
$$=\sum_{n=0}^{\infty}\frac{(-1)^{n+1}(z-\pi/2)^{2n+1}}{(2n+1)!}.$$

5-9 $z-\pi i=y$ とおくと,
$$\sinh z=\sinh(y+\pi i)=(e^{y+\pi i}-e^{-y-\pi i})/2$$
$$=-(e^y-e^{-y})/2=-\sinh y=-\sum_{n=0}^{\infty}\frac{y^{2n+1}}{(2n+1)!}$$
$$=-\sum_{n=0}^{\infty}\frac{(z-\pi i)^{2n+1}}{(2n+1)!}.$$

5-10 (a) $f^{(n)}(z)=0$ (n：奇数), $=f(z)$ (n：偶数) $\Longrightarrow f^{(n)}(0)=0$ (n：奇数),
$=1$ (n：偶数). $\therefore f(z)=\sum_{n=0}^{\infty}\frac{1}{(2n)!}z^{2n}$.

(b) $\cosh z=\cos(iz)=\sum_{n=0}^{\infty}(-1)^n\frac{(iz)^{2n}}{(2n)!}=\sum_{n=0}^{\infty}\frac{(-1)^n(i^2)^n z^{2n}}{(2n)!}$
$$=\sum_{n=0}^{\infty}\frac{(-1)^n(-1)^n z^{2n}}{(2n)!}=\sum_{n=0}^{\infty}\frac{(-1)^{2n}z^{2n}}{(2n)!}=\sum_{n=0}^{\infty}\frac{z^{2n}}{(2n)!}.$$

5-11 (a) $f(z)=z^{-2}$, $f'(z)=-2z^{-3}$, $f''(z)=(-2)(-3)z^{-4}=2\cdot 3z^{-4}$,
$f'''(z)=-2\cdot 3\cdot 4z^{-5}$, $f^{(4)}=2\cdot 3\cdot 4\cdot 5z^{-6}$, $\cdots$,
$f^{(n)}(z)=(-1)^n(n+1)!z^{-(n+2)}$
$\Longrightarrow f^{(n)}(-1)=(n+1)!$
$$\therefore f(z)=\sum_{n=0}^{\infty}\frac{(n+1)!}{n!}(z+1)^n=\sum_{n=0}^{\infty}(n+1)(z+1)^n.$$
($z=0$ は特異点だから, z は $z=0$ を含まない $|z+1|<1$ の範囲).

(b) $f^{(n)}(2)=(-1)^n(n+1)!2^{-n-2}$.
$$\therefore f(z)=\sum_{n=0}^{\infty}\frac{(-1)^n(n+1)!}{n!}\frac{1}{2^2\cdot 2^n}(z-2)^n$$
$$=\frac{1}{4}\sum_{n=0}^{\infty}(-1)^n(n+1)\left(\frac{z-2}{2}\right)^n.$$
($z=0$ は特異点だから, $z=0$ を含まない $|z-2|<2$ の範囲).

5-12 $0<|z|<4$ のとき $0<|z/4|<1$,

$$\frac{1}{4z-z^2}=\frac{1}{4z}\frac{1}{1-z/4}=\frac{1}{4z}\sum_{n=0}^{\infty}\left(\frac{z}{4}\right)^n$$
$$=\frac{1}{4z}\left\{1+\frac{z}{4}+\left(\frac{z}{4}\right)^2+\left(\frac{z}{4}\right)^3+\left(\frac{z}{4}\right)^4+\cdots\right\}$$
$$=\frac{1}{4z}+\frac{1}{4^2}+\frac{z}{4^3}+\frac{z^2}{4^4}+\frac{z^3}{4^5}+\cdots=\frac{1}{4z}+\sum_{n=0}^{\infty}\frac{z^n}{4^{n+2}}.$$

5-13 $1<|z|<\infty$ より $0<|1/z|<1$.
$$\frac{1}{1+z}=\frac{1}{z}\frac{1}{1+1/z}=\frac{1}{z}\sum_{n=0}^{\infty}\left(-\frac{1}{z}\right)^n$$
$$=\frac{1}{z}\left(1-\frac{1}{z}+\frac{1}{z^2}-\frac{1}{z^3}+\cdots\right)=\sum_{n=1}^{\infty}\frac{(-1)^{n+1}}{z^n}.$$

5-14 $\frac{1}{z^4}\sin(z^2)=\frac{1}{z^4}\left(z^2-\frac{(z^2)^3}{3!}+\frac{(z^2)^5}{5!}-\frac{(z^2)^7}{7!}+\cdots\right)$
$$=\frac{1}{z^4}\left(z^2-\frac{z^6}{3!}+\frac{z^{10}}{5!}-\frac{z^{14}}{7!}+\cdots\right)=\frac{1}{z^2}-\frac{z^2}{3!}+\cdots.$$

($\sin z$ のマクローリン級数は，任意の z ($\neq\infty$) に対して成り立つから，z の代わりに z^2 を代入しても成り立つ(§5-4 の例3を参照せよ).)

5-15 $z-1=t$ とおくと，$z=1+t$. $0<t<2$ より $0<t/2<1$. 部分分数分解して，
$$\frac{z}{(z-1)(z-3)}=\frac{t+1}{t(t-2)}=-\frac{1}{2t}+\frac{3}{2}\frac{1}{t-2}$$
$$=-\frac{1}{2t}+\frac{3}{2}\frac{1}{-2(1-t/2)}=-\frac{1}{2t}-\frac{3}{2^2}\frac{1}{1-t/2}$$
$$=-\frac{1}{2t}-\frac{3}{2^2}\sum_{n=0}^{\infty}\left(\frac{t}{2}\right)^n=-\frac{1}{2t}-3\sum_{n=0}^{\infty}\frac{t^n}{2^{n+2}}$$
$$=-\frac{1}{2(z-1)}-3\sum_{n=0}^{\infty}\frac{(z-1)^n}{2^{n+2}}.$$

5-16 $z+3=y$ とおくと，
$$1/z=1/(y-3)=-\frac{1}{3}\frac{1}{1-y/3}=-\frac{1}{3}\sum_{n=0}^{\infty}\left(\frac{y}{3}\right)^n=-\sum_{n=0}^{\infty}\frac{(z+3)^n}{3^{n+1}}.$$
$$\frac{1}{z^2}=\sum_{n=0}^{\infty}\frac{(n+1)(z+3)^n}{3^{n+2}}.$$

収束円は $|z+3|<3$ ($|y/3|<1$ から求める).

5-17 $\int_C\frac{1}{w}dw=\sum_{n=0}^{\infty}(-1)^n\int_C(w-1)^ndw$
$$\Longrightarrow \mathrm{Log}\,z=\sum_{n=0}^{\infty}(-1)^n\frac{1}{n+1}(z-1)^{n+1}=\sum_{n=1}^{\infty}\frac{(-1)^{n+1}}{n}(z-1)^n.$$

($z=0$ は $\mathrm{Log}\,z$ の特異点だから，収束円は $|z-1|<1$. なお，§4-6 を参照せよ.)

5-18 前問から，

練習問題の解答　263

$$\frac{\operatorname{Log} z}{z-1} = \sum_{n=0}^{\infty} \frac{(-1)^n}{n+1}(z-1)^n = 1 - \frac{z-1}{2} + \frac{(z-1)^2}{3} - \cdots$$

$\Longrightarrow f(z)$ は $z=1$ で正則.

また，$\operatorname{Log} z$ は $|z|>0, -\pi < \operatorname{Arg} z < \pi$ で1価正則である $\Longrightarrow f(z)$ は $|z|>0, -\pi < \operatorname{Arg} z < \pi$ で正則．

5-19　$\dfrac{1}{z}(e^{cz}-1) = \dfrac{1}{z}\left(\sum_{n=0}^{\infty} \dfrac{(cz)^n}{n!} - 1\right) = \dfrac{1}{z}\sum_{n=1}^{\infty} \dfrac{(cz)^n}{n!} = c + \dfrac{cz^2}{2!} + \dfrac{c^2 z^3}{3!} + \cdots$

より，$f(z)$ は $z=0$ で正則でその値は $f(0)=c$．$z \neq 0$ では $e^{cz}, 1/z$ は正則だから，$f(z)$ はすべての z で正則．よって，$f(z)$ は整関数．

5-20　$f(z) = f(z_0) + f'(z_0)(z-z_0) + \dfrac{f''(z_0)}{2!}(z-z_0)^2 + \dfrac{f'''(z_0)}{3!}(z-z_0)^3 + \cdots$,

$f(z_0)=0$．

$\therefore \dfrac{f(z)}{z-z_0} = f'(z_0) + \dfrac{f''(z_0)}{2!}(z-z_0) + \dfrac{f'''(z_0)}{3!}(z-z_0)^2 + \cdots \to f'(z_0) \ (z \to z_0)$．

5-21　$f(z), g(z)$ はともに z_0 で正則，$f(z_0) = g(z_0) = 0$ であるから，前問より

$$\lim_{z \to z_0} \frac{f(z)}{g(z)} = \lim_{z \to z_0} \frac{f(z)/(z-z_0)}{g(z)/(z-z_0)} = \frac{f'(z_0)}{g'(z_0)}.$$

5-22　z^{4n+2} の係数 $= \dfrac{1}{n!} f^{(4n+2)}(0) = \dfrac{(-1)^n}{(2n+1)!} \ (n=0, 1, 2, \cdots)$ より $f^{(4n+2)}(0) = \dfrac{(-1)^n n!}{(2n+1)!}$ 以外はすべて 0．

5-23　項別積分して，

$$\int_C \frac{dz}{z^2 \sinh z} = \int_C \frac{dz}{z^2} - \frac{1}{6}\int_C \frac{dz}{z} + \frac{7}{360}\int_C z\, dz + \cdots$$

$$= -\frac{1}{6}\int_C \frac{dz}{z} = -\frac{1}{6} \cdot 2\pi i = -\frac{1}{3}\pi i.$$

5-24　§5-2 の例3から，$\cosh z = \sum_{n=0}^{\infty} \dfrac{z^{2n}}{(2n)!}$．これに z^2 を代入して，

$\cosh(z^2) = \sum_{n=0}^{\infty} \dfrac{z^{4n}}{(2n)!}$．これに z を掛ければよい．

5-25　(a)　$f(z) = 1 - \dfrac{2}{1-z} = 1 - 2\sum_{n=0}^{\infty} z^n = -1 - 2\sum_{n=1}^{\infty} z^n \quad (|z|<1)$.

(b)　$f(z) = -1 + \dfrac{2}{1-1/z} = -1 + 2\sum_{n=0}^{\infty} \left(\dfrac{1}{z}\right)^n = 1 + 2\sum_{n=1}^{\infty} \dfrac{1}{z^n}$.

5-26　(a)　$f(z) = \dfrac{1}{z} - \dfrac{1}{z^2} = \dfrac{1}{z} + \left(\dfrac{1}{z}\right)'$

$$= \sum_{n=0}^{\infty} (-1)^n (z-1)^n + \left\{\sum_{n=0}^{\infty} (-1)^n (z-1)^n\right\}'$$

$$= \sum_{n=1}^{\infty}(-1)^{n+1}n(z-1)^n \quad (|z-1|<1). \quad (\S 5\text{-}2 \text{ の例 7 を用いる。})$$

(b) $z-1=y$ とおくと，
$$\frac{1}{z}=\frac{1}{1+y}=\frac{1}{y}\frac{1}{1+1/y}=\sum_{n=0}^{\infty}\frac{(-1)^n}{y^{n+1}}.$$
$$\therefore f(z)=\frac{1}{z}-\frac{1}{z^2}=\frac{1}{z}+\left(\frac{1}{z}\right)'$$
$$=\sum_{n=0}^{\infty}\frac{(-1)^n}{y^{n+1}}+\left(\sum_{n=0}^{\infty}\frac{(-1)^n}{y^{n+1}}\right)'=\sum_{n=1}^{\infty}\frac{(-1)^{n+1}n}{y^n}$$
$$=\sum_{n=1}^{\infty}\frac{(-1)^{n+1}n}{(z-1)^n}.$$

5-27 §5-2 の例 3 から，
$$\frac{\sinh z}{z^2}=\sum_{n=0}^{\infty}\frac{z^{2n-1}}{(2n+1)!}=\frac{1}{z}+\sum_{n=1}^{\infty}\frac{z^{2n-1}}{(2n+1)!}=\frac{1}{z}+\sum_{n=0}^{\infty}\frac{z^{2n+1}}{(2n+3)!}.$$
z^2 で割ったから，$0<|z|<\infty$.

5-28 $0<|z|<1$ で， $f(z)=\dfrac{1}{z^2}+\dfrac{1}{z}+\dfrac{1}{1-z}=\dfrac{1}{z^2}+\dfrac{1}{z}+\sum_{n=0}^{\infty}z^n.$

$1<|z|<\infty$ で， $f(z)=-\dfrac{1}{z^3}\cdot\dfrac{1}{1-1/z}=-\dfrac{1}{z^3}\sum_{n=0}^{\infty}\dfrac{1}{z^n}=-\sum_{n=3}^{\infty}\dfrac{1}{z^n}$

($f(z)$ の特異点は $z=0,1$ の 2 つ)．

5-29 $0<|z|<1$ で， $f(z)=\dfrac{1}{z}\cdot\dfrac{1}{1+z^2}=\dfrac{1}{z}\sum_{n=0}^{\infty}(-z^2)^n=\dfrac{1}{z}+\sum_{n=0}^{\infty}(-1)^{n+1}z^{2n+1}.$

$1<|z|<\infty$ で，$f(z)=\dfrac{1}{z^3}\cdot\dfrac{1}{1+1/z^2}=\dfrac{1}{z^3}\sum_{n=0}^{\infty}\left(-\dfrac{1}{z^2}\right)^n=\sum_{n=0}^{\infty}\dfrac{(-1)^n}{z^{2n+3}}$

($f(z)$ の特異点は $z=0,\pm i$)

5-30
$$\frac{e^z}{z(z^2+1)}=\frac{1}{z}\cdot e^z\cdot\frac{1}{1+z^2}=\frac{1}{z}\left(\sum_{n=0}^{\infty}\frac{z^n}{n!}\right)\left(\sum_{n=0}^{\infty}(-z^2)^n\right)$$
$$=\frac{1}{z}\left(1+z+\frac{z^2}{2!}+\frac{z^3}{3!}+\cdots\right)(1-z^2+z^4-\cdots)$$
$$=\frac{1}{z}\left(1+z-\frac{1}{2}z^2-\frac{5}{6}z^3+\frac{1}{2}z^4+\cdots\right)$$
$$=\frac{1}{z}+1-\frac{1}{2}z-\frac{5}{6}z^2+\frac{1}{2}z^3+\cdots$$

$\left(\dfrac{1}{z}\right.$ があるから $z\neq 0$，$\dfrac{1}{1+z^2}$ の展開式をつくるときに $|z^2|<1$. よって，$0<|z|<1$.$\left.\right)$

5-31 (a) cosec $z=1/\sin z=1/(z-z^3/3!+z^5/5!-\cdots)=(d_0+d_1z+d_2z^2+\cdots)/z$
$=1/z\{1-(z^2/3!-z^4/5!+\cdots)\}$

$$1 = \left(1 - \frac{z^2}{3!} + \frac{z^4}{5!} - \cdots\right)(d_0 + d_1 z + d_2 z^2 + d_3 z^3 + d_4 z^4 + \cdots)$$
$$= d_0 + d_1 z + \left(d_2 - \frac{d_0}{3!}\right)z^2 + \left(d_3 - \frac{d_1}{3!}\right)z^3 + \left(d_4 - \frac{d_2}{3!} + \frac{d_0}{5!}\right)z^4 + \cdots.$$
$$\therefore \quad d_0 = 1, \quad d_1 = 0, \quad d_2 = \frac{1}{3!}, \quad d_3 = 0, \quad d_4 = \frac{1}{(3!)^2} - \frac{1}{5!}, \quad \cdots.$$
$$\therefore \quad \operatorname{cosec} z = \frac{1}{z} + \frac{1}{3!}z + \left(\frac{1}{(3!)^2} - \frac{1}{5!}\right)z^3 + \cdots.$$

$\sin z$ の零点は，$z = n\pi$ ($n = 0, \pm 1, \pm 2, \cdots$) だから，収束する範囲は $0 < |z| < \pi$.

(b) $\quad e^z - 1 = \sum_{n=0}^{\infty} \frac{z^n}{n!} - 1 = z + \frac{z^2}{2!} + \frac{z^3}{3!} + \frac{z^4}{4!} + \frac{z^5}{5!} + \cdots.$

$\therefore \quad 1/(e^z - 1) = 1/z(1 + z/2! + z^2/3! + z^3/4! + z^4/5! + \cdots).$

$\therefore \quad \left(1 + \frac{z}{2!} + \frac{z^2}{3!} + \frac{z^3}{4!} + \frac{z^4}{5!} + \cdots\right)(d_0 + d_1 z + d_2 z^2 + d_3 z^3 + d_4 z^4 + \cdots)$
$\qquad = 1.$

$\therefore \quad d_0 = 1, \quad d_1 + \frac{d_0}{2!} = d_2 + \frac{d_1}{2!} + \frac{d_0}{3!} = d_3 + \frac{d_2}{2!} + \frac{d_1}{3!} + \frac{d_0}{4!}$
$\qquad\qquad = d_4 + \frac{d_3}{2!} + \frac{d_2}{3!} + \frac{d_1}{4!} + \frac{d_0}{5!} = \cdots = 0.$

$\therefore \quad d_0 = 1, \quad d_1 = -\frac{1}{2}, \quad d_2 = \frac{1}{12}, \quad d_3 = 0, \quad d_4 = -\frac{1}{720}, \quad \cdots.$

$\therefore \quad 1/(1 + z/2! + z^2/3! + \cdots) = 1 - \frac{1}{2}z + \frac{1}{12}z^2 - \frac{1}{720}z^4 + \cdots.$

$\therefore \quad \frac{1}{e^z - 1} = \frac{1}{z} - \frac{1}{2} + \frac{z}{12} - \frac{z^3}{720} + \cdots.$

$e^z - 1$ の零点は $z = 2n\pi i$ だから，収束する範囲は $0 < |z| < 2\pi$.

5-32 $\quad \dfrac{a}{z-a} = \dfrac{a}{z} \cdot \dfrac{1}{1-a/z} = \dfrac{a}{z}\sum_{n=0}^{\infty}\left(\dfrac{a}{z}\right)^n = \sum_{n=1}^{\infty}\dfrac{a^n}{z^n}$
$\qquad = \sum_{n=1}^{\infty} a^n e^{-in\theta} = \sum_{n=1}^{\infty}(a^n \cos n\theta - i a^n \sin n\theta).$

$\dfrac{a}{z-a} = \dfrac{a}{e^{i\theta} - a} = \dfrac{a}{(\cos\theta - a) + i\sin\theta} = \dfrac{a\cos\theta - a^2 - ia\sin\theta}{1 - 2a\cos\theta + a^2}.$

実部，虚部を比較せよ.

第 6 章

6-1 (a) 0, $\sum_{n=1}^{\infty} \dfrac{1}{(n+1)!} \dfrac{1}{z^n}$, 真性特異点, $\dfrac{1}{2}$ （b） -1, $\dfrac{1}{z+1}$, 1 位の極, 1

(c) 0, なし, 除ける特異点, 0　　(d) 0, $\frac{1}{z}$, 1位の極, 1

(e) 2, $\frac{1}{(2-z)^3}$, 3位の極, 0

6-2 (a) $z_0=0$, $m=1$, $R(0)=-\frac{1}{2}$

$$\left((1-\cosh z)/z^3 = \left(1-\sum_{n=0}^{\infty}\frac{z^{2n}}{(2n)!}\right)\Big/z^3 = -\frac{1}{2!}\frac{1}{z}-\frac{z}{4!}-\frac{z^3}{6!}-\cdots\right)$$

(b) $z_0=0$, $m=3$, $R(0)=-\frac{4}{3}$

$$\left((1-e^{2z})/z^4 = \left(1-\sum_{n=0}^{\infty}\frac{(2z)^n}{n!}\right)\Big/z^4 = -\frac{2}{z^3}-\frac{2}{z^2}-\frac{4}{3}\frac{1}{z}-\frac{2}{3}-\frac{4}{15}z-\cdots\right)$$

(c) $z_0=1$, $m=2$, $R(1)=2e^2$

$$\left(\frac{e^{2z}}{(z-1)^2} = \frac{e^2\cdot e^{2(z-1)}}{(z-1)^2} = e^2\cdot\frac{1}{(z-1)^2}\sum_{n=0}^{\infty}\frac{2^n(z-1)^n}{n!}\right.$$
$$\left.= \frac{e^2}{(z-1)^2}+\frac{2e^2}{z-1}+2e^2+\frac{4e^2}{3}(z-1)+\cdots\right)$$

6-3 (a) 1　$\left(\frac{1}{z(z+1)}=\frac{1}{z}-1+z-z^2+\cdots\right)$

(b) $-\frac{1}{2}$　$\left(z\cos\frac{1}{z}=z-\frac{1}{2!}\frac{1}{z}+\frac{1}{4!}\frac{1}{z^3}-\cdots\right)$

(c) 0　$\left(\frac{z-\sin z}{z}=\left(z-\sum_{n=0}^{\infty}\frac{(-1)^n z^{2n+1}}{(2n+1)!}\right)\Big/z=\left(\frac{z^3}{3!}-\frac{z^5}{5!}+\cdots\right)\Big/z\right.$
$$\left.=\frac{z^2}{3!}-\frac{z^4}{5!}+\cdots\right)$$

(d) $-\frac{1}{3}$　$\left(\frac{\cot z}{z^2}=\frac{1}{z^3}-\frac{1}{3}\frac{1}{z}-\frac{z}{45}-\cdots\right)$

(e) $\frac{7}{6}$　$\left(\frac{\sinh z}{z^4(1-z^2)}=\frac{1}{z^4}\left(\sum_{n=0}^{\infty}\frac{z^{2n+1}}{(2n+1)!}\right)(1+z^2+z^4+\cdots)\right.$
$$\left.=\frac{1}{z^3}+\frac{7}{6}\frac{1}{z}+\frac{7}{6}z+\cdots\right)$$

6-4 (a) $-2\pi i$　$\left(R(0)=-1, \frac{e^{-z}}{z^2}=\frac{1}{z^2}-\frac{1}{z}+\frac{1}{2!}-\frac{z^2}{3!}+\cdots\right)$

(b) $\frac{\pi i}{3}$　$\left(R(0)=\frac{1}{6}, z^2 e^{1/z}=z^2+z+\frac{1}{2!}+\frac{1}{3!}\frac{1}{z}+\frac{1}{4!}\frac{1}{z^2}+\cdots\right)$

(c) $2\pi i$　$\left(R(0)=-\frac{1}{2}, R(2)=\frac{3}{2}.\right.$
$$\left.\frac{1+z}{z(z-2)}=-\frac{1}{2}\frac{1}{z}-\frac{3}{4}-\frac{3}{8}z-\frac{3}{16}z^2-\cdots,\right.$$

練習問題の解答　*267*

$$\frac{1+z}{z(z-2)}=\frac{z-2+3}{(z-2+2)(z-2)}$$
$$=\frac{3}{2}\frac{1}{z-2}-\frac{1}{4}+\frac{1}{8}(z-2)-\frac{1}{16}(z-2)^2+\cdots)$$

6-5 (a) 特異点を z_j $(j=1, 2, \cdots, n)$，z_j を正方向に回る円を C_j (C, C_j は互いに交わらない) とすると，コーシー・グルサの定理により

$$\int_C f(z)\,dz=\sum_{j=1}^n\int_{C_j}f(z)\,dz=2\pi i\sum_{j=1}^n R(z_j)\quad(\text{留数定理}).$$

$$\therefore\quad b_1=\frac{1}{2\pi i}\int_C f(z)\,dz.$$

(b) $\dfrac{5z-2}{z(z-1)}=\left(\dfrac{5}{z}-\dfrac{2}{z^2}\right)\dfrac{1}{1-1/z}=\dfrac{5}{z}+\dfrac{3}{z^2}+\dfrac{3}{z^3}+\cdots.$

$$\therefore\quad b_1=5.\quad\therefore\quad\int_C\frac{5z-2}{z(z-1)}\,dz=2\pi i b_1=10\pi i.$$

6-6 (a) $-2\pi i$　(特異点は $1, \omega, \omega^2$ で C 内にある.

$$\frac{z^5}{1-z^3}=-\frac{z^2}{1-1/z^3}=-z^2\left(1+\frac{1}{z^3}+\frac{1}{z^6}+\frac{1}{z^9}+\cdots\right)$$
$$=-z^2-\frac{1}{z}-\frac{1}{z^4}-\frac{1}{z^7}-\cdots)$$

(b) 0　(特異点は $\pm i$ で C 内にある.

$$\frac{1}{1+z^2}=\frac{1}{z^2(1+1/z^2)}=\frac{1}{z^2}\left(1-\frac{1}{z^2}+\frac{1}{z^4}-\cdots\right)=\frac{1}{z^2}-\frac{1}{z^4}+\frac{1}{z^6}-\cdots)$$

(c) $2\pi i$　(特異点は 0)

6-7 (a) $-1, 1, R(1)=3$　$\left(R(1)=\lim_{z\to 1}(z^2+2)=3\right)$

(b) $-\dfrac{1}{2}, 3, R\left(-\dfrac{1}{2}\right)=-\dfrac{3}{16}$　$\left(R\left(-\dfrac{1}{2}\right)=\dfrac{1}{2!}\lim_{z\to-1/2}\left(\dfrac{z^3}{8}\right)''=-\dfrac{3}{16}\right)$

(c) $n\pi i$ $(n=0, \pm 1, \pm 2, \cdots), 1, R(n\pi i)=1$
$\left(R(n\pi i)=\left[\dfrac{\cosh z}{(\sinh z)'}\right]_{z=n\pi i}=1\right)$

(d) $\pm\pi i, 1, R(\pm\pi i)=\pm\dfrac{i}{2\pi}$　$\left(R(\pm\pi i)=[e^z/2z]_{z=\pm\pi i}=\pm\dfrac{e^{\pm\pi i}}{2\pi i}=\pm\dfrac{i}{2\pi}\right)$

(e) $\dfrac{\pi}{2}+n\pi$ $(n=0, \pm 1, \pm 2, \cdots), 1, R\left(\dfrac{\pi}{2}+n\pi\right)=(-1)^{n+1}\left(\dfrac{1}{2}+n\right)\pi$
$\left(R\left(\dfrac{\pi}{2}+n\pi\right)=\left[\dfrac{z}{(\cos z)'}\right]_{z=\pi/2+n\pi}\right)$

(f) $-1, 1, R(-1)=(1+i)/\sqrt{2}$　$(R(-1)=(-1)^{1/4}=(e^{\pi i})^{1/4}=e^{\pi i/4})$

6-8 (a) $\operatorname{cosec} z = \dfrac{1}{z} + \dfrac{1}{3!}z + \left\{\dfrac{1}{(3!)^2} - \dfrac{1}{5!}\right\}z^3 + \cdots \quad (0 < |z| < \pi)$

(b) $R(0) = \left[\dfrac{1}{(\sin z)'}\right]_{z=0} = 1 \quad \left(\lim_{z \to 0} z \operatorname{cosec} z = \lim_{z \to 0} \dfrac{z}{\sin z} = 1.\right.$
$\left.\therefore \operatorname{cosec} z \fallingdotseq \dfrac{1}{z} \quad (|z| \fallingdotseq 0)\right)$

6-9 (a) $\pi i \quad \left(C\text{ 内の特異点は 1 で位数は 1．} R(1) = \lim_{z \to 1} \dfrac{3z^3 + 2}{z^2 + 9} = \dfrac{1}{2}\right)$

(b) $6\pi i \quad \left(C\text{ 内の特異点は 1，} \pm 3i \text{ で位数はそれぞれ 1．} R(3i) + R(-3i)\right.$
$\left. = \dfrac{-3 \cdot 27i + 2}{(3i-1) \cdot 6i} + \dfrac{3 \cdot 27i + 2}{(3i+1) \cdot 6i} = \dfrac{5}{2}\right)$

6-10 (a) $\dfrac{\pi i}{32} \quad \left(C\text{ 内にある特異点は 0 で位数は 3．} R(0) = \dfrac{1}{64}\right)$

(b) $0 \quad \left(C\text{ 内にある特異点は 0 と } -4. \ R(0) = \dfrac{1}{64}, \ R(-4) = -\dfrac{1}{64}\right)$

6-11 (a) $-4\pi i \quad \left(C\text{ 内にある特異点は } \pm\dfrac{\pi}{2}. \ \lim_{z \to \pi/2}\left(z - \dfrac{\pi}{2}\right)\tan z = -1 \text{ より}\right.$
$z = \pm\dfrac{\pi}{2}$ は 1 位の極で留数は -1．
または，$\left. R\left(\pm\dfrac{\pi}{2}\right) = \left[\dfrac{\sin z}{(\cos z)'}\right]_{z=\pm\pi/2} = -1\right)$

(b) $-\pi i \quad \left(C\text{ 内の特異点は } 0, \pm\dfrac{\pi}{2}i \text{ で位数はそれぞれ 1．} R(0) = \right.$
$\left[\dfrac{1}{(\sinh 2z)'}\right]_{z=0} = \left[\dfrac{1}{2\cosh 2z}\right]_{z=0} = \dfrac{1}{2}, \ R\left(\pm\dfrac{\pi}{2}i\right) = \left[\dfrac{1}{2\cosh 2z}\right]_{z=\pm\pi i/2}$
$\left. = -1.\right)$

6-12 C 内の特異点は $(\pm\sqrt{3} + i)/\sqrt{2}$ で位数は 1．$\{(z^2-1)^2 + 3\}' = 4z(z^2-1)$．
$\therefore R\left(\dfrac{\sqrt{3}+i}{\sqrt{2}}\right) = \dfrac{\sqrt{2}}{4\sqrt{3}}\dfrac{1}{\sqrt{3}i - 1}, \quad R\left(\dfrac{-\sqrt{3}+i}{\sqrt{2}}\right) = \dfrac{\sqrt{2}}{4\sqrt{3}}\dfrac{1}{\sqrt{3}i + 1}.$

6-13 $f(z) = (z - z_0)^m g(z), \ g(z)$ は D で正則かつ $g(z_0) \neq 0$
$\therefore f'(z)/f(z) = m/(z - z_0) + g'(z)/g(z).$
$\therefore \displaystyle\int_C \dfrac{f'(z)}{f(z)} dz = m \int_C \dfrac{dz}{z - z_0} + \int_C \dfrac{g'(z)}{g(z)} dz = m \cdot 2\pi i$
($g'(z)$ は D で正則，$f(z)$ は z_0 以外に零点をもたないから D で $g(z) \neq 0$．よって，$g'(z)/g(z)$ は極をもたない．)

6-14 (a) $\dfrac{\pi}{2\sqrt{2}} \quad \left((6), (7) \text{ を用いる．} \displaystyle\int_0^\infty \dfrac{dx}{x^4+1} = \dfrac{1}{2}\int_{-\infty}^\infty \dfrac{dx}{x^4+1} = \dfrac{1}{2} \cdot 2\pi i \{R(e^{(\pi/4)i})\right.$

$+R(e^{(3/4)\pi i})\} = \dfrac{\pi i}{4}\Big(\dfrac{-1-i}{\sqrt{2}}+\dfrac{1-i}{\sqrt{2}}\Big)=\dfrac{\pi}{2\sqrt{2}}.$ $z^4+1=0$ の根は $z=e^{\pm(\pi/4)i}$, $e^{\pm(3/4)\pi i}$. 上半平面にある特異点は $e^{(\pi/4)i}$, $e^{(3/4)\pi i}$. $R(e^{\pi i/4})=[1/(z^4+1)']_{z=e^{\pi i/4}}=1/4e^{(3/4)\pi i}=(-1-i)/4\sqrt{2}$, $R(e^{(3/4)\pi i})=1/4e^{\pi i/4}=(1-i)/4\sqrt{2}$.)

(b) $\dfrac{\pi}{6}$ ((6), (7) を用いる. $\displaystyle\int_0^\infty\dfrac{x^2}{x^6+1}dx=\dfrac{1}{2}\int_{-\infty}^\infty\dfrac{x^2}{x^6+1}dx$
$=\dfrac{1}{2}\cdot 2\pi i\{R(e^{\pi i/6})+R(e^{\pi i/2})+R(e^{(5/6)\pi i})\}=\pi i\Big(-\dfrac{i}{6}+\dfrac{i}{6}-\dfrac{i}{6}\Big)=\dfrac{\pi}{6}.$
$R(e^{\pi i/6})=[z^2/(z^6+1)']_{z=e^{\pi i/6}}=1/6e^{\pi i/2}=1/6i=-i/6.)$

(c) $\dfrac{\pi}{4}$ ((6), (7) を用いる. $\displaystyle\int_0^\infty\dfrac{dx}{(x^2+1)^2}=\dfrac{1}{2}\int_{-\infty}^\infty\dfrac{dx}{(x^2+1)^2}=\dfrac{1}{2}\cdot 2\pi i R(i)$
$=\pi i[\{(z+i)^{-2}\}']_{z=i}=\pi i\cdot\dfrac{-i}{4}=\dfrac{\pi}{4}.)$

(d) $\dfrac{\pi}{10}$ ((6), (7) を用いる. $\displaystyle\int_0^\infty\dfrac{x^2}{(x^2+9)(x^2+4)}dx$
$=\dfrac{1}{2}\int_{-\infty}^\infty\dfrac{x^2}{(x^2+9)(x^2+4)}dx=\dfrac{1}{2}\cdot 2\pi i\{R(2i)+R(3i)\}=\pi i\Big(\dfrac{2}{10}i+\dfrac{-3}{10}i\Big)$
$=\dfrac{\pi}{10}.)$

(e) $\dfrac{\pi}{100}$ ((6), (7) を用いる. $\displaystyle\int_{-\infty}^\infty\dfrac{x^2}{(x^2+9)(x^2+4)^2}dx$
$=2\pi i\{R(2i)+R(3i)\}=2\pi i\Big(-\dfrac{13}{200}i+\dfrac{3}{50}i\Big)=2\pi i\cdot\dfrac{-i}{200}=\dfrac{\pi}{100}.)$

(f) $\dfrac{\pi}{2}$ ((6), (7) を用いる. $\displaystyle\int_{-\infty}^\infty\dfrac{x^2}{(x^2+1)^2}dx=2\pi i R(i)=2\pi i\cdot\dfrac{1}{4i}=\dfrac{\pi}{2}.)$

(g) π ((6), (7) を用いる. $\displaystyle\int_{-\infty}^\infty\dfrac{dx}{x^2+2x+2}=2\pi i R(-1+i)=2\pi i\cdot\dfrac{1}{2i}=\pi.)$

(h) $-\dfrac{\pi}{5}$ ((6), (7) を用いる. $\displaystyle\int_{-\infty}^\infty\dfrac{x}{(x^2+1)(x^2+2x+2)}dx$
$=2\pi i\{R(i)+R(-1+i)\}=2\pi i\Big(\dfrac{1-2i}{10}+\dfrac{-1+3i}{10}\Big)=-\dfrac{\pi}{5}.)$

6-15 (a) $\dfrac{\pi}{a^2-b^2}\Big(\dfrac{1}{be^b}-\dfrac{1}{ae^a}\Big)$ ((12) $\Longrightarrow \displaystyle\int_{-\infty}^\infty\dfrac{\cos x}{(x^2+a^2)(x^2+b^2)}dx$
$=\mathrm{Re}[2\pi i\{R(ai)+R(bi)\}]=\mathrm{Re}\Big\{2\pi i\Big(\dfrac{e^{-a}}{2ai(-a^2+b^2)}$
$+\dfrac{e^{-b}}{(-b^2+a^2)\cdot 2bi}\Big)\Big\}$. $z=ai, bi$ は $\dfrac{e^{iz}}{(z^2+a^2)(z^2+b^2)}$ の1位の極.)

(b) $\dfrac{\pi}{2e^a}$ $\Big((12) \Longrightarrow \int_0^\infty \dfrac{\cos ax}{x^2+1}dx = \dfrac{1}{2}\int_{-\infty}^\infty \dfrac{\cos ax}{x^2+1}dx = \dfrac{1}{2}\operatorname{Re}\{2\pi i R(i)\},$

$R(i) = \left[\dfrac{e^{iaz}}{(z^2+1)'}\right]_{z=i} = \dfrac{e^{-a}}{2i}.\Big)$

(注) 不等式 $\int_0^{\pi/2} e^{-ar\sin\theta}d\theta < \dfrac{\pi}{2ar}$ $(a>0)$ が成り立つ.

(c) $\dfrac{\pi}{4b^3}(1+ab)e^{-ab}$ $\Big((12) \Longrightarrow \int_0^\infty = \dfrac{1}{2}\int_{-\infty}^\infty = \dfrac{1}{2}\operatorname{Re}\{2\pi i R(ib)\},$

$R(ib) = \left[\left(\dfrac{e^{iaz}}{(z+ib)^2}\right)'\right]_{z=ib} = \dfrac{ab+1}{4b^3 i}e^{-ab}.$ (b) の(注)を参照.$\Big)$

(d) $\dfrac{\pi}{2}\exp(-2\sqrt{3})$ $\Big((13) \Longrightarrow \int_0^\infty = \dfrac{1}{2}\int_{-\infty}^\infty = \dfrac{1}{2}\operatorname{Im}\{2\pi i R(\sqrt{3}i)\},$

$R(\sqrt{3}i) = \left[\dfrac{ze^{i2z}}{(z^2+3)'}\right]_{z=\sqrt{3}i} = \dfrac{e^{-2\sqrt{3}}}{2}.$ (b) の(注)を参照.$\Big)$

(e) $\dfrac{\pi}{2}e^{-a}\sin a$ $\Big((13) \Longrightarrow \int_{-\infty}^\infty = \operatorname{Im}[2\pi i\{R(\sqrt{2}e^{\pi i/4}) + R(\sqrt{2}e^{3\pi i/4})\}].$

$\dfrac{ze^{iaz}}{(z^4+4)'} = \dfrac{e^{iaz}}{4z^2},\ R(\sqrt{2}e^{\pi i/4}) + R(\sqrt{2}e^{3\pi i/4}) = \dfrac{e^{-a}e^{ai}}{8i} + \dfrac{e^{-a}e^{-ai}}{-8i}$

$= \dfrac{e^{-a}}{4}\cdot\dfrac{e^{ai}-e^{-ai}}{2i} = \dfrac{e^{-a}}{4}\sin a.$ (b) の(注)を参照.$\Big)$

(f) $\pi a^{-a}\cos a$ $\Big((13) \Longrightarrow \int_{-\infty}^\infty = \operatorname{Im}[2\pi i\{R(\sqrt{2}e^{\pi i/4}) + R(\sqrt{2}e^{3\pi i/4})\}].$

$\dfrac{z^3 e^{iaz}}{(z^4+4)'} = \dfrac{e^{iaz}}{4},\ R(\sqrt{2}e^{\pi i/4}) + R(\sqrt{2}e^{3\pi i/4}) = \dfrac{e^{a(-1+i)}}{4} + \dfrac{e^{a(-1-i)}}{4}$

$= \dfrac{e^{-a}}{2}\cdot\dfrac{e^{ai}+e^{-ai}}{2} = \dfrac{e^{-a}}{2}\cos a.$ (b) の(注)を参照.$\Big)$

(g) $\dfrac{e-1}{3e^2}\pi$ $\Big((13) \Longrightarrow \int_{-\infty}^\infty = \operatorname{Im}[2\pi i\{R(i) + R(2i)\}].\ R(i) =$

$\left[\dfrac{ze^{iz}}{(z+i)(z^2+4)}\right]_{z=i} = \dfrac{e}{6},\ R(2i) = \left[\dfrac{ze^{iz}}{(z^2+1)(z+2i)}\right]_{z=2i} = -\dfrac{e^{-2}}{6}.\Big)$

(h) $\dfrac{4-e}{3e^2}\pi$ $\Big((13) \Longrightarrow \int_{-\infty}^\infty = \operatorname{Im}[2\pi i\{R(i) + R(2i)\}].\ R(i) =$

$\left[\dfrac{z^3 e^{iz}}{(z+i)(z^2+4)}\right]_{z=i} = -\dfrac{e^{-1}}{6},\ R(2i) = \left[\dfrac{z^3 e^{iz}}{(z^2+1)(z+2i)}\right]_{z=2i} = \dfrac{4e^{-2}}{6}.\Big)$

(i) $-\dfrac{\pi}{e}\sin 2$ $\Big((13) \Longrightarrow \int_{-\infty}^\infty = \operatorname{Im}\{2\pi i R(-2+i)\}.$

$R(-2+i) = \left[\dfrac{e^{iz}}{z-(-2-i)}\right]_{z=-2+i} = \dfrac{e^{-1}e^{-2i}}{2i} = \dfrac{1}{2e}(-\sin 2 - i\cos 2).\Big)$

(j) $\dfrac{\pi}{e}(\sin 2 - \cos 2)$ $\Big((12) \Longrightarrow \int_{-\infty}^\infty = \operatorname{Re}\{2\pi i R(-2+i)\}.\ R(-2+i)$

$$=\left[\frac{(z+1)e^{iz}}{z-(-2-i)}\right]_{z=-2+i}=\frac{e^{-1}}{2i}\{(\sin 2-\cos 2)+i(\sin 2+\cos 2)\}.\Bigg)$$

(k) $\dfrac{\pi\cos a}{be^b}$ $\Bigg($(12) $\Longrightarrow \displaystyle\int_{-\infty}^{\infty}=\mathrm{Re}\{2\pi iR(-a+ib)\}.$ $R(-a+ib)$

$$=\left[\frac{e^{iz}}{\{(z+a)^2+b^2\}'}\right]_{z=-a+ib}=\frac{e^{-b}e^{-ia}}{2bi}=\frac{e^{-b}(\cos a-i\sin a)}{2bi}.\Bigg)$$

6-17 $\dfrac{\pi}{(2k+1)\sin\{\pi/(2k+1)\}}$

$\Bigg($留数定理により, $\left(\displaystyle\int_0^r+\int_{C_r}+\int_{r\exp\{2\pi i/(2k+1)\}}^0\right)\dfrac{dz}{z^{2k+1}+1}=2\pi i\,R(e^{\{\pi/(2k+1)\}i}).$

$|2\text{つ目の積分}|=\left|\displaystyle\int_{C_r}\dfrac{dz}{z^{2k+1}+1}\right|=\left|\displaystyle\int_0^{2\pi/(2k+1)}\dfrac{ire^{i\theta}}{(re^{i\theta})^{2k+1}+1}d\theta\right|$

$\leqq\dfrac{r}{r^{2k+1}-1}\displaystyle\int_0^{2\pi/(2k+1)}d\theta=\dfrac{r}{r^{2k+1}-1}\cdot\dfrac{2\pi}{2k+1}\to 0\quad(r\to\infty).$

$3\text{つ目の積分}=\displaystyle\int_{r\exp 2\{\pi/(2k+1)\}\cdot i}^0\dfrac{dz}{z^{2k+1}+1}=\displaystyle\int_r^0\dfrac{e^{2\{\pi/(2k+1)\}i}}{s^{2k+1}+1}ds$

$=-e^{2\pi i/(2k+1)}\displaystyle\int_0^r\dfrac{ds}{s^{2k+1}+1}=-e^{2\pi i/(2k+1)}\displaystyle\int_0^r\dfrac{dx}{x^{2k+1}+1}.$

$R(e^{\pi i/(2k+1)})=\left[\dfrac{1}{(z^{2k+1}+1)'}\right]_{z=e^{\pi i/(2k+1)}}=\dfrac{e^{-2k\pi i/(2k+1)}}{2k+1}.$

$\therefore\displaystyle\int_0^\infty\dfrac{dx}{x^{2k+1}+1}=\dfrac{2\pi i}{1-e^{2\pi i/(2k+1)}}\cdot\dfrac{e^{-2k\pi i/(2k+1)}}{2k+1}$

$=\dfrac{\pi}{2k+1}\cdot\dfrac{-e^{-2k\pi i/(2k+1)-\pi i/(2k+1)}}{(e^{\pi i/(2k+1)}-e^{-\pi i/(2k+1)})/2i}$

$=\dfrac{\pi}{2k+1}\cdot\dfrac{1}{\sin\{\pi/(2k+1)\}}\Bigg)$

6-17 (a) 例10と同様にして,

$$\left(\int_{PQ}+\int_{C_r}+\int_{RS}+\int_{C_\varepsilon}\right)\dfrac{z^{-1/2}}{z^2+1}dz=2\pi i\{R(i)+R(-i)\}.$$

$\therefore\displaystyle\int_\varepsilon^r\dfrac{x^{-1/2}}{x^2+1}dx+\int_0^{2\pi}\dfrac{(re^{i\theta})^{-1/2}}{(re^{i\theta})^2+1}rie^{i\theta}d\theta+\int_r^\varepsilon\dfrac{(xe^{2\pi i})^{-1/2}}{(xe^{2\pi i})^2+1}dx$

$+\displaystyle\int_{2\pi}^0\dfrac{(\varepsilon e^{i\theta})^{-1/2}}{(\varepsilon e^{i\theta})^2+1}\varepsilon ie^{i\theta}d\theta$

$=\sqrt{2}\pi\quad\Bigg(R(i)=\left[\dfrac{z^{-1/2}}{(z^2+1)'}\right]_{z=i}=\dfrac{i^{-3/2}}{2}=\dfrac{(e^{\pi i/2})^{-3/2}}{2}$

$=\dfrac{-1-i}{2\sqrt{2}},$

$R(-i)=\dfrac{(-i)^{-3/2}}{2}=\dfrac{(e^{3\pi i/2})^{-3/2}}{2}=\dfrac{e^{-9\pi i/4}}{2}=\dfrac{e^{-\pi i/4}}{2}$

$$= \frac{1-i}{2\sqrt{2}} \quad (0 \leq \arg z < 2\pi \text{ に注意}).\Big)$$

$$|\text{第2の積分}| \leq \frac{r^{1/2}}{r^2-1}\int_0^{2\pi}d\theta = \frac{2\pi r^{1/2}}{r^2-1} \to 0 \quad (r\to\infty).$$

$$\text{第3の積分} = -\int_\varepsilon^r \frac{x^{-1/2}e^{\pi i}}{x^2+1}dx = \int_\varepsilon^r \frac{x^{-1/2}}{x^2+1}dx = \text{第1の積分}.$$

$$|\text{第4の積分}| \leq \int_0^{2\pi}\frac{\varepsilon^{1/2}}{\varepsilon^2+1}d\theta \to 0 \quad (\varepsilon\to 0).$$

$$\therefore \quad 2\int_0^\infty \frac{x^{-1/2}}{x^2+1}dx = \sqrt{2}\pi.$$

(b) 例10と同様にして,

$$\left(\int_{PQ}+\int_{C_r}+\int_{RS}+\int_{C_\varepsilon}\right)\frac{z^a}{(z^2+1)^2}dz = 2\pi i\{R(i)+R(-i)\}.$$

$$\therefore \quad \int_\varepsilon^r \frac{x^a}{(x^2+1)^2}dx + \int_0^{2\pi}\frac{(re^{i\theta})^a}{\{(re^{i\theta})^2+1\}^2}rie^{i\theta}d\theta$$
$$+\int_r^\varepsilon \frac{(xe^{2\pi i})^a}{\{(xe^{2\pi i})^2+1\}^2}dx + \int_{2\pi}^0 \frac{(\varepsilon e^{i\theta})^a}{\{(\varepsilon e^{i\theta})^2+1\}^2}\varepsilon i e^{i\theta}d\theta$$

$$= \frac{1-a}{2}\pi(e^{\pi ai/2}-e^{3\pi ai/2})$$

$$\left(R(i)=\left[\left(\frac{z^a}{(z+i)^2}\right)'\right]_{z=i}=\frac{a-1}{4}ie^{\pi ai/2},\right.$$
$$\left.R(-i)=\left[\left(\frac{z^a}{(z-i)^2}\right)'\right]_{z=-i}=\frac{1-a}{4}ie^{3\pi ai/2}\right).$$

$$|\text{第2の積分}| \leq \int_0^{2\pi}\frac{r^{a+1}}{(r^2-1)^2}d\theta \to 0 \quad (r\to\infty, \ a+1<4 \text{ に注意}).$$

$$\text{第3の積分} = \int_r^\varepsilon \frac{x^a e^{2\pi ai}}{(x^2+1)^2}dx = -e^{2\pi ai}\int_\varepsilon^r \frac{x^a}{(x^2+1)^2}dx.$$

$$|\text{第4の積分}| \leq \int_0^{2\pi}\frac{\varepsilon^{a+1}}{(1-\varepsilon^2)^2}d\theta \to 0 \quad (\varepsilon\to 0, \ a+1>0 \text{ に注意}).$$

$$\therefore \quad \int_0^\infty \frac{x^a}{(x^2+1)^2}dx = \frac{2\pi i}{1-e^{2\pi ai}}\cdot\frac{a-1}{4}i(e^{\pi ai/2}-e^{3\pi ai/2})$$

$$= \frac{1-a}{2}\pi\cdot\frac{e^{-\pi ai/2}-e^{\pi ai/2}}{e^{-\pi ai}-e^{\pi ai}}$$

$$= \frac{1-a}{2}\pi\cdot\frac{\sin(\pi a/2)}{\sin \pi a} = \frac{1-a}{2}\pi\cdot\frac{1}{2\cos(\pi a/2)}$$

$$= \frac{1-a}{4\cos(\pi a/2)}\pi.$$

6-18 (a) $\left(\int_\varepsilon^r+\int_{C_r}+\int_{-r}^{-\varepsilon}+\int_{C_\varepsilon}\right)\frac{\log z}{z^2+1}dz = 2\pi i R(i).$

$$R(i) = \left[\frac{\log z}{(z^2+1)'}\right]_{z=i} = \frac{\log i}{2i} = \frac{\pi i/2}{2i} = \frac{\pi}{4}.$$

$$\left|\int_{C_r} \frac{\log z}{z^2+1} dz\right| = \left|\int_0^\pi \frac{\log(re^{i\theta})}{(re^{i\theta})^2+1} rie^{i\theta} d\theta\right| = \left|\int_0^\pi \frac{r\ln r + ir\theta}{r^2 e^{i2\theta}+1} ie^{i\theta} d\theta\right|$$

$$\leq \frac{r\ln r}{r^2-1}\int_0^\pi d\theta + \frac{r}{r^2-1}\int_0^\pi \theta d\theta \to 0 \quad (r\to\infty).$$

$$\int_{-r}^{-\varepsilon} \frac{\log z}{z^2+1} dz = \int_r^\varepsilon \frac{\log(xe^{\pi i})}{(xe^{\pi i})^2+1} e^{\pi i} dx = \int_\varepsilon^r \frac{\ln x}{x^2+1} dx + i\pi \int_\varepsilon^r \frac{dx}{x^2+1}$$

$$\to \int_0^\infty \frac{\ln x}{x^2+1} dx + \frac{\pi^2}{2} i \quad \left(\varepsilon\to 0, \ r\to\infty. \ \text{例1から} \int_0^\infty \frac{dx}{x^2+1} = \frac{\pi}{2}\right).$$

$$\left|\int_{C_\varepsilon} \frac{\log z}{z^2+1} dz\right| = \left|\int_\pi^0 \frac{\log(\varepsilon e^{i\theta})}{(\varepsilon e^{i\theta})^2+1} \varepsilon i e^{i\theta} d\theta\right| \leq \int_0^\pi \left|\frac{\varepsilon \ln\varepsilon + i\varepsilon\theta}{\varepsilon^2 e^{i2\theta}+1} ie^{i\theta}\right| d\theta$$

$$\leq \frac{\varepsilon \ln\varepsilon}{1-\varepsilon^2}\int_0^\pi d\theta + \frac{\varepsilon}{1-\varepsilon^2}\int_0^\pi \theta d\theta \to 0 \quad (\varepsilon\to 0).$$

$$\therefore\ 2\int_0^\infty \frac{\ln x}{x^2+1} dx + \frac{\pi^2}{2} i = 2\pi i \cdot \frac{\pi}{4}. \quad \therefore\ 2\int_0^\infty \frac{\ln x}{x^2+1} dx = 0.$$

(b) $\left(\int_\varepsilon^r + \int_{C_r} + \int_{-r}^{-\varepsilon} + \int_{C_\varepsilon}\right) \frac{\log z}{(z^2+1)^2} dz = 2\pi i R(i).$

$$R(i) = \left[\left(\frac{\log z}{(z+i)^2}\right)'\right]_{z=i} = \frac{i}{4} + \frac{\pi}{8}.$$

$$\left|\int_{C_r} \frac{\log z}{(z^2+1)^2} dz\right| = \left|\int_0^\pi \frac{\log(re^{i\theta})}{\{(re^{i\theta})^2+1\}^2} rie^{i\theta} d\theta\right|$$

$$\leq \frac{r\ln r}{(r^2-1)^2}\int_0^\pi d\theta + \frac{r}{(r^2-1)^2}\int_0^\pi \theta d\theta \to 0 \quad (r\to\infty).$$

$$\int_{-r}^{-\varepsilon} \frac{\log z}{(z^2+1)^2} dz = \int_r^\varepsilon \frac{\log(xe^{\pi i})}{\{(xe^{\pi i})^2+1\}^2} e^{\pi i} dx$$

$$= \int_\varepsilon^r \frac{\ln x}{(x^2+1)^2} dx + i\pi \int_\varepsilon^r \frac{dx}{(x^2+1)^2}$$

$$\to \int_0^\infty \frac{\ln x}{(x^2+1)^2} dx + \frac{\pi^2}{4} i$$

$$\left(\varepsilon\to 0, \ r\to\infty. \ \text{練習問題 6-14 (c)} \int_0^\infty \frac{dx}{(x^2+1)^2} = \frac{\pi}{4}\right).$$

$$\left|\int_{C_\varepsilon} \frac{\log z}{(z^2+1)^2} dz\right| = \left|\int_\pi^0 \frac{\ln(\varepsilon e^{i\theta})}{(\varepsilon^2 e^{i2\theta}+1)^2} \varepsilon i e^{i\theta} d\theta\right|$$

$$\leq \frac{\varepsilon \log \varepsilon}{(1-\varepsilon^2)^2}\int_0^\pi d\theta + \frac{\varepsilon}{(1-\varepsilon^2)^2}\int_0^\pi \theta d\theta \to 0 \quad (\varepsilon\to 0).$$

$$\therefore\ 2\int_0^\infty \frac{\ln x}{(x^2+1)^2} dx + \frac{\pi^2}{4} i = 2\pi i\left(\frac{i}{4} + \frac{\pi}{8}\right).$$

$$\therefore\ \int_0^\infty \frac{\ln x}{(x^2+1)^2} dx = -\frac{\pi}{4}.$$

6-19 (14)を用いる。

(a) $\dfrac{2\pi}{3}$ $\left(=\int_C \dfrac{1}{5+4\cdot(z-z^{-1})/2i}\dfrac{dz}{iz}=\int_C \dfrac{dz}{2z^2+5iz-2}=2\pi i R\left(-\dfrac{i}{2}\right)\right.$

$=2\pi i\left[\dfrac{1}{(2z^2+5iz-2)'}\right]_{z=-i/2}=2\pi i\cdot\dfrac{1}{3i}=\dfrac{2}{3}\pi. \ \ C:z=e^{i\theta} \ (0\leq\theta\leq 2\pi).$

特異点は $-2i, -\dfrac{i}{2}.$ C の内部にあるのは $-\dfrac{i}{2}.$ $\Big)$

(b) $\sqrt{2}\pi$ $\left(=\int_C \dfrac{1}{1+\{(z-z^{-1})/2i\}^2}\dfrac{dz}{iz}=-\dfrac{4}{i}\int_C \dfrac{z}{z^4-6z^2+1}dz\right.$

$=-\dfrac{4}{i}\cdot 2\pi i\{R(\sqrt{2}-1)+R(1-\sqrt{2})\}=-8\pi\left(\dfrac{1}{-8\sqrt{2}}+\dfrac{1}{-8\sqrt{2}}\right)=\sqrt{2}\pi.$

$C:z=e^{i\theta}\ (-\pi\leq\theta\leq\pi).$ 特異点は $z=\sqrt{2}\pm 1, -\sqrt{2}\pm 1\ (z^2=3\pm 2\sqrt{2}).$
C 内にあるのは $z=\sqrt{2}-1, 1-\sqrt{2}.$

$R(\sqrt{2}\pm 1)=\left[\dfrac{z}{(z^4-6z^2+1)'}\right]_{z^2=3-2\sqrt{2}}=-\dfrac{1}{8\sqrt{2}}.\Big)$

(c) $\dfrac{\pi}{12}$ $\left(\left(z=e^{i\theta}\text{ のとき }\cos 3\theta=\dfrac{e^{i3\theta}+e^{-i3\theta}}{2}=\dfrac{z^3+z^{-3}}{2}\right)\right.$

$=-\dfrac{1}{2i}\int_C \dfrac{z^6+1}{z^3(2z-1)(z-2)}dz=-\dfrac{1}{2i}\cdot 2\pi i\left\{R(0)+R\left(\dfrac{1}{2}\right)\right\}$

$=-\pi\left(\dfrac{21}{8}-\dfrac{65}{24}\right)=\dfrac{\pi}{12}. \ \ C:z=e^{i\theta} \ (0\leq\theta\leq 2\pi).$

$R(0)=\dfrac{1}{2}\lim\limits_{z\to 0}\left(z^3\cdot \dfrac{z^6+1}{z^3(2z-1)(z-2)}\right)''=\dfrac{21}{8},$

$R\left(\dfrac{1}{2}\right)=\left[\left(z-\dfrac{1}{2}\right)\cdot\dfrac{z^6+1}{z^3(2z-1)(z-2)}\right]_{z=1/2}=-\dfrac{65}{24}.\Big)$

(d) $\dfrac{3}{8}\pi$ $\left(=\dfrac{-1}{8i}\int_C \dfrac{(z^6+1)^2}{z^5(z^2-1/2)(z^2-2)}dz\right.$

$=-\dfrac{1}{8i}\cdot 2\pi i\left\{R\left(\dfrac{1}{\sqrt{2}}\right)+R\left(-\dfrac{1}{\sqrt{2}}\right)+R(0)\right\}$

$=-\dfrac{\pi}{4}\left(-\dfrac{27}{8}-\dfrac{27}{8}+\dfrac{21}{4}\right)=\dfrac{3}{8}\pi. \ \ C:z=e^{i\theta} \ (0\leq\theta\leq 2\pi).$

$R\left(\dfrac{1}{\sqrt{2}}\right)=\left[\dfrac{(z^6+1)^2}{z^5(z+1/\sqrt{2})(z^2-2)}\right]_{z=1/\sqrt{2}}=-\dfrac{27}{8},$

$R\left(-\dfrac{1}{\sqrt{2}}\right)=\left[\dfrac{(z^6+1)^2}{z^5(z-1/\sqrt{2})(z^2-2)}\right]_{z=-1/\sqrt{2}}=-\dfrac{27}{8}.$

$\dfrac{(z^6+1)^2}{z^5(z^2-1/2)(z^2-2)}=\dfrac{1+2z^6+z^{12}}{z^5\{1-(5z^2/2-z^4)\}}$

$=\dfrac{1}{z^5}(1+2z^6+z^{12})\left\{1+\left(\dfrac{5}{2}z^2-z^4\right)+\left(\dfrac{5}{2}z^2-z^4\right)^2+\cdots\right\}$

$$= \frac{1}{z^5}\Bigl(1+\frac{5}{2}z^2+\frac{21}{4}z^4+\cdots\Bigr)=\frac{1}{z^5}+\frac{5}{2}\frac{1}{z^3}+\frac{21}{4}\frac{1}{z}+\cdots \text{から},$$
$$R(0)=\frac{21}{4}\Bigr)$$

(e) $\dfrac{2\pi}{\sqrt{1-a^2}}$ $\Bigl(=\displaystyle\int_C \dfrac{1}{1+a\cdot(z+z^{-1})/2}\dfrac{dz}{iz}=\dfrac{2}{i}\displaystyle\int_C\dfrac{dz}{az^2+2z+a}$

$$=\frac{2}{i}\cdot 2\pi i\, R\Bigl(\frac{-1+\sqrt{1-a^2}}{a}\Bigr)=4\pi\cdot\frac{1}{2\sqrt{1-a^2}}$$

$$=\frac{2\pi}{\sqrt{1-a^2}}.\quad C:z=e^{i\theta}\ (0\leqq\theta\leqq 2\pi).$$

特異点は $\dfrac{-1\pm\sqrt{1-a^2}}{a}$. C 内にあるものは $\dfrac{-1+\sqrt{1-a^2}}{a}$.

$R\Bigl(\dfrac{-1+\sqrt{1-a^2}}{a}\Bigr)=\Bigl[\dfrac{1}{(az^2+2z+a)'}\Bigr]_{z=(-1+\sqrt{1-a^2})/a}$. 例 11 を参照. $\Bigr)$

(f) $\dfrac{2\pi a^2}{1-a^2}$ $\Bigl(=\dfrac{-1}{2i}\displaystyle\int_C\dfrac{z^4+1}{z^2(az-1)(z-a)}dz=\dfrac{-1}{2i}\cdot 2\pi i\{R(0)+R(a)\}$

$$=-\pi\Bigl(\frac{a^2+1}{a^2}+\frac{a^4+1}{a^2(a^2-1)}\Bigr)=\frac{2\pi a^2}{1-a^2}.\quad C:z=e^{i\theta}\ (0\leqq\theta\leqq 2\pi).$$

$$R(0)=\Bigl[\Bigl(\frac{z^4+1}{az^2-(a^2+1)z+a}\Bigr)'\Bigr]_{z=0}=\frac{a^2+1}{a^2}.\ R(a)$$

$$=\Bigl[\frac{z^4+1}{\{az^4-(a^2+1)z^3+az^2\}'}\Bigr]_{z=a}=\Bigl[\frac{z^4+1}{4az^3-3(a^2+1)z^2+2az}\Bigr]_{z=a}$$

$$=\frac{a^4+1}{a^2(a^2-1)}.\quad z=e^{i\theta}\text{ のとき }\cos 2\theta=\frac{z^2+z^{-2}}{2}.\Bigr)$$

(g) $\dfrac{2\pi a}{(\sqrt{a^2-1})^3}$ $\Bigl(=\dfrac{4}{i}\displaystyle\int_C\dfrac{z}{(z^2+2az+1)^2}dz$

$$=\frac{4}{i}\cdot 2\pi i R(\sqrt{a^2-1}-a)=8\pi\cdot\frac{a}{4(\sqrt{a^2-1})^3}$$

$$=\frac{2\pi a}{(\sqrt{a^2-1})^3}.\quad C:z=e^{i\theta}\ (0\leqq\theta\leqq 2\pi).$$

C 内にある特異点は $z=\sqrt{a^2-1}-a$.

$$R(\sqrt{a^2-1}-a)=\Bigl[\Bigl(\{z-(-a+\sqrt{a^2-1})\}^2\cdot$$

$$\frac{z}{\{z-(-a+\sqrt{a^2-1})\}^2\{z-(-a-\sqrt{a^2-1})\}^2}\Bigr)'\Bigr]_{z=\sqrt{a^2-1}-a}$$

$$=\Bigl[\frac{a+\sqrt{a^2-1}-z}{(z+a+\sqrt{a^2-1})^3}\Bigr]_{z=\sqrt{a^2-1}-a}=\frac{a}{4(\sqrt{a^2-1})^3}$$

(h) $\dfrac{(2n)!}{2^{2n}(n!)^2}\pi$ $\Bigl(=\dfrac{1}{2}\displaystyle\int_0^{2\pi}\sin^{2n}\theta d\theta=\dfrac{(-1)^n}{2^{2n+1}i}\displaystyle\int_C\dfrac{(z^2-1)^{2n}}{z^{2n+1}}dz$

$$= \frac{(-1)^n}{2^{2n+1}i} \cdot 2\pi i R(0) = \frac{(-1)^n}{2^{2n}} \pi \cdot \frac{(-1)^n(2n)!}{(n!)^2}$$

$$= \frac{(2n)!}{2^{2n}(n!)^2}\pi. \quad C: z = e^{i\theta} \quad (0 \leqq \theta \leqq 2\pi).$$

$$R(0) = \lim_{z \to 0}\left[\frac{1}{(2n)!}\frac{d^{2n}}{dz^{2n}}\left(z^{2n+1} \cdot \frac{(z^2-1)^{2n}}{z^{2n+1}}\right)\right]$$

$$= \frac{1}{(2n)!}\lim_{z \to 0}\frac{d^{2n}}{dz^{2n}}(z^2-1)^{2n}$$

$$= \frac{1}{(2n)!}\lim_{z \to 0}\frac{d^{2n}}{dz^{2n}}\left(\sum_{k=0}^{2n} {}_{2n}C_k z^{4n-2k}(-1)^k\right)$$

$$= \frac{1}{(2n)!}\lim_{z \to 0}\frac{d^{2n}}{dz^{2n}}\{z^{4n} - 2nz^{4n-1} + \cdots + (-1)^{n-1}{}_{2n}C_{n-1}z^{2n+2}$$
$$+ (-1)^n{}_{2n}C_n z^{2n} + (-1)^{n+1}{}_{2n}C_{n+1}z^{2n-2} + \cdots + 1\}$$

$$= \frac{1}{(2n)!} \cdot (-1)^n {}_{2n}C_n(2n)!$$

$$= \frac{(-1)^n}{(2n)!} \cdot \frac{(2n)!}{(n!)^2}(2n)! = \frac{(-1)^n(2n)!}{(n!)^2}\Big)$$

6-20 C の上と内部で $e^{-z^2} \cdot e^{i2bz}$ は正則だから、コーシー・グルサの定理により、

$$0 = \int_C e^{-z^2}e^{i2bz}dz = \left(\int_{-a}^{a} + \int_{a}^{a+ib} + \int_{a+ib}^{-a+ib} + \int_{-a+ib}^{-a}\right)e^{-z^2+2ibz}dz.$$

$$\int_{a}^{a+ib} = i\int_{0}^{b} e^{-a^2+i2ab}e^{t^2-2ait-2bt}dt \quad (z = a+it \text{ とおく}).$$

$$\therefore \quad \left|\int_{a}^{a+ib}\right| \leqq e^{-a^2}\int_0^b e^{t^2-2bt}dt \leqq e^{-a^2}\int_0^b e^0 dt = be^{-a^2} \to 0 \quad (a \to \infty).$$

$$\int_{-a+ib}^{-a} = -i\int_0^b e^{-a^2-2abi}e^{t^2+2ait-2bt}dt \quad (z = -a+it \text{ とおく}).$$

$$\therefore \quad \left|\int_{-a+ib}^{-a}\right| \leqq e^{-a^2}\int_0^b e^{t^2-2bt}dt \leqq be^{-a^2} \to 0 \quad (a \to \infty).$$

$z = t + ib$ とおいて、

$$\int_{a+ib}^{-a+ib} = \int_a^{-a} e^{-t^2}e^{-b^2}dt = -e^{-b^2}\int_{-a}^{a} e^{-t^2}dt \to -e^{-b^2}\sqrt{\pi} \quad (a \to \infty).$$

以上から、$a \to \infty$ のとき、

$$\int_{-\infty}^{\infty} e^{-x^2+2ibx}dx + 0 + 0 - e^{-b^2}\sqrt{\pi} = 0.$$

$$\therefore \quad \int_{-\infty}^{\infty} e^{-x^2}(\cos 2bx + i\sin 2bx)dx = e^{-b^2}\sqrt{\pi}.$$

$$\therefore \quad 2\int_0^{\infty} e^{-x^2}\cos 2bx\, dx = e^{-b^2}\sqrt{\pi} \quad (e^{-x^2}\sin 2bx \text{ は奇関数}).$$

6-21 $t = \dfrac{1}{x+1}$ とおくと、$dt = -\dfrac{dx}{(x+1)^2}$. $t=0$ のとき $x=\infty$, $t=1$ のとき

$x=0$.

$$\therefore \quad B(p, q) = -\int_\infty^0 \frac{x^{q-1}}{(x+1)^{p+q}}dx = \int_0^\infty \frac{x^{q-1}}{(x+1)^{p+q}}dx.$$

$$\therefore \quad B(p, 1-p) = \int_0^\infty \frac{x^{-p}}{x+1}dx = \frac{\pi}{\sin p\pi}.$$

6-22 扇形の上と内部で e^{-z^2} は正則であるから, コーシー・グルサの定理により,

$$\int_0^r e^{-x^2}dx + \int_{C_r} e^{-z^2}dz + \int_{l_r} e^{-z^2}dz = 0.$$

$$\int_0^r e^{-x^2}dx \to \frac{\sqrt{\pi}}{2} \quad (r\to\infty).$$

$$\left|\int_{C_r} e^{-z^2}dz\right| = \left|\int_0^{\pi/4} \exp(-r^2 e^{i2\varphi})\cdot ir^{i\varphi}d\varphi\right|$$

$$\leqq r\int_0^{\pi/4} e^{-r^2\cos 2\varphi}d\varphi = \frac{r}{2}\int_0^{\pi/2} e^{-r^2\cos\theta}d\theta$$

$$< \frac{r}{2}\cdot\frac{\pi}{2r^2} = \frac{\pi}{4r} \to 0 \quad (r\to\infty).$$

$z = xe^{\pi i/4}$ とおいて,

$$\int_{l_r} e^{-z^2}dz = \int_r^0 e^{-ix^2}e^{\pi i/4}dx = -e^{\pi i/4}\int_0^r e^{-ix^2}dx$$

$$\to -e^{\pi i/4}\int_0^\infty e^{-ix^2}dx \quad (r\to\infty).$$

$$\therefore \quad \frac{\sqrt{\pi}}{2} + 0 - e^{\pi i/4}\int_0^\infty e^{-ix^2}dx = 0.$$

$$\therefore \quad \int_0^\infty e^{-ix^2}dx = \frac{\sqrt{\pi}}{2}e^{-\pi i/4} = \frac{1-i}{2\sqrt{2}}\sqrt{\pi}.$$

$$\therefore \quad \int_0^\infty \cos(x^2)dx - i\int_0^\infty \sin(x^2)dx = \frac{\sqrt{\pi}}{2\sqrt{2}} - i\frac{\sqrt{\pi}}{2\sqrt{2}}.$$

$$\therefore \quad \int_0^\infty \cos(x^2)dx = \int_0^\infty \sin(x^2)dx = \frac{\sqrt{\pi}}{2\sqrt{2}}.$$

6-23 $\left(\int_\varepsilon^r + \int_{C_r} + \int_{-r}^{-\varepsilon} + \int_{C_\varepsilon}\right)\frac{1-e^{i2z}}{z^2}dz = I_1 + I_2 + I_3 + I_4 = 0$

(積分路の内部で $(1-e^{i2z})/z^2$ は正則).

$$\operatorname{Re} I_1 \to 2\int_0^\infty \frac{\sin^2 x}{x^2}dx \quad (\varepsilon\to 0,\ r\to\infty).$$

$z = -x$ とおくと

$$I_3 = \int_\varepsilon^r \frac{1-e^{-i2x}}{x^2}dx. \quad \therefore \quad \operatorname{Re} I_3 = \operatorname{Re} I_1.$$

$$|I_2| = \left|\int_0^\pi \frac{1-\exp(i2re^{i\theta})}{re^{i\theta}}e^{i\theta}d\theta\right| = \left|\int_0^\pi \frac{1-e^{-2r\sin\theta}\cdot e^{i2r\cos\theta}}{re^{i\theta}}d\theta\right|$$

$$\leq \int_0^\pi \frac{d\theta}{r} + \frac{1}{r}\int_0^\pi e^{-2r\sin\theta}d\theta = \frac{\pi}{r} + \frac{2}{r}\int_0^{\pi/2} e^{-2r\sin\theta}d\theta$$

$$< \frac{\pi}{r} + \frac{2}{r}\frac{\pi}{4r} \to (r\to\infty) \quad (\text{例6(続き)},\ 6\text{-}15\,(b)\,\text{の(注)を参照}.)$$

$z = \varepsilon e^{i\theta}$ とおくと,

$$I_4 = i\int_\pi^0 \frac{1-\exp(i2\varepsilon e^{i\theta})}{\varepsilon e^{i\theta}}d\theta$$

$$= i\int_\pi^0 \frac{1-\{1+(i2\varepsilon e^{i\theta})+(i2\varepsilon e^{i\theta})^2/2!+\cdots\}}{\varepsilon e^{i\theta}}d\theta$$

$$= i\int_\pi^0 \{-2i-\varepsilon(-2e^{i\theta}+\cdots)\}d\theta \to -\int_\pi^0 2d\theta = -2\pi \quad (\varepsilon\to 0).$$

よって, $\varepsilon\to 0$, $r\to\infty$ のとき,

$$\mathrm{Re}(I_1+I_2+I_3+I_4) \to 4\int_0^\infty \frac{\sin^2 x}{x^2}dx - 2\pi = 0.$$

$$\therefore \quad \int_0^\infty \frac{\sin^2 x}{x^2}dx = \frac{\pi}{2}.$$

第7章

7-1 $\dfrac{\pi}{2},\quad 0 < v < 1.$

7-2 $v > 1$

7-3 $-1 < u < 1,\quad v > 0.$

7-4 $u^2 + (v+c)^2 > c^2,\quad v < 0.$

7-5 $\left(u-\dfrac{1}{2}\right)^2 + v^2 < \left(\dfrac{1}{2}\right)^2,\quad v < 0.$

7-6 $\bar{z}$ を単位円 $|z|=1$ に関して反転した点をさらに $\pi/2$ だけ回転する.

7-7 $\left(u-\dfrac{1}{2}\right)^2 + v^2 > \left(\dfrac{1}{2}\right)^2,\quad u>0,\ v>0.$

7-8 $w = (3z+2i)/(iz+6)$

7-9 $w = -1/z$

7-10 $w = (z-z_1)(z_2-z_3)/(z-z_3)(z_2-z_1)$

7-11 $z = (az+b)/(cz+d)$ は z の2次方程式.

7-12 (a) $z = \pm i$ (b) $z = 3$

7-13 $w = -\dfrac{x-i}{x+i} = -\dfrac{x^2-1-i2x}{x^2+1} = \dfrac{1-x^2}{1+x^2} + i\dfrac{2x}{1+x^2} = u+iv$

$\Longrightarrow u^2+v^2=1$. $x>0$ のとき $v>0$, $x<0$ のとき $v<0$.

7-14 (a) $\rho \leq 1,\ 0 \leq \varphi \leq \pi/2$ (b) $\rho \leq 1,\ 0 \leq \varphi \leq 3\pi/4$

(c) $\rho \leq 1$, $0 \leq \varphi \leq \pi$.

7-15 双曲線 $x^2-y^2=1$, $x^2-y^2=2$, $xy=1/2$, $xy=1$ で囲まれる領域（第1, 4象限にある）

7-16 例2のように考える．

7-17 ($u=x^2-y^2$, $v=2xy$ を用いる．)
(a) $x=c_1$ のとき，$u=c_1^2-y^2$, $v=2c_1 y$
$\implies v^2=4c_1^2(c_1^2-u)=-4c_1^2(u-c_1^2)$
（直線 $x=-c_1$ も同じ放物線にうつる．）
(b) $y=c_2$ のとき，$u=x^2-c_2^2$, $v=2c_2 x \implies v^2=4c_2^2(u+c_2^2)$
（直線 $y=-c_2$ も同じ放物線にうつる．）

7-18 7-17(a)で，z と w を入れ替えて考える．

7-19 7-17(b)で，z と w を入れ替えて考える．

7-20 $\rho=e^x$, $\varphi=y$, $x=ay \implies \rho=e^{ay}=e^{a\varphi}$

7-22 線分 $x=c$ (<0), $0 \leq y \leq \pi$ は半円 $\rho=e^c$, $0 \leq \varphi \leq \pi$ にうつる．$c \to -\infty$ のとき $\rho \to 0$ だから，いくらでも小さな半円になる．

7-23 $\rho \geq 1$, $0 \leq \varphi \leq \pi$ （上半平面から半円 $\rho<1$ を取り除いた部分）

7-24 $z=re^{i\theta}$ とおくと $u=\ln r$, $v=\theta$ ($\alpha<\theta<\alpha+2\pi$)．$r$ を0から ∞ まで変化させると，$\ln r$ は $-\infty$ から $+\infty$ まで変わるから，θ を固定すると，直線 $y=(\tan \theta)x$ は直線 $v=\theta$ ($-\infty<u<\infty$) にうつる．

7-25 右半平面 $x>0$ は $z=re^{i\theta}$ とおくと，$-\pi/2<\theta<\pi/2$, $0<r<\infty$ である．これは，$w=u+iv$ とおくと $u=\ln r$, $v=\theta$ だから，$-\infty<\ln r<\infty$, $-\pi/2<v<\pi/2$ に対応する．
　同様に，上半平面 $y>0$ は $0<\theta<\pi$, $0<r<\infty$ である．これは，$-\infty<\ln r<\infty$, $0<v<\pi$ に対応する．

7-26 $u=\sin c_1 \cosh y$, $v=\cos c_1 \sinh y$ より $u^2/\sin^2 c_1-v^2/\cos^2 c_1=1$．$\pi/2<c_1<\pi$ だから，$u>0$．よって，双曲線の右の分枝にうつる．$y(>0)$ が増加するとき u も増加するから，直線 $x=c_1$ の上を上方に向かって動く点の像は，双曲線の上方に向かう（p.191 の [d] を参照）．

7-27, 28 例7を参照．

7-29 例6, 7を参照．

7-30 §2-1 の例4を参照．

第8章

8-1 $\pi, 0$ $((1/z)' = -1/z^2$. $\therefore \arg(1/z)' = \pi - 2\arg z)$.

8-2 $w = u + iv = 1/(x+iy)$. $\therefore x = u/(u^2+v^2)$, $y = -v/(u^2+v^2)$. $y = x-1$ に代入して $u^2+v^2-u-v=0$. $y=0$ に代入して $v=0$. $y=x-1$ と $y=0$ は $(x,y)=(1,0)$ で $45°$ の角度で交わる。像のほうは点 $(u,v)=(1,0)$ で交わる。円の式から $dv/du = (1-2u)/(2v-1)$. $\therefore [dv/du]_{(u,v)=(1,0)} = 1$. よって、$(1,0)$ における円の接線は u 軸と $45°$ で交わる。

8-3 $(n-1)\theta_0$ $((z_n)' = nz^{n-1}$. $\therefore \arg(z^n)' = (n-1)\arg z = (n-1)\theta_0)$

8-4 $(\sin z)' = \cos z$ は $z = (2n+1)\pi/2$ で 0.

8-5 C はなめらかだから $z'(t) \neq 0$. $f(z)$ は等角写像だから $f'(z) \neq 0$. Γ は $w = f(z(t))$ $(a \leq t \leq b)$ であるから、$dw/dt = f'(z) \cdot z'(t) \neq 0$.

8-6 (a) $f(z) = \sum_{k=0}^{\infty} \frac{f^{(k)}(z_0)}{k!}(z-z_0)^k = f(z_0) + \sum_{k=m}^{\infty} \frac{f^{(k)}(z_0)}{k!}(z-z_0)^k$

$= f(z_0) + \frac{f^{(m)}(z_0)}{m!}(z-z_0)^m \Big[1 + \Big\{ \frac{1}{m+1} \frac{f^{(m+1)}(z_0)}{f^{(m)}(z_0)}(z-z_0)$

$+ \frac{1}{(m+1)(m+2)} \frac{f^{(m+2)}(z_0)}{f^{(m)}(z_0)}(z-z_0)^2 + \cdots \Big\} \Big]$

$= w_0 + \frac{f^{(m)}(z_0)}{m!}(z-z_0)^m \{1 + g(z)\}$

(b) $\arg\{f(z) - w_0\} = \arg(z-z_0)^m + \arg\frac{f^{(m)}(z_0)}{m!} + \arg\{1+g(z)\}$

$= m\arg(z-z_0) + \arg f^{(m)}(z_0) + \arg\{1+g(z)\}$.

$\lim_{z \to z_0} \arg\{1+g(z)\} = \arg\{1+g(z_0)\} = \arg(1+0) = 0$,

$\arg f^{(m)}(z_0) = $ 一定.

$\therefore \lim_{z \to z_0} \arg\{f(z) - w_0\} = m\lim_{z \to z_0}\arg(z-z_0) + \arg f^{(m)}(z_0)$.

$\therefore \varphi = m\theta + \arg f^{(m)}(z_0)$.

(c) C_1, C_2 に対する ((b) における) θ を θ_1, θ_2 とすると、$\alpha = \theta_2 - \theta_1$. Γ_1, Γ_2 に対する ((b) における) φ を φ_1, φ_2 とすると、

$\varphi_1 = m\theta_1 + \arg f^{(m)}(z_0)$, $\varphi_2 = m\theta_2 + \arg f^{(m)}(z_0)$.

$\therefore \varphi_2 - \varphi_1 = m(\theta_2 - \theta_1) = m\alpha$.

8-7 公式 (2) を使う。

(a) $u_{xx} + u_{yy} = 0 + 0 = 0$, $v(x,y) = x^2 - y^2 + 2y + c$ ($c = $ const)

(b) $u_{xx} + u_{yy} = -6x + 6x = 0$, $v(x,y) = -3x^2y + 2y + y^3 + c$

練習問題の解答　281

$\qquad$ ($c=$ const)

(c) $u_{xx}+u_{yy}=\sinh x \sin y+(-\sinh x \sin y)=0$,
$v(x,y)=-\cosh x \cos y+c$ ($c=$ const)

8-8 v が u の共役調和関数だから，コーシー・リーマンの方程式 $u_x=v_y$, $u_y=-v_x$ を満たし，また，u が v の共役調和関数であるからコーシー・リーマンの方程式 $v_x=u_y$, $v_y=-u_x$ を満たす．
$\therefore\ u_x=u_y=0$, $v_x=v_y=0$. $\therefore\ u=$ const, $v=$ const.

8-9 $u_{xx}+u_{yy}=6x+(-6x)=0$, $v(x,y)=3x^2y-y^3+c$ （公式(2)から）．
$f(z)=u+iv=x^3-3xy^2+i(3x^2y-y^3+c)=(x+iy)^3+ic=z^3+ic$
（$c=$実定数）．

8-10 $w=e^z=e^{x+iy}=e^x\cos y+ie^x\sin y=u(x,y)+iv(x,y)$.
$H(x,y)=h(u(x,y),v(x,y))=(u(x,y))^2-(v(x,y))^2$
$\qquad =(e^x\cos y)^2-(e^x\sin y)^2=e^{2x}(\cos^2 y-\sin^2 y)=e^{2x}\cos 2y$.
$w=e^z$ は正則関数，$h(u,v)$ は調和関数（正則関数 w^2 の実部だから，または，$h_{uu}+h_{vv}=2-2=0$ だから）．よって，$H(x,y)$ は調和関数である．
$H_{xx}+H_{yy}=4e^{2x}\cos 2y+(-4e^{2x}\cos 2y)=0$.

8-11 $w=e^z=e^{x+iy}=e^x\cos y+ie^x\sin y=u(x,y)+iv(x,y)$.
$H(x,y)=h(u(x,y),v(x,y))=2-u(x,y)+\dfrac{u(x,y)}{\{u(x,y)\}^2+\{v(x,y)\}^2}$
$\qquad =2-e^x\cos y+e^{-x}\cos y=2$ （$x=0$ のとき）．

8-12 $h_v=-e^{-u}\sin v=0$ （$v=0$ のとき）．
$f(z)=z^2=x^2-y^2+i2xy=u(x,y)+iv(x,y)$.
$H(x,y)=e^{-u(x,y)}\cos v(x,y)=e^{y^2-x^2}\cos(2xy)$.
$H_x(x,y)=-2\{x\cos(2xy)+y\sin(2xy)\}e^{y^2-x^2}=0$ （$x=0$ のとき）．
$H_y(x,y)=2\{y\cos(2xy)-x\sin(2xy)\}e^{y^2-x^2}=0$ （$y=0$ のとき）．

8-13 $T=c$ から $2y/(x^2+y^2-1)=\tan(\pi c)$. $\therefore\ x^2+y^2-1-2y\cot(\pi c)=0$.
$\therefore\ x^2+\{y-\cot(\pi c)\}^2-\cot^2(\pi c)-1=0$.
$\therefore\ x^2+\{y-\cot(\pi c)\}^2=\cot^2(\pi c)+1=\operatorname{cosec}^2(\pi c)$.

8-14 分母 $=\sin^2 x\cosh^2 y+\cos^2 x\sinh^2 y-1$
$\qquad =(1-\cos^2 x)\cosh^2 y+\cos^2 x\sinh^2 y-1$
$\qquad =\cosh^2 y-1-\cos^2 x(\cosh^2 y-\sinh^2 y)=\sinh^2 y-\cos^2 x$.
$\therefore\ \dfrac{2\cos x\sinh y}{\sinh^2 y-\cos^2 x}=\dfrac{2(\cos x/\sinh y)}{1-(\cos x/\sinh y)^2}=\tan 2\alpha$
$\qquad\qquad\qquad$ ($\tan\alpha=\cos x/\sinh y$).

$$\therefore\ \tan^{-1}\frac{2\cos x\sinh y}{\sinh^2 y-\cos^2 x}=2a. \quad \therefore\ T=\frac{2a}{\pi}=\frac{2}{\pi}\tan^{-1}\frac{\cos x}{\sinh y}.$$

8-15 (11)から $\tan^{-1}\left(\dfrac{\cos x}{\sinh y}\right)=\dfrac{\pi c}{2}.$ $\therefore\ \dfrac{\cos x}{\sinh y}=\tan\dfrac{\pi c}{2}.$

$\therefore\ \cos x=\tan\dfrac{\pi c}{2}\cdot\sinh y.$

8-16 (a) $T(x,y)=\dfrac{1}{2}+\dfrac{1}{\pi}\sin^{-1}\dfrac{1}{2}(\sqrt{(x+1)^2+y^2}-\sqrt{(x-1)^2+y^2}\,)$

$\left(|\sin^{-1}t|\leqq\dfrac{\pi}{2}\right).$

(b) $T(x,y)=\dfrac{1}{2}+\dfrac{1}{\pi}\sin^{-1}(\sqrt{(x^2-y^2+1)^2+4x^2y^2}-\sqrt{(x^2-y^2+1)^2+4x^2y^2}\,)$

$\left(|\sin^{-1}t|\leqq\dfrac{\pi}{2}\right)$

(c) $H(x,y)=\dfrac{2}{\pi}\tan^{-1}\left(\dfrac{\tanh y}{\tan x}\right)$

8-17 (a) $V(x,y)=\dfrac{2}{\pi}\tan^{-1}\dfrac{1-x^2-y^2}{2y}$

(b) $V(x,y)=\dfrac{1}{\pi}\tan^{-1}\dfrac{2ay}{x^2+y^2-a^2}$

(c) $V(x,y)=\dfrac{2}{\pi}\tan^{-1}\dfrac{2y}{x^2+y^2-1}$

8-18 (付録の図8を参照.)

$$V(x,y)=\frac{4}{\pi}\sum_{n=1}^{\infty}\frac{\sinh(a_n\theta)}{(2n-1)\sinh(a_n\pi)}\sin(a_n\ln r),$$

$a_n=\dfrac{(2n-1)\pi}{\ln r_0}.$

8-19 $V=\overline{F'(z)}=A(2\bar{z}-2\bar{z}^{-3}).$ Im $F=c$ より, $A(r^2\sin 2\theta-r^{-2}\sin 2\theta)=c.$

第9章

9-1 定理3を用いる.

(a) $P(w_1,w_2,w_3)=w_1+w_2-w_3,$ $f_1(z)=\sinh z,$ $f_2(z)=\cosh z,$ $f_3(z)=e^z.$

(b) $P(w_1,w_2,w_3)=w_1-2w_2w_3,$ $f_1(z)=\sin 2z,$ $f_2(z)=\sin z,$ $f_3(z)=\cos z.$

(c) $P(w_1,w_2)=w_1^2-w_2^2-1,$ $f_1(z)=\cosh z,$ $f_2(z)=\sinh z.$

(d) $P(w_1,w_2)=w_1-w_2,$ $f_1(z)=\sin\left(\dfrac{\pi}{2}-z\right),$ $f_2(z)=\cos z.$

練習問題の解答

9-2 $|z|<1$ のとき, $f_1(z)=\sum_{n=0}^{\infty}(-z^2)^n=\dfrac{1}{z^2+1}$ だから, $|z|<1$ において $f_2(z)=f_1(z)$.

9-3 $|z+1|<1$ で収束するべき級数 $\sum_{n=0}^{\infty}(z+1)^n \left(=\dfrac{1}{1-(1+z)}=-\dfrac{1}{z}\right)$ を項別微分したものが $\sum_{n=0}^{\infty}(n+1)z^{n+1}$

$$\Longrightarrow f_1(z)=\sum_{n=0}^{\infty}\dfrac{d}{dz}(z+1)^n=\dfrac{d}{dz}\left(-\dfrac{1}{z}\right)=\dfrac{1}{z^2}$$

$$\Longrightarrow |z+1|<1 \text{ で } f_2(z)=f_1(z)$$

9-4 $f_2(z)=\mathrm{Log}\, r+i\theta$ $(r>0, 0<\theta<2\pi)$　$(f_1(z)=\mathrm{Log}\, z=\mathrm{Log}\, r+i\theta$ $(r>0, -\pi<\theta<\pi)$. 下半平面の点 $-i$ に対して, $f_2(-i)=3\pi i/2$, $f_1(-i)=-\pi i/2$. $\therefore\ f_2(-i)\neq f_1(-i)$.)

9-5 $1/z^2$ (部分積分して $\mathrm{Re}\, z>0$ に注意すると $f_1(z)=1/z^2$. 右半平面で $f_2(z)=f_1(z)$. $f_1(z)$ は関数 t のラプラス変換である.)

9-6 $\mathrm{Re}\, z>0$ に注意して $f_1(z)$ を 2 回部分積分すると, $f_1(z)=1/(z^2+1)$. 右半平面で $f_2(z)=f_1(z)$ ($f_1(z)$ は $\sin t$ のラプラス変換である).

9-7 $\overline{f(\bar z)}=-f(z) \Longrightarrow u(x,0)-iv(x,0)=-u(x,0)-iv(x,0)$
$\Longrightarrow u(x,0)=0 \Longrightarrow f(x)$ は純虚数.
$F(x)=\overline{f(\bar z)}=U(x,y)+iV(x,y)$ とおく
$\Longrightarrow U(x,y)+iV(x,y)=u(x,-y)-iv(x,-y)$.

$f(x)$ が純虚数であるとすると, $u(x,0)=0$.

$\therefore\ F(x)=U(x,0)+iV(x,0)=u(x,0)-iv(x,0)=-iv(x,0)$
$=-f(x)$.

実軸上で $F(z)=-f(z)$ だから, 一致の定理 (定理 2) より, すべての z に対して $F(z)=-f(z)$. すなわち, $\overline{f(\bar z)}=-f(z)$.

(偏導関数の連続性, コーシー・リーマンの方程式, $F(z)$ の正則性については, 定理 5 の証明を参照せよ.)

9-8 $g(z)=1/f(z)$ は最大値の原理 (定理 3) の仮定をすべて満足する. よって, $1/|f(z)|$ は R の境界上の点で最大値をとる. よって, $|f(z)|$ はその点で最小である.

9-9 $z=2$, $z=0$ (-1 から最短距離の R の点は $z=0$, もっとも遠い点は $z=2$)

9-10 $|\exp\{f(z)\}|=\exp\{u(x,y)\}$ は u が減少すれば減少する関数であるから, R の境界上で最小値をとる. よって, u も R の境界上で最小になる.

9-11 $f(z)=e^x\cos y+ie^x\sin y$.

∴ Re $f(z)=e^x \cos y$. $1 \leq e^x \leq e$, $-1 \leq \cos y \leq 1$.

$x=1$, $y=0$ のとき最大で, 最大値は e. $x=1$, $y=\pi$ のとき最小で, 最小値は $-e$.

9-12 e^z, $f(z)$ が整関数だから, 合成関数 $\exp\{f(z)\}$ も整関数. $|\exp\{f(z)\}|$ $=\exp\{u(x,y)\} \leq e^{u_0}$ より $\exp\{f(z)\}$ は有界. したがって, リュウビルの定理から, $\exp\{f(z)\}=\text{const.}$ ∴ $f(z)=\text{const.}$ ∴ $u(x,y)=\text{const.}$

9-13 R_0 を十分大きくとれば, $|a_{n-1}/z|$, $|a_{n-2}/z^2|$, $\cdots$, $|a_1/z^{n-1}|$, $|a_0/z^n| \leq |a_n|/(2n)$ にできる.

∴ $\left|\dfrac{a_{n-1}}{z}+\dfrac{a_{n-2}}{z^2}+\cdots+\dfrac{a_1}{z^{n-1}}+\dfrac{a_0}{z^n}\right| \leq \dfrac{|a_n|}{2}$ $(|z|>R_0)$.

∴ $\left|a_n+\left(\dfrac{a_{n-1}}{z}+\dfrac{a_{n-2}}{z^2}+\cdots+\dfrac{a_1}{z^{n-1}}+\dfrac{a_0}{z^n}\right)\right|$

$\geq |a_n|-\left|\dfrac{a_{n-1}}{z}+\dfrac{a_{n-2}}{z^2}+\cdots+\dfrac{a_1}{z^{n-1}}+\dfrac{a_0}{z^n}\right|$

$\geq |a_n|-\dfrac{|a_n|}{2}=\dfrac{|a_n|}{2}$.

この不等式に $|z|^n$ をかければよい.

9-14 円 $C:|z-z_0|=R$ 上における $f(z)$ の最大値を M_R とする. C 上の z に対して, $|z| \leq |z_0|+|z-z_0|=|z_0|+R$ だから, $|f(z)| \leq A(|z_0|+R)$ $(z \in C)$.

∴ $M_R \leq A(|z_0|+R)$.

∴ $|f''(z_0)| \leq \dfrac{2M_R}{R^2} \leq \dfrac{2A(|z_0|+R)}{R^2} \to 0$ $(R \to \infty)$. ∴ $f''(z_0)=0$.

z_0 は任意にとれるから, つねに $f''(z)=0$. ∴ $f'(z)=a$ $(=\text{const.})$. $|f(0)| \leq A|0|$ より $f(0)=0$. ∴ $f(z)=az$.

9-15 (a) $4\pi, 2$ ($|z|<1$ には零点が 4 個, 極は 2 個ある $\Longrightarrow \dfrac{1}{2\pi}\Delta_C \arg f(z) = N-P=4-2=2$).

(b) $-2\pi, -1$ ($|z|<1$ には零点はなく極は 1 つある $\Longrightarrow \dfrac{1}{2\pi}\Delta_C \arg f(z)=N-P=0-1=-1 \Longrightarrow \Delta_C \arg f(z)=-2\pi$.

(c) $0, 0$ ($N=3$, $P=3 \Longrightarrow (1/2\pi)\Delta_C \arg f(z)=0$).

9-16 $6\pi, 3$ (Γ は $w=0$ のまわりを 3 回まわっている $\Longrightarrow (1/2\pi)\Delta_C \arg f(z) = N-P=3 \Longrightarrow \Delta_C \arg f(z)=6\pi$.

$f(z)$ は C の内部で正則だから $P=0 \Longrightarrow N=3$)

9-17 (a) 4 $(f(z)=-5z^4, g(z)=z^6+z^3-2z \Longrightarrow |f(z)|=5, |g(z)| \leq 1+1+2$

$=4 \ (|z|=1) \Longrightarrow f(z)+g(z)$ の零点の個数は $f(z)$ の零点の個数と同じで 4 個).

(b) 0 $(f(z)=9, g(z)=2z^4-2z^3+2z^2-2z \Longrightarrow |f(z)|=9, |g(z)|\leq 2+2+2+2=8 \ (|z|=1) \Longrightarrow f(z)+g(z)$ の零点の個数は $f(z)$ の零点の個数と同じで 0 個).

9-18 3 $(f(z)=2z^5, g(z)=-6z^2+z+1 \Longrightarrow |f(z)|=64, |g(z)|\leq 6\cdot 2^2+2+1=26 \ (|z|=2) \Longrightarrow |z|<2$ にある $f(z)+g(z)=0$ の根の個数は $f(z)$ の零点の個数と同じで 5 個. $f(z)=-6z^2, g(z)=2z^5+z+1 \Longrightarrow |f(z)|=6, |g(z)|\leq 2+1+1=4 \ (|z|=1) \Longrightarrow |z|<1$ にある $f(z)+g(z)=0$ の根の個数は $f(z)$ の零点の個数と同じで 2 個. $1\leq |z|<2$ にある根の個数 $=5-2=3$).

9-19 $f(z)=cz^n, g(z)=-e^z$ とおくと, $|z|=1$ のとき $|f(z)|=|c|, |g(z)|=e$. $|c|>e$ だから $|f(z)|>|g(z)|$. ルーシェの定理によって, $f(z)+g(z)=0$ の解の個数と $f(z)=0$ の解の個数は同じである. $f(z)$ は $|z|<1$ に n 個の零点をもつ.

9-20 $a_n=1$ としても一般性を失わない. $f(z)=z^n, g(z)=a_0+a_1z+\cdots+a_{n-1}z^{n-1}$ とおく. $R>1$ とすると, $|z|=R$ のとき $|f(z)|=R^n, |g(z)|\leq |a_0|+|a_1|R+\cdots+|a_{n-1}|R^{n-1}<(|a_0|+|a_1|+\cdots+|a_{n-1}|)R^{n-1}$ だから, さらに, $R>|a_0|+|a_1|+\cdots+|a_{n-1}|$ を満足するように R をとれば, $|z|=R$ のとき, $|f(z)|>|g(z)|$ である. $f(z)$ は $|z|<R$ に n 個の零点をもつから, ルーシェの定理により $f(z)+g(z)$ も n 個の零点を $|z|<R$ にもつ. また, $|z|\geq R$ のとき, $|f(z)+g(z)|\geq |f(z)|-|g(z)|>0$ より, $|z|\geq R$ には零点をもたない.

9-21 (a) 3 枚の複素平面 R_0, R_1, R_2 に, 半直線 $x\geq 1$ に沿って切り込みを入れる. 図のように上岸, 下岸をつなげばよい. R_0, R_1, R_2 はそれぞれ w 平面の $0\leq \arg w<2\pi/3, 2\pi/3\leq \arg w<4\pi/3, 4\pi/3\leq \arg w<2\pi$ に対応する.

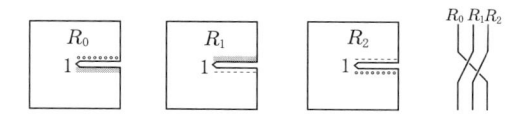

(b) 4 枚の複素平面 R_0, R_1, R_2, R_3 に, 正の実軸に沿って切り込みを入れ, 図のようにつなげばよい. R_0, R_1, R_2, R_3 は w 平面の $0\leq \arg w<\pi/2, \pi/2\leq \arg w<\pi, \pi\leq \arg w<3\pi/2, 3\pi/2\leq \arg w<2\pi$ に対応する.

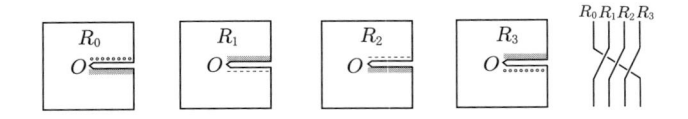

9-22 負の実軸に沿って切り込みを入れた無限枚の複素平面 $\cdots, R_{-2}, R_{-1}, R_0, R_1, R_2, \cdots$ を例1のようにはり合わせればよい.

R_k 上では $(2k-1)\pi \leq \arg z < (2k+1)\pi$ だから, R_k は w 平面の帯状領域 $(2k-1)\pi \leq v < (2k+1)\pi$ に対応する.

9-23 $w = \{z(z^2-1)\}^{1/2} \Longrightarrow z(z^2-1) = w^2$. これは z についての3次方程式だから, 一般に, 3つの z が存在する.

9-24 例3の R で $P_1 = 1$, $P_2 = 0$ としたものと同じもの $(f(z) = \{z(z-1)\}^{1/2}/z$ と変形すると, $\{z(z-1)\}^{1/2}$ は2価関数, $1/z$ は1価関数).

9-25 (a) $g_1(z) = z - f_0(z) = [z^2 - \{f_0(z)\}^2]/\{z + f_0(z)\} = 1/\{z + f_0(z)\} = 1/g_0(z)$.

(b) $z - 1 = r_1 e^{i\theta_1}$, $z + 1 = r_2 e^{i\theta_2} \Longrightarrow 2z = r_1 e^{i\theta_1} + r_2 e^{i\theta_2}$.

$$g_0(z) = \frac{r_1 e^{i\theta_1} + r_2 e^{i\theta_2}}{2} + \sqrt{r_1 r_2} e^{i\theta_1/2} e^{i\theta_2/2} = \frac{1}{2}(\sqrt{r_1} e^{i\theta_1/2} + \sqrt{r_2} e^{i\theta_2/2})^2.$$

(c) $|g_0(z)|^2 = g_0(z) \cdot \overline{g_0(z)}$

$$= \frac{1}{2}(\sqrt{r_1} e^{i\theta_1/2} + \sqrt{r_2} e^{i\theta_2/2})^2 \cdot \frac{1}{2}(\sqrt{r_1} e^{-i\theta_1/2} + \sqrt{r_2} e^{-i\theta_2/2})^2$$

$$= \frac{1}{4}\{(r_1 + r_2) + \sqrt{r_1 r_2}(e^{i(\theta_1-\theta_2)/2} + e^{-i(\theta_1-\theta_2)/2})\}^2$$

$$= \frac{1}{4}[(r_1 + r_2) + \sqrt{r_1 r_2} \cdot 2\cos\{(\theta_1-\theta_2)/2\}]^2$$

$$\geq \frac{1}{4}(2+0)^2 = 1 \Longrightarrow |g_0(z)| \geq 1$$

$$(-\pi \leq \theta_1 - \theta_2 \leq \pi \Longrightarrow -\pi/2 \leq (\theta_1-\theta_2)/2 \leq \pi/2$$
$$\Longrightarrow \cos\{(\theta_1-\theta_2)/2\} \geq 0)$$

(d) (c) から, R_0 上で $|g_0(z)| \geq 1 \Longrightarrow R_0$ は $|w| \geq 1$ にうつされる.

R_1 上では $|g_1(z)| = 1/|g_0(z)| \leq 1 \Longrightarrow R_1$ は $|w| \leq 1$ にうつされる.

線分 $P_1 P_2$ ($\theta_1 = \pi$, $\theta_2 = 0$, $r_1 + r_2 = 2$ の場合) 上の z の像は $g_0(z) = (\sqrt{r_1} e^{i\pi/2} + \sqrt{r_2} e^{i0/2})^2/2 = (\sqrt{r_2} + i\sqrt{r_1})^2/2 = (r_2 - r_1 + i2\sqrt{r_1 r_2})/2$

$= u + iv$

$\Longrightarrow u^2 + v^2 = \{(r_2 - r_1)/2\}^2 + (\sqrt{r_1 r_2})^2 = (r_1 + r_2)^2/4 = 1$, $v = 2\sqrt{r_1 r_2} \geq 0$

$\Longrightarrow$ 円 $|w| = 1$ の上半分にうつされる.

線分 $P_1 P_2$ ($\theta_1 = 3\pi$, $\theta_2 = 2\pi$, $r_1 + r_2 = 2$ の場合) 上の z の像 =

$(\sqrt{r_1}e^{i3\pi/2}+\sqrt{r_2}e^{i2\pi/2})^2/2 = (\sqrt{r_2}-i\sqrt{r_1})^2/2 = (r_2-r_1-i2\sqrt{r_1r_2})/2$
$= u+iv$
$\Longrightarrow u^2+v^2=(r_1+r_2)^2/4=1,\ v=-2\sqrt{r_1r_2}\leqq 0 \Longrightarrow$ 円 $|w|=1$ の下半分にうつされる.

付録 1

参 考 文 献

まず，原著にある参考文献を全部掲載した．（＊印は邦訳が刊行されている）

■ 理論に関するものでは──

*Ahlfors, L. V.: "Complex Analysis," 3d ed., McGraw-Hill Book Company, Inc., New York, 1979.
Bieberbach, L.: "Conformal Mapping," Chelsea Publishing Co., New York, 1953.
Carathéodory, C.: "Conformal Representation," Cambridge University Press, London, 1952.
──── : "Theory of Functions of a Complex Variable," vols. 1 and 2, Chelsea Publishing Co., New York, 1954.
Copson, E. T.: "Theory of Functions of a Complex Variable," Oxford University Press, London, 1962.
Evans, G. C.: "The Logarithmic Potential," American Mathematical Society, Providence, R. I., 1927.
Flanigan, F. J.: "Complex Variables: Harmonic and Analytic Functions," Allyn and Bacon, Inc., Boston, 1972.
Grove, E. A., and G. Ladas: "Introduction to Complex Variables," Houghton Mifflin Company, Boston, 1974.
Hille, E.: "Analytic Function Theory," vols. 1 and 2, 2d ed., Chelsea Publishing Co., New York, 1973.
Kaplan, W.: "Advanced Calculus," 3d ed., Addison-Wesley Publishing Company, Inc., Reading, Mass., 1984.
──── : "Advanced Mathematics for Engineers," Addison-Wesley Publishing Company, Inc., Reading, Mass., 1981.
Kellogg, O. D.: "Foundations of Potential Theory," Dover Publications, Inc., New York, 1953.
Knopp, K.: "Elements of the Theory of Functions," Dover Publications, Inc., New York, 1952.
Krzyż, J. G.: "Problems in Complex Variable Theory," American Elsevier Publishing Company, Inc., New York, 1971.
Levinson, N., and R. M. Redheffer: "Complex Variables," Holden-Day, Inc., San Francisco, 1970.
Markushevich, A. I.: "Theory of Functions of a Complex Variable," Chelsea Publishing Co., New York, 1977.
Marsden, J. E.: "Basic Complex Analysis," W. H. Freeman and Company, San Francisco, 1973.
Mitrinović, D. S.: "Calculus of Residues," P. Noordhoff, Ltd., Groningen, 1966.

Nehari, Z.: "Conformal Mapping," Dover Publications, Inc., New York, 1975.
Newman, M. H. A.: "Elements of the Topology of Plane Sets of Points," Cambridge University Press, London, 1964.
Pennisi, L. L.: "Elements of Complex Variables," Holt, Rinehart and Winston, Inc., New York, 1963.
Saff, E. B., and A. D. Snider: "Fundamentals of Complex Analysis for Mathematics, Science, and Engineering," Prentice-Hall, Inc., Englewood Cliffs, N. J., 1976.
Silverman, R. A.: "Complex Analysis with Applications," Prentice-Hall, Inc., Englewood Cliffs, N. J., 1974.
Springer, G.: "Introduction to Riemann Surfaces," 2d ed., Chelsea Publishing Co., New York, 1981.
Taylor, A. E., and W. R. Mann: "Advanced Calculus," 3d ed., John Wiley & Sons, Inc., New York, 1983.
Thron, W. J.: "Introduction to the Theory of Functions of a Complex Variable," John Wiley & Sons, Inc., New York, 1953.
Titchmarsh, E. C.: "Theory of Functions," Oxford University Press, London, 1939.
Whittaker, E. T., and G. N. Watson: "A Course of Modern Analysis," 4th ed., Cambridge University Press, London, 1963.

■ 応用に関するものでは──

Bowman, F.: "Introduction to Elliptic Functions, with Applications," English Universities Press, London, 1953.
Brown, G. H., C. N. Hoyler, and R. A. Bierwirth: "Theory and Application of Radio-Frequency Heating," D. Van Nostrand Company, Inc., New York, 1947.
*Churchill, R. V.: "Operational Mathematics," 3d ed., McGraw-Hill Book Company, New York, 1972.
*——— and J. W. Brown: "Fourier Series and Boundary Value Problems," 3d ed., McGraw-Hill Book Company, New York, 1978.
Hayt, W. H., Jr.: "Engineering Electromagnetics," 4th ed., McGraw-Hill Book Company, New York, 1981.
Henrici, P.: "Applied and Computational Complex Analysis," vols. 1 and 2, John Wiley & Sons, Inc., New York, 1974, 1977.
Kober, H.: "Dictionary of Conformal Representations," Dover Publications, Inc., New York, 1952.
Lamb, H.: "Hydrodynamics," 6th ed., Dover Publications, Inc., New York, 1945.
Lebedev, N. N.: "Special Functions and Their Applications," rev. ed., Dover Publications, Inc., New York, 1972.
Milne-Thomson, L. M.: "Theoretical Hydrodynamics," Macmillan & Co., Ltd., London, 1955.
Oberhettinger, F., and W. Magnus: "Anwendung der elliptischen Funktionen in Physik und Technik," Springer-Verlag OHG, Berlin, 1949.
Rothe, R., F. Ollendorff, and K. Pohlhausen: "Theory of Functions as Applied to Engineering Problems," Technology Press, Massachusetts Institute of Technology, Cambridge, Mass., 1948.
Sokolnikoff, I. S.: "Mathematical Theory of Elasticity," 2d ed., McGraw-Hill Book Company, New York, 1956.
Streeter, V. L., and E. B. Wylie: "Fluid Mechanics," 7th ed., McGraw-Hill Book Company, New York, 1979.
Timoshenko, S. P., and J. N. Goodier: "Theory of Elasticity," 3d ed., McGraw-Hill Book Company, New York, 1970.

■邦書にも，入門者向けから専門家向けまでの，多くの良書があるが，入手しやすいものの中からいくつかを紹介しよう．

吉田洋一	函数論（第2版）	岩波書店
竹内端三	函数概論（改訂版）	共立出版
能代　清	初等函数論	培風館
辻　正次	複素函数論	槙書店
吹田信之	近代函数論 II	森北出版
中井三留	リーマン面の理論	森北出版

■理論面よりむしろ計算力を得るためには──
　スピーゲル／石原　　複素解析379題（訳書）　　　マグロウヒル

■大学院の入試に出題される複素関数をはじめとするその他の分野の傾向を知るためには──
　丸山滋弥　　詳解大学院への数学　　　　　　　　　　東京図書

■微分積分学に関する参考書は非常に多く出版されている．そのうちのどれでも1冊を参考にすれば，本書の理解には十分役立つ．2，3あげておこう．

田島一郎	解析入門	岩波書店
吹田・新保	理工系の微分積分学	学術図書
高木貞治	解析概論	岩波書店

付録 2

集合の変換の表
（第 7 章を参照）

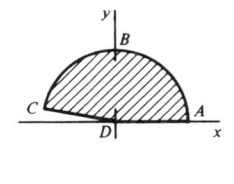

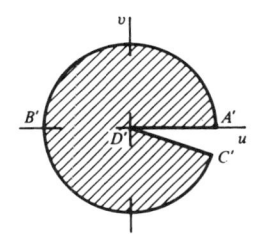

図 1. $w = z^2$

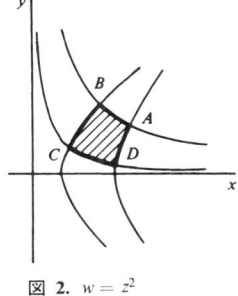

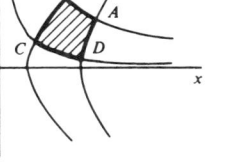

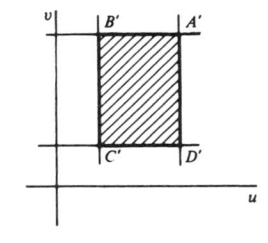

図 2. $w = z^2$

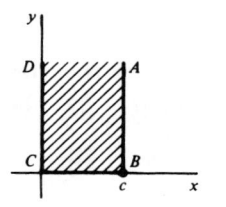

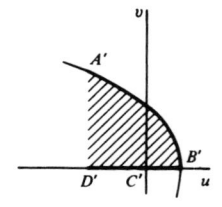

図 3. $w = z^2$; $A'B'$ は放物線 $v^2 = -4c^2(u - c^2)$ にある.

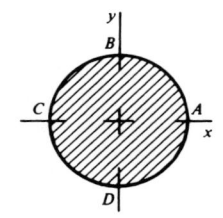

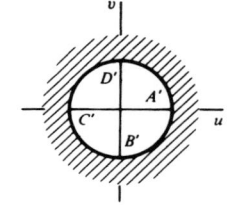

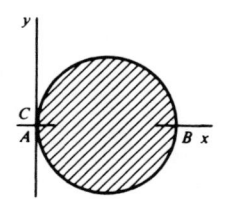

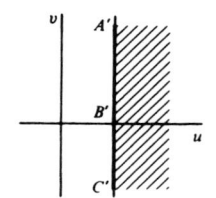

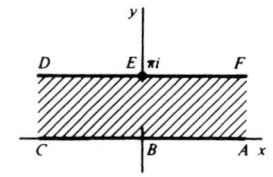

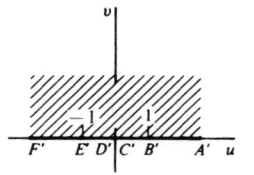

図 4. $w = \dfrac{1}{z}$.

図 5. $w = \dfrac{1}{z}$.

図 6. $w = \exp z$.

付録2　集合の変換の表　　293

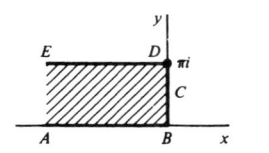

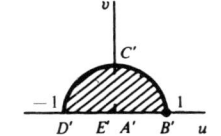

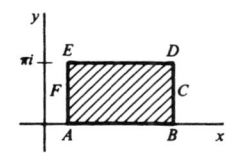

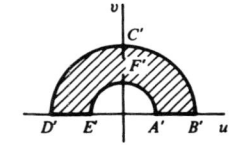

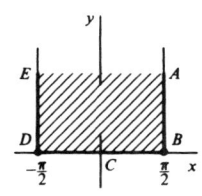

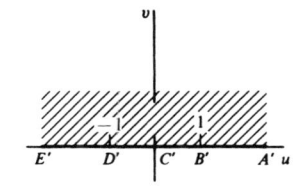

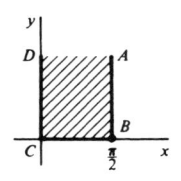

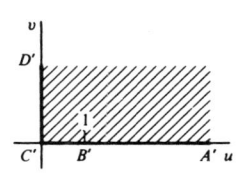

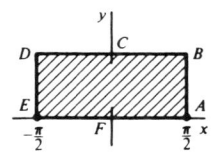

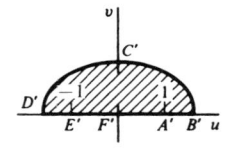

図 7. $w = \exp z$.

図 8. $w = \exp z$.

図 9. $w = \sin z$.

図 10. $w = \sin z$.

図 11. $w = \sin z$; BCD は直線 $y = b(b > 0)$ 上に，$B'C'D'$ は楕円 $\dfrac{u^2}{\cosh^2 b} + \dfrac{v^2}{\sinh^2 b} = 1$ 上にある．

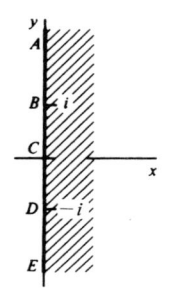

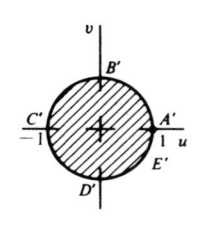

図 12. $w = \dfrac{z-1}{z+1}$

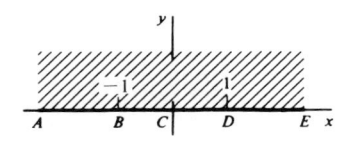

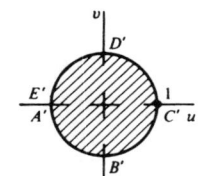

図 13. $w = \dfrac{i-z}{i+z}$

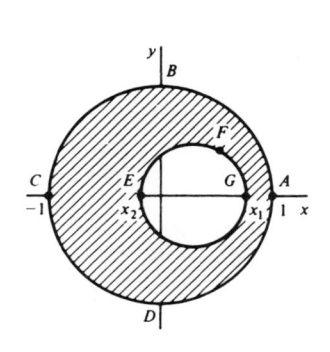

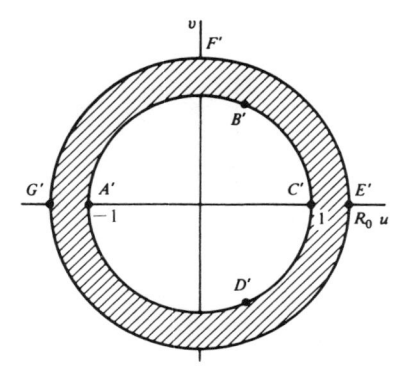

図 14. $w = \dfrac{z-a}{az-1}$; $a = \dfrac{1 + x_1 x_2 + \sqrt{(1-x_1^2)(1-x_2^2)}}{x_1 + x_2}$,

$R_0 = \dfrac{1 - x_1 x_2 + \sqrt{(1-x_1^2)(1-x_2^2)}}{x_1 - x_2}$ ($a > 1$, $R_0 > 1$ ($-1 < x_2 < x_1 < 1$)).

付録2 集合の変換の表　*295*

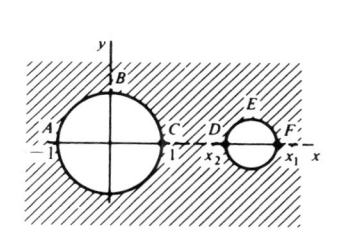

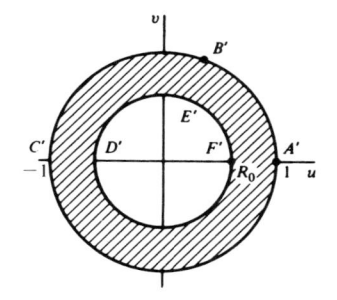

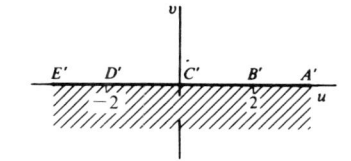

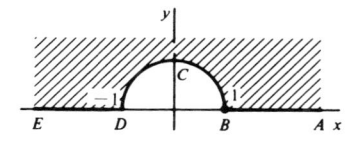

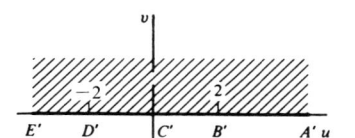

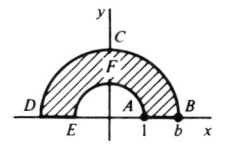

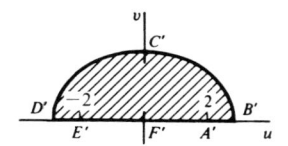

図 15.　$w = \dfrac{z-a}{az-1}$; $a = \dfrac{1 + x_1 x_2 + \sqrt{(x_1^2-1)(x_2^2-1)}}{x_1 + x_2}$,

$R_0 = \dfrac{x_1 x_2 - 1 - \sqrt{(x_1^2-1)(x_2^2-1)}}{x_1 - x_2}$ $(x_2 < a\, x_1, 0 < R_0 < 1\ (1 < x_2 < x_1))$.

図 16.　$w = z + \dfrac{1}{z}$.

図 17.　$w = z + \dfrac{1}{z}$.

図 18.　$w = z + \dfrac{1}{z}$;　$B'C'D'$ は楕円 $\dfrac{u^2}{(b+1/b)^2} + \dfrac{v^2}{(b-1/b)^2} = 1$ 上にある.

図 19. $w = \text{Log}\dfrac{z-1}{z+1}$; $z = -\coth\dfrac{w}{2}$.

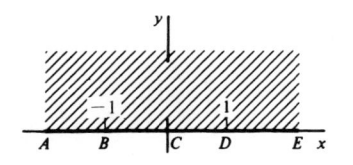

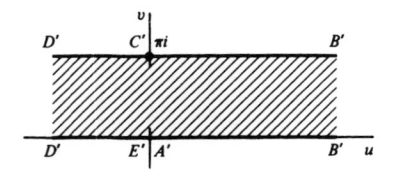

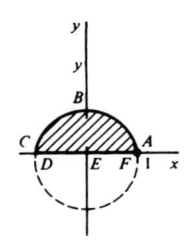

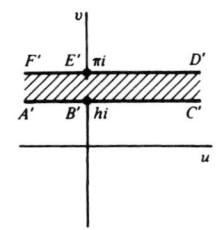

図 20. $w = \text{Log}\dfrac{z-1}{z+1}$; ABC は円 $x^2 + (y + \cot h)^2 = \text{cosec}^2 h$ $(0 < h < \pi)$ の上にある.

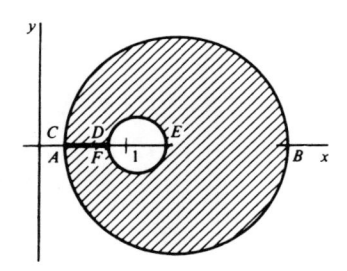

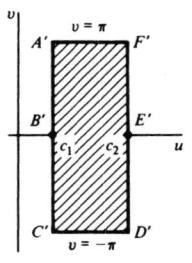

図 21. $w = \text{Log}\dfrac{z+1}{z-1}$; 円の中心は $z = \coth c_n$, 半径は：$\text{cosech}\, c_n$ $(n = 1, 2)$.

索 引

あ 行

アダマール （Jacques Salomon Hadamard 1865-1963） 131
余り（級数の） remainder 118
位数 order 142, 153
1次分数変換 linear fractional transformation 178, 181, 193
1価関数 single-valued function 22, 55, 58
一致の定理 unicity theorem 218
一様連続 uniform continuity 32
n乗根 nth root 12, 13
オイラーの公式 Euler's formula 11, 48 （Leonhard Euler 1707-1783）
温度 temperature 205

か 行

開集合 open set 15, 21
解析接続 analytic continuation 220, 242
回転移動 rotation 24
——角 angle of—— 198
外点 exterior point 15
ガウス平面 Gaussian plane 14 （Carl Friedrich Gauss 1777-1855）
拡張された複素平面 extended complex plane 17
加法定理 addition theorem 51
関数関係の不変性 permanence of functional identities 219
逆関数 inverse function 59
逆元 inverse 3, 10, 18
逆数 reciprocal 3
級数 series 116
共役調和関数 conjugate of harmonic function, harmonic conjugate 42, 199, 214
共役複素数 complex conjugate 5, 18
境界 boundary 15
——条件 —— condition 203
——点 —— point 15
境界値問題 boundary value problem 201, 205, 215
鏡像 reflection 24
——の原理 principle of —— 223, 243
極 pole 153, 154, 229, 232
——形式 polar form 8
——座標 polar coordinates 8
極限（値） limit 25, 116
——の一意性 uniqueness of —— 27
虚軸 imaginary axis 4
——部 —— part 1
虚数単位 imaginary unit 1
——部分 —— part 1
近似値 approximate value 125
近傍 neighborhood 14, 17
区間縮小法 method of diminishing intervals 112
グリーンの定理 Green's theorem 82 （George Green 1793-1841）
グルサ （Edouard Jean Baptiste Goursat 1858-1936） 83
結合法則 associative law 2
原始関数 primitive function 93
弧 arc 72, 74
交換法則 commutative law 2
コーシー （Augustin Louis Cauchy 1789-1857） 34
——・アダマールの公式 ——-Hadamard formula 131
——・グルサの定理 ——-Goursat theorem 83, 85, 110
——積 —— product 140
——の積分定理 ——integral theorem 82
——の（微）積分公式 ——integral formula 100, 105

——の不等式 ——'s inequality 227
——・リーマンの方程式 —— - Riemann equation 35, 45
合成関数 composition of functions 31, 190
——の微分公式 differentiation formula of —— 34
項別積分 termwise integration 132
——微分 —— differentiation 124, 134
孤立特異点 isolated singular point 147

さ 行

最大値の原理 maximum principle 226, 243
三角関数 trigonometric function 50, 162, 171, 190
——の逆関数 inverse of—— 64
三角不等式 triangle inequality 7
指数関数 exponential function 48, 59, 63, 187
——法則 —— law 48
自然対数 natural logarithm 49
実軸 real axis 4
——部 —— part 1
実数部分 real part 1
写像 mapping 24, 178
周期 period 49, 53
集積点 accumulation point 16
収束 convergence 116, 118, 158
——円 circle of—— 131
——半径 radius of—— 131
主枝 principal branch 58, 63
主値 principal value 55, 62
主要部 principal part 152
純虚数 pure imaginary number 1, 18
常微分方程式 ordinary differential equation 252
初等関数 elementary function 47, 179
ジョルダン曲線 Jordan curve 72
　(Marie Ennemond Camille Jordan 1838-1922)
——弧 ——arc 72
——の不等式 ——'s inequality 165
真性特異点 essential singular point 153
数列 sequence 116

整関数 entire function 40
正則関数 analytic (holomorphic) function 39
——の零点 zeros of—— 141
正の向き positive (counterclockwise) direction 73
積分 integral 70
——定理 ——theorem 82
積分路の変形原理 87
絶対値 absolute value, modulus 4, 18
線形変換 linear transformation 178
線積分 line integral 74, 108
全微分 total differential 37
双曲線関数 hyperbolic function 54
——の逆関数 inverse of—— 65

た 行

代数学の基本定理 fundamental theorem of algebra 87, 228, 244
対数関数 logarithmic function 54, 189
——微分 —— derivative 175
多価関数 multi-valued function 22, 58, 62, 169, 235
多項式 polynomial 23
多重連結 multiply connected 84
ダランベールの公式 d'Alembert formula 131
　(Jeanle Rond d'Alembert 1717-1783)
単位元 identity 2
　加法の—— additive —— 2
　乗法の—— multiplicative —— 2, 18
単一閉曲線 simple closed curve 73
単純弧 simple arc 73
単連結 simply connected 84
調和関数 harmonic function 41, 66, 199, 214
——共役関数 conjugate of ——, harmonic conjugate 42, 199, 214
ディリクレ問題 Dirichlet problem 201
　(Peter Gustav Lejeune Dirichlet 1805-1859)
テーラー級数 Taylor series 120, 136
　(Brook Taylor 1685-1731)
——の定理 ——'s theorem 120
定積分 definite integral 70, 158, 171, 175
等温曲線 isotherm 207, 215
等角写像 conformal mapping 196

導関数　derived function, derivative　32, 74
等比級数　geometric series　125
特異点　singular point, singularity　40, 147, 167
　　真性——　essential——　153
　　除ける——　removable——　153
ド・モアブルの公式　de Moiver's formula　12
　　（Abraham de Moiver　1667-1754）

な 行

内点　interior point　15
流れ　flow　210
なめらかな弧　smooth arc　74, 213
2項定理　binomial formula　18
2次方程式　quadratic equation　18, 20
2倍角の公式　double angle formula　51
ノイマン問題　Neumann problem　201
　　（Karl Gottfried Neumann　1832-1925）
除ける特異点　removable singular point　153

は 行

発散　divergence　117, 118
反転　reflection, inversion　179
微分可能　differentiable　32, 36, 37, 39
——な弧　—— arc　74
微分公式　differentiation formula　34, 51, 54, 57, 62, 63, 65-67
複素数　complex number　1
——平面　—— plane　4, 17
——ポテンシャル　—— potential　212, 216
不動点　fixed point　194
負の向き　negative (clockwise) direction　73
フレネル積分　Fresnel integral　177
　　（Augustin Jean Fresnel　1788-1827）
分岐点　branch point　58, 237, 241
分枝　branch　58
——截線　—— cut　58, 236, 238
分配法則　distributive law　2
平行移動　translation　24
閉集合　closed set　15, 21
閉包　closure　15, 21
ベータ関数　B function　177
べき　power　62

——関数　—— function　62, 184
——根　—— root　13, 19, 60
べき級数　power series　119, 131, 173
——の積・商　product・quotient of——　139
——表現の一意性　uniqueness of—— representation　136, 137
偏角　argument　8, 19
——の原理　—— principle　232
——の主値　principle value of——　9
変換　transformation　24, 178
変数分離法　method of separation of variables　209
偏微分方程式　partial differential equation　35, 201
法線方向の導関数　normal derivative　204

ま 行

マクローリン級数　Maclaurin series　122
　　（Colin Maclaurin　1698-1746）
無限遠点　point at infinity　17
——積分　infinite integral　158, 162, 169
——多価　infinitely many valued　55
メービウス変換　Möbius transformation　178
　　（Augustus Ferdinand Möbius　1790-1868）
モレラの定理　Morera's theorem　107
　　（Giacinto Morera　1856-1909）

や 行

有界　bounded　16, 21, 31, 32
有理関数　rational function　23, 159
要素　element　221

ら 行

ライプニッツの定理　Leibniz theorem　139
　　（Gottfried Wilhelm Leibniz　1646-1716）
ラグランジュの三角恒等式　Lagrange's trigonometric identity　20
　　（Joseph Louis Lagrange　1736-1813）
ラプラスの方程式　Laplace's equation　41
　　（Piere Simon Laplace　1749-1827）
——の極形式　polar form of——　46
ラプラスの偏微分方程式　Laplace partial dif-

ferential equation　201
――変換　――transformation　222, 283
リーマン　(Georg Friedrich Bernhard Riemann
　　　1826-1866)　34
――球面　――sphere　17
――面　――surface　235, 245
　$\log z$ の――　235
　$z^{1/2}$ の――　237
　$(z^2-1)^{1/2}$ の――　239
　$\{z(z^2-1)\}^{1/2}$ の――　241
　$(z-1)^{1/3}$ の――　245
　$z^{1/4}$ の――　245
　$\left(\dfrac{z-1}{z}\right)^{1/2}$ の――　245
立体射影　stereographic projection　17
留数　residue　139, 149, 154, 173, 174
――定理　――theorem　151
リュウビルの定理　Liouville's theorem　228
　　　(Joseph Liouville　1809-1882)

領域　domain　16, 21
ルーシェの定理　Rouche's theorem　233
　　　(Eugène Rouché　1832-1910)
ルジャンドルの多項式　Legendre polynomial
　108, 114
　　　(Adrien Marie Legendre　1752-1833)
零元　zero element　2
零点　zero (point)　23, 52, 141, 229, 233, 244
連結集合　connected set　16, 21
連鎖公式　chain rule　250
連続関数　continuous function　30
ロピタルの定理　l'Hospital theorem　144
　　　(Guillaume François Antoine de l'Hospital
　　　1661-1704)
ローラン級数　Laurent series　127, 137, 148
　　　(Hermann Laurent　1813-1854)

わ 行

和　sum　118

訳者紹介

中野 實 (なかの・みのる)

略歴
　1940年　北海道旭川生まれ．
　1968年　東京工業大学大学院数学科修了．
　　　　　元 慶應義塾大学講師．

ふくそかんすうにゅうもん
複素関数入門　原著第4版新装版
1989年 4 月20日　初版第 1 刷発行
2007年10月 1 日　新装版第 1 刷発行
2025年 1 月25日　新装版第10刷発行

著　者　R.V.チャーチル/J.W.ブラウン
訳　者　中　野　　實
発行者　横　山　　伸
発　行　有限会社　数　学　書　房
　　　　〒101-0032　東京都千代田区岩本町 3-8-9-301
　　　　TEL　03-5839-2712
　　　　FAX　050-3737-4782
　　　　e-mail　mathmath@sugakushobo.co.jp
　　　　http://www.sugakushobo.co.jp
　　　　振替口座　00100-0-372475
印　刷
製　本　株式会社シナノ
装　幀　岩崎寿文

Ⓒ Minoru Nakano 2007　　Printed in Japan
ISBN 978-4-903342-00-9

数学書房

微分方程式　増補版
原岡喜重 著

微分積分を学んだ読者が、微分方程式についての基礎的な事柄と、その理論全体のイメージを身に着けるためのガイドブックとなることを目指した。増補版では、演習書あるいは自習書としても役立つよう、演習問題を大幅に増やし、またそれらの解答も、できる限り詳しく記述した。
2,000円＋税／A5判／978-4-903342-18-4

求積法のさきにあるもの　微分方程式は解ける
磯崎 洋 著

求積法から1階偏微分方程式へ、その後、解析力学、波の問題へと進む。
2,300円＋税／A5判／978-4-903342-80-1

数学書房選書 1
力学と微分方程式
山本義隆 著

解析学と微分方程式を力学にそくして語り、同時に、力学を、必要とされる解析学と微分方程式の説明をまじえて展開した。これから学ぼう、また学び直そうというかたに。
2,300円＋税／A5判／978-4-903342-21-4

数学書房選書 2
背理法
桂 利行・栗原将人・堤 誉志雄・深谷賢治 著
1,900円＋税／A5判／978-4-903342-22-1

数学書房選書 3
実験・発見・数学体験
小池正夫 著
2,400円＋税／A5判／978-4-903342-23-8

数学書房選書 4
確率と乱数
杉田 洋 著
2,000円＋税／A5判／978-4-903342-24-5

数学書房選書 5
コンピュータ幾何
阿原一志 著
2,100円＋税／A5判／978-4-903342-25-2

数学書房選書 6
ガウスの数論世界をゆく　正多角形の作図から相互法則・数論幾何へ
栗原将人 著
2,400円＋税／A5判／978-4-903342-26-9

数学書房選書 7
個数を数える
大島利雄 著
2,600円＋税／A5判／978-4-903342-27-6